Mastercam 基础教程

(第 4 版)

陈　莛　黄爱华　主　编
林　娟　黄丽燕　何周亮　副主编

清华大学出版社
北京

内 容 简 介

本书详细介绍了 Mastercam 2020 在零件设计与铣削加工刀具路径方面的功能和使用方法。全书分为 6 章,主要内容包括绘图环境的介绍、二维图形的绘制及编辑、二维刀具路径、三维线框及曲面的绘制、实体的构建与编辑和三维刀具路径等。本书同时配有大量的实例,通过详尽的操作步骤,让读者轻松掌握 Mastercam 2020 的各项基本功能。同时每章都附有相应的练习题让读者进行独立训练,以检测各章的学习效果。

本书既适合高、中职类学校的学生和初学者使用,也可以用作相关培训班的教材。

图书在版编目(CIP)数据

Mastercam 基础教程/陈莛,黄爱华主编. —4 版. —北京:清华大学出版社,2020.12(2024.1重印)
ISBN 978-7-302-56856-8

Ⅰ. ①M… Ⅱ. ①陈… ②黄… Ⅲ. ①计算机辅助制造—应用软件—高等职业教育—教材 Ⅳ. ①TP391.73

中国版本图书馆 CIP 数据核字(2020)第 224788 号

责任编辑:张 瑜
封面设计:刘孝琼
责任校对:李玉茹
责任印制:丛怀宇

出版发行:清华大学出版社
      网   址:https://www.tup.com.cn,https://www.wqxuetang.com
      地   址:北京清华大学学研大厦 A 座   邮   编:100084
      社 总 机:010-83470000   邮   购:010-62786544
      投稿与读者服务:010-62776969,c-service@tup.tsinghua.edu.cn
      质量反馈:010-62772015,zhiliang@tup.tsinghua.edu.cn
      课件下载:https://www.tup.com.cn,010-62791865
印 装 者:北京鑫海金澳胶印有限公司
经   销:全国新华书店
开   本:185mm×260mm   印 张:24.5   字 数:592 千字
版   次:2004 年 8 月第 1 版 2020 年 12 月第 4 版   印 次:2024 年 1 月第 5 次印刷
定   价:69.00 元

产品编号:087447-01

推 荐 序

阅其书,识其人。

与本书作者团队的相识要从它的前三个版本说起。第 1 版于 2004 年出版,第 2 版于 2009 年出版,第 3 版于 2014 年出版。作者团队对专著坚持进行内容更新和完善,充分体现了热爱钻研的精神和终身学习的态度。此为首要推荐理由!

作者团队 20 多年来积累了丰富的教学经验,坚持从学生认知规律出发对本书内容做出了体系化的设计,选取的案例前后呼应,由浅入深,图文并茂,能够引导学生充分认识 Mastercam 的使用特点,对于 Mastercam 从 CAM 出发设计的 CAD 功能有着独到、深刻的理解。在 2D 和 3D 加工策略等核心内容编写过程中,作者团队在参数功能与含义的理解及诠释上花费了大量的心血,以满足学生对 Mastercam 的好奇与渴望。这些亦为重要的推荐理由!

本书是市面上唯一一本由我们原厂技术团队给予审稿建议的、关于 Mastercam 2020 版本的中文教程。它将为初学者后续学习 Mastercam 多轴加工和车铣复合加工奠定基础,也将为初学者深入学习前沿技术打好根基——包括但不限于动态铣削、动态车削、模型倒角、超弦精加工、五轴去毛刺等。

Mastercam 依托 37 年的积累在全球范围内有着最为广泛的应用场景,持续培育、塑造着制造业的未来。截至 2019 年已经连续 25 年问鼎 CAM 软件装机量世界冠军(数据来源:数控行业独立研究机构 CIMdata, Inc.)。2019 年 Mastercam 同时问鼎了教育版 CAM 软件装机量世界冠军(数据来源同上)。基于如此广泛的应用,本书将为 CAD/CAM 初学者打开前所未有的新世界!

邓仁强
应用技术部
CNC Software 中国服务中心
2020 年 6 月 15 日

前　言

Mastercam CAD/CAM 系统是由美国 CNC Software 公司开发的一款计算机辅助设计与制造软件系统，无论在设计、编程还是仿真方面都有非常出色的表现。它不仅是世界技能大赛唯一指定的 CAD/CAM 软件，更是工业界及教育界使用最为广泛的 CAD/CAM 软件，其应用领域包括但不限于航空航天、汽车、船舶、医疗器材等先进制造业。

本书使用的软件版本是 Mastercam 2020，Mastercam 2020 版从加工准备、编程速度、刀路效率等方面为制造企业进一步提升生产效率提供了可能。

本书仍然保留了前面版本的编写风格，在教材内容的选择与设计上充分考虑读者的认知规律，用简单、实用的范例来完成软件的功能介绍，同时注重各知识点之间的关联性与延续性，并在每章配有相应的习题，刀路中的范例可直接应用到数控加工中，从而提高读者对所学知识的理解和综合应用能力。

作为初学者的教材，本书并不涵盖 Mastercam 的所有内容，没有涉及的内容，读者可以在已学知识的基础上自学。

本书由江西工业工程职业技术学院的陈莛、黄爱华主编，江西工业工程职业技术学院林娟、黄丽燕，江西应用工程职业学院何周亮担任副主编，江西制造技术学院的易忠勇老师担任本书的主审。参与编写与审校的人员还有江西工业工程职业技术学院的刘文倩、袁陆峰、夏源渊、孙桂爱、童跃才、熊伟等。同时非常感谢 CNC Software 中国服务中心李幸呈和陈孝林的技术支持。

在本书的编写过程中，发现《Mastercam 基础教程(第 3 版)》中有一些错误及疏漏已逐一进行修正，在此向广大读者致歉。当然在这次的再版过程中也难免会有错误和疏漏之处，希望广大读者批评、指正。

编　者

目　　录

第 1 章　绘图环境的介绍

Mastercam 是美国 CNC 软件公司开发的 CAD/CAM 一体化软件，集二维绘图、三维实体、曲面设计、数控编程、刀具路径模拟及真实感模拟等功能于一身，可以使用户在产品设计，工程图绘制，2～5 坐标的镗铣加工、车削加工，2～4 坐标的切割加工以及钣金下料、浮雕等加工操作中都能获得最佳的效果；同时系统内置有 IGES、STL、AutoCAD (DWG)、STEP、Catia 和 Pro-E 等数据转换器，具有很好的兼容性；Mastercam 自诞生以来，因其基于 PC 平台，支持中文环境，价位适中而被广泛应用于众多的企业中。

Mastercam 2020 版(以下简称 Mastercam)是目前较新的版本，该版本比以前的版本增加或增强了许多功能。本章将简述 Mastercam 的启动及界面的操作、系统配置等功能。

1.1　Mastercam 的启动及工作界面

1.1.1　Mastercam 的启动

在计算机中安装好 Mastercam 软件后，既可以通过双击桌面上的 图标启动 Mastercam，也可以选择【开始】|【程序】| Mastercam 2020 | Mastercam 2020 命令启动 Mastercam。

1.1.2　Mastercam 的工作界面

启动 Mastercam 后，出现如图 1.1 所示的工作界面。该工作界面可分为标题栏、功能选项卡区、工具栏区、目标选取工具条、快速选取工具条、绘图区、状态栏、操作管理器等。

1. 标题栏及快速访问工具栏

Mastercam 工作界面的顶部是标题栏，标题栏显示了软件的名称、当前所使用的模块、当前所打开文件的路径及文件名称；在标题栏的右侧是标准 Windows 应用程序的 3 个控制按钮：【最小化窗口】按钮、【还原窗口】按钮和【关闭应用程序】按钮，在标题栏的左侧是快速访问工具栏，包含【新建】按钮、【保存】按钮、【打开】按钮、【打印】按钮、【另存为】按钮、【撤销】按钮和【重做】按钮。

2. 功能选项卡区

紧接标题栏下面的是功能选项卡区，包含 Mastercam 系统的所有命令功能，依次为【文件】选项卡、【主页】选项卡、【线框】选项卡、【曲面】选项卡、【实体】选项卡、【建模】选项卡、【标注】选项卡、【转换】选项卡、【机床】选项卡、【视图】选项卡，各功能选项卡的详细使用方法将在后续章节逐一介绍。

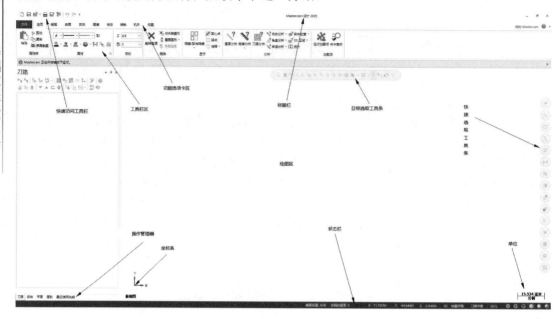

图 1.1　Mastercam 的工作界面

3. 工具栏区

紧接功能选项卡区下面的是工具栏区，如图 1.2 所示，工具栏区是对某一选中功能选项卡中的所有命令的图标表示，只需把鼠标指针停留在工具栏中的某个按钮上，即可出现相应的功能提示。

图 1.2　工具栏区

用户可以通过在工具栏区单击鼠标右键，在弹出的快捷菜单中选择【自定义功能区】命令，在打开的【选项】对话框中来增加或减少工具栏区中的图标，如图 1.3 所示。

4. 目标选取工具条

目标选取工具条悬浮在绘图区，通过它可以快速选取目标，如图 1.4 所示，详细的使用方法将在后面的章节中介绍。

5. 快速选取工具条

快速选取工具条位于绘图区的右侧，它可以提供各种过滤功能，方便用户快速提取目标进行操作，如图 1.5 所示，详细的使用方法将在后面的章节中介绍。

(a) 选择【自定义功能区】命令   (b) 【选项】对话框

图 1.3 自定义功能区的设置

图 1.4 目标选取工具条

图 1.5 快速选取工具条

6. 绘图区及坐标系

在 Mastercam 工作界面中,最大的区域是绘图区。绘图区就像手工绘图时用的空白图纸,所有的绘图操作都将在上面完成;绘图区是没有边界的,可以把它想象成一张无限大的空白图纸,因此无论多大的图形都可以绘制并显示。绘图区的左下角显示了 Mastercam 系统当前视图坐标系。

在绘图区内右击,将弹出如图 1.6 所示的快捷菜单。利用快捷菜单中的命令,用户可以快速地进行一些视图显示、缩放和分析等常用的操作。

图 1.6 绘图区快捷菜单

7. 状态栏及单位

在绘图区下方是状态栏,选择状态栏中的选项可以进行相应的状态设置,如设置当前的绘图平面、刀具平面、WCS、2D/3D 的绘图模式以及当前光标坐标值等;在状态栏的上方反映了当前的尺寸单位是毫米,采用的是公制绘图,如图 1.7 所示。

图 1.7　状态栏及单位

8. 操作管理器

Mastercam 系统将【刀路】、【实体】、【平面】、【层别】、【最近使用功能】集中在一起，并显示在主界面上，形成了一个操作管理器，如图 1.8 所示。操作管理器会记录大部分操作，用户可以对其中的大部分操作重新进行编辑定义。

图 1.8　操作管理器

1.1.3　快捷键

在操作过程中，除了可以单击工具按钮外，还可以使用快捷键。Mastercam 可以通过按键盘上的 F10 键或 Alt 键在菜单上显示相应的快捷键，把光标放置在相应的图标上也会出现相应的快捷键，如图 1.9 所示。

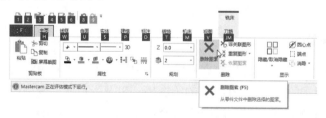

图 1.9　快捷键提示

表 1.1 为常用的 Alt+相关键的快捷键功能说明，表 1.2 为 Alt+F 键的快捷键功能说明，表 1.3 为 F1～F10 键功能说明，表 1.4 为副键功能说明。

表 1.1 常用 Alt+相关键的快捷键功能说明

快捷键	功　能	快捷键	功　能
Alt+1	已设为俯视图功能	Alt+H	已设为帮助功能
Alt+2	已设为前视图功能	Alt+I	已设为打开实体管理选项卡功能
Alt+3	已设为后视图功能	Alt+M	已设为打开多线程管理功能
Alt+4	已设为底视图功能	Alt+O	已设为打开刀路管理选项卡功能
Alt+5	已设为右视图功能	Alt+P	已设为显示先前视角功能
Alt+6	已设为左视图功能	Alt+Z	已设为打开层别管理选项卡功能
Alt+7	已设为等角视图功能	Alt+S	已设为打开实体着色功能
Alt+A	已设为自动保存功能	Alt+T	已设为打开刀具路径显示功能
Alt+C	已设为执行 C-Hook 功能	Alt+V	已设为版本功能
Alt+D	已设为尺寸标注功能	Alt+X	已设为显示图素属性功能
Alt+E	已设为显示部分图素功能	Alt+G	已设为屏幕网格点功能

表 1.2 Alt+F 键的快捷键功能说明

快捷键	功　能	快捷键	功　能
Alt+F1	已设为适度化功能	Alt+F8	已设为打开系统配置功能
Alt+F2	已设为缩小 0.8 倍功能	Alt+F9	已设为显示坐标系功能
Alt+F4	已设为退出系统功能	Alt+F12	已设为选择中点旋转功能

表 1.3 F1～F10 键功能说明

快捷键	功　能	快捷键	功　能
F1	已设为视窗放大功能	F4	已设为分析功能
F2	已设为缩小功能	F5	已设为删除功能
F3	已设为重画功能	F9	已设为显示坐标轴线功能

表 1.4 副键功能说明

快捷键	功　能	快捷键	功　能
PageUp	已设为绘图视窗放大功能	↑	已设为绘图视窗上移功能
PageDown	已设为绘图视窗缩小功能	↓	已设为绘图视窗下移功能
←	已设为绘图视窗左移功能	Home	已设为绘图适度化功能
→	已设为绘图视窗右移功能	Shift+中键	已设为图形平移功能

1.1.4 上下文工具选项卡

在 Mastercam 中选择常用工具命令时，使用上下文工具选项卡可以大大减少鼠标的移动和单击次数。当在绘图区选择不同属性的图素时，软件会根据当前选择推荐相对应的上下文工具选项卡以快速查找到想要的工具命令。比如在绘图区单击线框图素，软件就会自动弹出【线框选择】上下文工具选项卡，如图 1.10(a)所示，它们都是与线框操作相关的常用工具命令。再比如单击选择曲面或实体等，软件也会自动弹出与之相对应的【曲面选择】(见图 1.10 (b))、【实体选择】(见图 1.10 (c))上下文工具选项卡。

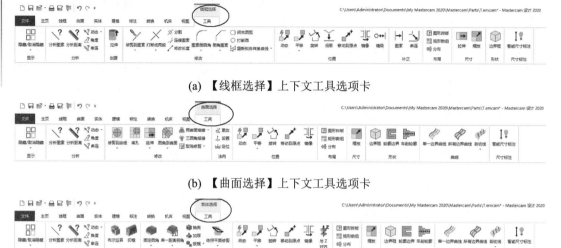

(a) 【线框选择】上下文工具选项卡

(b) 【曲面选择】上下文工具选项卡

(c) 【实体选择】上下文工具选项卡

图 1.10　上下文工具选项卡

1.2　Mastercam 的系统设置

Mastercam 安装完毕后，软件本身有一个内定的系统配置参数，用户可以根据自己的需要和实际情况来更改某些参数，以满足实际使用的需要。要设置系统参数，可执行【文件】|【配置】命令，系统弹出如图 1.11 所示的【系统配置】对话框后，再选择列表框中的选项进行相应的设置即可。

图 1.11　【系统配置】对话框

1. 启动/退出设置

在【系统配置】对话框中，选择左侧列表框中的【启动/退出】选项，可设置系统启动/退出方面的参数，如图 1.12 所示。

图 1.12 【启动/退出】参数设置

大部分参数保持系统默认设置即可，一般需要为系统设置单位。用于设定系统启动时自动调入的单位有公制和英寸两种，一般选择公制单位，这样系统每次启动时都将进入公制单位设计环境，如果安装软件时选择了单位，就不需要再进行设置了。

2. 颜色设置

在【系统配置】对话框中，选择左侧列表框中的【颜色】选项，可设置系统颜色方面的参数，如图 1.13 所示。

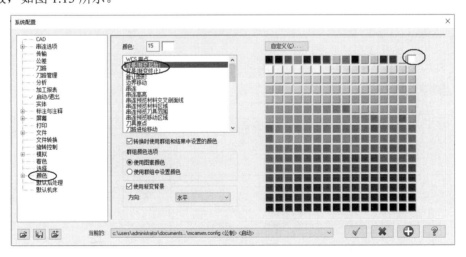

图 1.13 【颜色】参数设置

大部分颜色参数保持系统默认设置即可，对于有绘图区背景颜色喜好的用户可以设置绘图区背景颜色。

3. 屏幕显示设置

在【系统配置】对话框中，选择左侧列表框中的【屏幕】选项，可设置系统屏幕显示方面的参数，如图 1.14 所示。

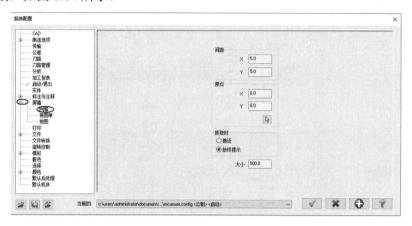

图 1.14　【网格】参数设置

大部分屏幕显示参数保持系统默认设置即可，对于习惯借助网格进行绘图的用户可以在【屏幕】选项下选择【网格】选项，进行相应的设置。

- 【间距】：此选项组用来设置网格 X、Y 方向的间距。
- 【原点】：此选项组用来设置网格的原点坐标。
- 【抓取时】：此选项组用来设置捕捉选项，选中【接近】单选按钮时，当光标与网格间的距离小于捕捉距离时启动捕捉功能；选中【始终提示】单选按钮时，无论光标与网格之间的距离为多少，总是启动网格捕捉功能。
- 【大小】：此文本框可以设置网格显示区域的大小。

4. 文件管理设置

在【系统配置】对话框中，选择左侧列表框中的【文件】选项，可设置文件管理方面的参数，如图 1.15 所示。

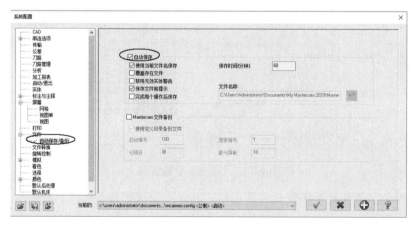

图 1.15　【文件】参数设置

大部分文件管理参数保持系统默认设置即可，建议用户选择【文件】选项下的【自动保存/备份】参数。

- 【自动保存】：选中此复选框，启动系统自动保存功能。
- 【保存时间(分钟)】：此文本框用来设定系统自动保存文件的时间间隔，单位为分钟。
- 【使用当前文件名保存】：选中此复选框，将使用当前文件名自动保存。
- 【覆盖存在文件】：选中此复选框，将覆盖已存在的文件名自动保存。
- 【禁用无效实体警告】：选中此复选框，在自动保存文件前，如有无效实体则会提示警告。
- 【保存文件前提示】：选中此复选框，在自动保存文件前会提示。
- 【完成每个操作后保存】：选中此复选框，在结束每个操作后自动保存文件。
- 【文件名称】：此文本框用于输入系统自动保存文件时的文件名。

5. 公差设置

在【系统配置】对话框中，选择左侧列表框中的【公差】选项，可设置系统的公差参数，如图 1.16 所示。

图 1.16　【公差】参数设置

- 【系统公差】：用于设置系统的公差值，公差值越小，误差越小，但系统运行越慢。
- 【串连公差】：用于设置串连几何图形的公差值。
- 【平面串连公差】：用于设置平面串连几何图形的公差值。
- 【最短圆弧长】：用于设置所能创建的最小圆弧长度。
- 【曲线最小步进距离】：用于设置曲线的最小步长，步长越小，曲线越光滑，但占用系统资源也越多。
- 【曲线最大步进距离】：用于设置曲线的最大步长。
- 【曲线弦差】：用于设置曲线的弦差，弦差越小，曲线越光滑。
- 【曲面最大公差】：用于设置曲面的最大误差。

● 【刀路公差】：用于设置刀具路径的公差值。

6. 文件转换设置

在【系统配置】对话框中，选择左侧列表框中的【文件转换】选项，可设置 Mastercam 与其他软件进行文件转换时的参数，如图 1.17 所示，建议保持系统默认设置。

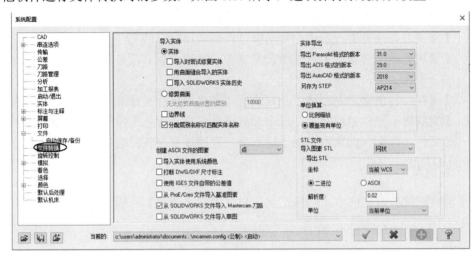

图 1.17 【文件转换】参数设置

7. 串连选项设置

在【系统配置】对话框中，选择左侧列表框中的【串连选项】选项，可设置系统串连方面的参数，如图 1.18 所示，建议保持系统默认设置。

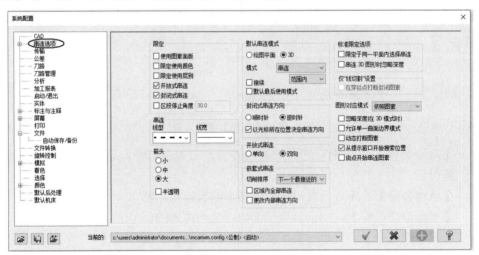

图 1.18 【串连选项】参数设置

8. 着色设置

在【系统配置】对话框中，选择左侧列表框中的【着色】选项，可设置曲面和实体着色方面的参数，如图1.19所示。

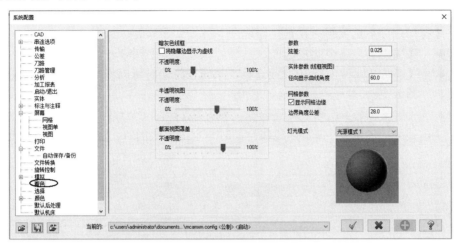

图1.19 【着色】参数设置

9. 实体设置

在【系统配置】对话框中，选择左侧列表框中的【实体】选项，可设置实体方面的参数，如图1.20所示，建议保持系统默认设置。

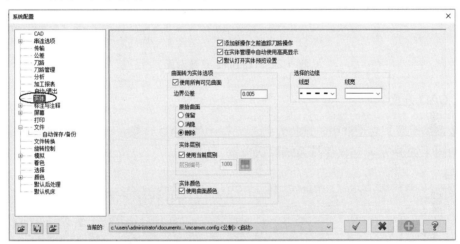

图1.20 【实体】参数设置

10. 打印设置

在【系统配置】对话框中，选择左侧列表框中的【打印】选项，可设置系统打印参数，如图1.21所示。

- 【线宽】选项组：设置线宽选项。
  - ◆ 【使用图素】：选中此单选按钮，系统以几何图形本身的线宽进行打印。
  - ◆ 【统一线宽】：选中此单选按钮，用户可以在后面的文本框中输入所需的打印线宽度。

◆ 【颜色与线宽对应如下】：选中此单选按钮，可以在列表中对几何图形的颜色进行线宽设置，这样在打印时以颜色来区分线型的打印宽度。

● 【打印选项】选项组：设置打印选项。

◆ 【颜色】：选中此复选框，系统可以进行彩色打印。

◆ 【名称/日期】：选中此复选框，系统在打印时可以将文件名称和日期打印在图纸上。

◆ 【屏幕信息】：选中此复选框，系统在打印时可以将屏幕信息打印在图纸上。

● 【虚线缩放比例】：调节虚线在打印时与全图的比例值，使之打印出来清晰可见。

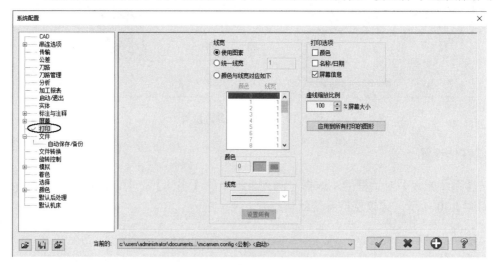

图 1.21　【打印】参数设置

11. CAD 设置

在【系统配置】对话框中，选择左侧列表框中的 CAD 选项，可设置系统 CAD 方面的参数，如图 1.22 所示，建议保持系统默认设置。

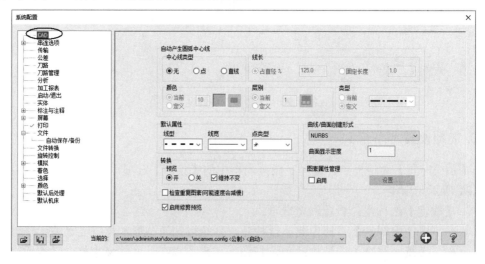

图 1.22　CAD 参数设置

12. 标注与注释设置

在【系统配置】对话框中，左侧列表框中的【标注与注释】选项包括【尺寸属性】、【尺寸文字】、【注解文字】、【引导线/延伸线】和【尺寸标注】5 个子选项，如图 1.23 所示。各选项的详细内容将在第 2 章介绍。

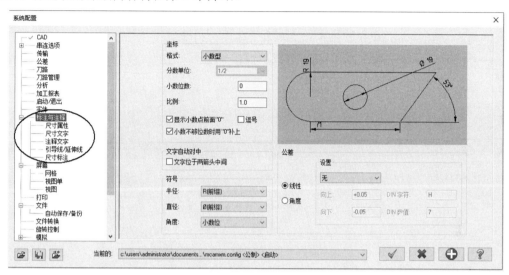

图 1.23　【标注与注释】参数设置

13. NC 加工参数设置

在【系统配置】对话框中，系统的 NC 加工参数设置包括左侧列表框中的【刀路】、【刀路管理】、【加工报表】、【模拟器】、【刀路模拟】、【颜色】、【默认后处理】、【默认机床】8 个选项，如图 1.24 所示。

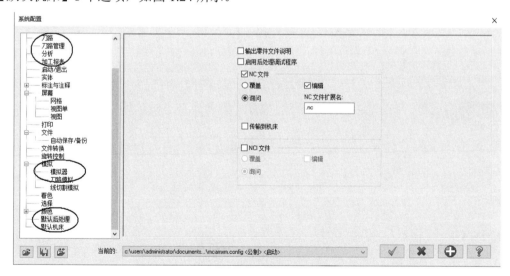

图 1.24　刀具路径参数设置

1.3　习　　题

1. 在计算机上尝试安装 Mastercam 2020 软件并进入系统。
2. 简述如何修改 Mastercam 2020 的系统配置。
3. 熟悉 Mastercam 2020 工作界面工具条上各按钮的功能。
4. 简述如何增加或减少工具栏区中的图标。

第2章 二维图形的绘制及编辑

Mastercam 的 CAM(辅助加工功能)是利用已有图形进行编程的，所以在产生数控程序之前应将零件的图形绘制出来。本章主要介绍二维图形的绘制、编辑与转换指令。其中，二维图形的绘制指令主要包括点、直线、圆弧、矩形、多边形、倒圆角、文字和尺寸等；二维图形的编辑与转换指令主要包括删除、修剪延伸、平移、旋转、镜像、补正、阵列等。二维图形的绘制、编辑与转换是学习绘制三维线型构架、曲面和实体的基础。

2.1 二维图形的绘制

Mastercam 有完整的二维绘图功能，大部分二维绘图命令都集中在功能区的【线框】选项卡中，如图 2.1 所示。下面就一些常用功能进行介绍。

图 2.1 【线框】选项卡

2.1.1 绘点及圆周点

1. 绘点

【绘点】命令通常用于在确定的位置绘制点，单击【线框】选项卡中的【绘点】下拉按钮，即可打开如图 2.2 所示的工具条。常见的点的绘制方式有以下 6 种，绘制示意如图 2.3 所示。

图 2.2 【绘点】工具条

- 【绘点】：该命令是输入已知点的坐标或者用鼠标指定确定的位置(如端点、中点、原点、圆心点等)来绘制点。点类型可以根据需要选择普通点、穿丝点或剪线点，如图 2.3(a)所示。其中，穿丝点和剪线点是用于在线切割中起定位和注释作用。
- 【动态绘点】：该命令是指在指定的直线或曲线上绘制点，如图 2.3(b)所示。
- 【等分绘点】：该命令是在选定的直线或曲线上绘制等分点，如图 2.3(c)所示。
- 【节点】：该命令可以在指定的曲线的节点处绘制点，如图 2.3(d)所示(注：曲线的节点不一定在曲线上)。
- 【端点】：该命令是指在直线、圆、曲线等图素的端点处自动绘制点，如图 2.3(e)所示。
- 【小圆心点】：该命令是指绘制所选圆/圆弧的中心点，如图 2.3(f)所示。

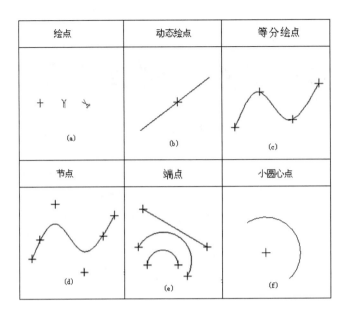

图 2.3　各种点的绘制示意

2. 圆周点

【圆周点】命令主要用于绘制围绕基准点均匀分布在圆周上的点、弧或圆。在【线框】选项卡中，单击【圆周点】按钮，即可打开如图 2.4 所示的【螺栓中心圆】对话框，设置各参数，可在绘图区得到如图 2.5 所示的均匀分布的圆周点。

图 2.4　【螺栓中心圆】对话框

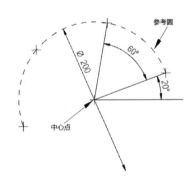

图 2.5　圆周点绘制示意

2.1.2　直线的绘制

Mastercam 提供了多种绘制直线的方式，包括绘制连续线、平行线、垂直正交线、近距线、平分线、通过点相切线和法线等。在【线框】选项卡中可找到这些绘线工具，如图 2.6 所示。

1. 连续线

单击【连续线】按钮／，系统会弹出如图 2.7 所示的【连续线】对话框，用户可以根据需要绘制各种类型的线段，如任意线、水平线、垂直线等。下面就各种类型的线段绘制方法进行介绍。

图 2.6　绘线工具　　　　　　　图 2.7　【连续线】对话框

- 任意线：任意线的绘制方式有三种：【两端点】、【中点】、【连续线】。线段的长度和角度由【尺寸】栏中的【长度】下拉列表框和【角度】下拉列表框中的数值决定。
  - ◆ 【两端点】：通过给出线段的两个端点来产生一条线段。如图 2.8(a)所示，只要给出线段的两个端点 P1、P2 就可以画出线段 L1。
  - ◆ 【中点】：通过给出线段的中点来产生一条线段。如图 2.8(b)所示，选中【中点】单选按钮后只要给出线段的中点 P1，就可以画出线段 L1。
  - ◆ 【连续线】：通过给出一系列的线段端点来产生相连的多段线。在系统默认情况下，每次只能画一条直线段。选中【连续线】单选按钮就可以画出连续的多段线。如图 2.8(c)所示，给出一系列连续的点 P1、P2、P3、P4、P5，系统会自动生成线段 L1、L2、L3、L4，按 Esc 键则退出画线。
  - ◆ 【相切】：可产生与圆弧、样条曲线或者两圆弧相切的一条线段。如图 2.8(d)所示，线段 L1 是经过圆外一点 P1 且与圆弧相切的一条切线，线段 L2 是具有固定角度且与圆相切的一条切线。如图 2.8(e)所示，线段 L1 是与两圆弧相切的一条切线。

- 水平线：通过选取两点或中点并输入 Y 轴方向的轴向偏移值绘制水平线段。如图 2.8(f)所示，P1、P2 只确定水平线两端点的 X 轴坐标，Y 坐标由【轴向偏移】下拉列表框的数值确定。

- 【垂直线】：通过选取两点或中点并输入 X 轴方向的轴向偏移值便可绘制出垂直线段。如图 2.8(g)所示，P1、P2 只确定垂直线两端点的 Y 轴坐标，X 坐标由【轴向偏移】下拉列表框的数值确定。

- 【尺寸】：通过给出长度、角度数值来产生一段极坐标线段。如图 2.8(h)所示，在绘制线段 L1 时，先指定一位置点 P1，然后在【长度】下拉列表框和【角度】下拉列表框中输入相应的数值即可。

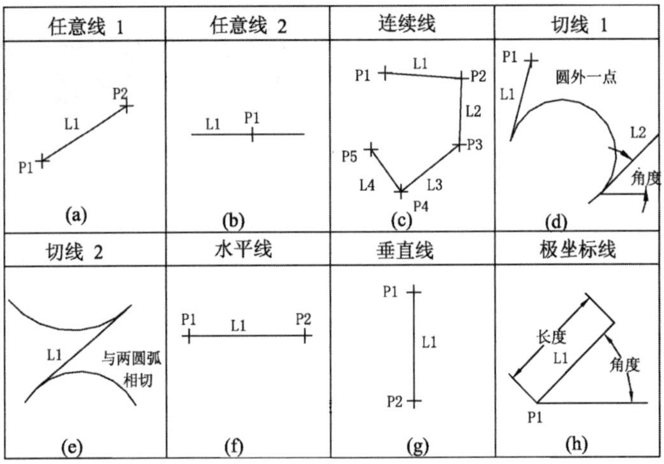

任意线 1	任意线 2	连续线	切线 1
(a)	(b)	(c)	(d)
切线 2	水平线	垂直线	极坐标线
(e)	(f)	(g)	(h)

图 2.8 连续线画法示意

2. 平行线

产生与一条参考线平行的线段。如图 2.9(a)所示，线段 L1 是一条与已知直线平行的平行线。

3. 垂直正交线

产生与圆弧或者线段相垂直的一条线段。如图 2.9(b)所示，线段 L1 是经过圆外一点且延长线通过圆心的法线；线段 L2 是经过直线外一点且与直线相垂直的法线。

4. 近距线

产生两个图素之间的最短线。如图 2.9(c)所示，线段 L1 是圆弧与直线间距离最短的直线。

5. 平分线

产生一条相交直线的角平分线段。如图 2.9(d)所示，线段 L1 为相交直线的角平分线。

6. 通过点相切线

产生过圆弧上一点且与圆弧相切的一条线段。如图 2.9(e)所示，线段 L1 经过圆弧上一点 P1 并且与已知圆弧相切。

7. 法线

产生一条垂直于现有曲面或面的线段。如图 2.9(f)所示，线段 L1 经过曲面上一点 P1 并垂直于曲面。

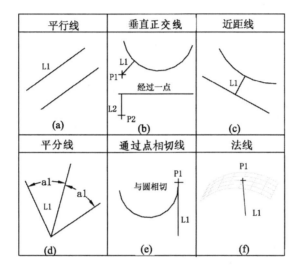

图 2.9　各种线型画法示意

下面以绘制平行线为例，讲解绘制直线段的步骤。

首先，在【线框】选项卡中单击【平行线】按钮 ／，弹出如图 2.10 所示的【平行线】对话框，在【补正距离】下拉列表框中输入"10"，系统提示选择直线，在绘图区选择一条已知直线后，然后根据需要可以用鼠标指定补正方向，也可通过【选择反面】、【选择双向】单选按钮来改变补正的方向或进行两边补正。

2.1.3　圆与圆弧的绘制

Mastercam 提供了多种绘制圆、圆弧的方式，包括给定圆心+点、极坐标圆弧、三点画圆、两点画弧、三点画弧、极坐标画弧和创建切弧等。在【线框】选项卡中可以找到【圆弧】工具栏，如图 2.11 所示，即可绘制各种类型的圆和圆弧。

图 2.10　【平行线】对话框

1. 圆的绘制

单击【已知点画圆】按钮 ⊕ 和【已知边界点画圆】按钮 可以实现圆的绘制。

图2.11 【圆弧】工具栏

1) 已知点画圆

该命令是最常用的画圆方法，单击【已知点画圆】按钮⊙，系统会弹出如图2.12(a)所示的【已知点画圆】对话框。通过该对话框中参数的设置可以实现以下几种画圆方式。

- 点边界圆：在【方式】选项组中选中【手动】单选按钮，利用给定的圆心点和边界点来绘制圆，如图2.13(a)所示。
- 点相切圆：在【方式】选项组中选中【相切】单选按钮，系统会利用给定的圆心点和选定的圆弧来绘制与之相切的圆弧，如图2.13(b)所示。
- 点半径圆：在【半径】下拉列表框中输入半径值，系统会利用给定的圆心点和半径值来绘制圆，如图2.13(c)所示。当需要绘制多个相同半径值的圆时，可以单击旁边的开锁状态按钮🔓使之变成闭锁状态🔒，这样可以连续绘制多个相同半径值的圆而不用重新输入半径值。
- 点直径圆：在【直径】下拉列表框中输入直径值，系统会利用给定的圆心点和直径值来绘制圆，如图2.13(d)所示。

2) 已知边界点画圆

单击【已知边界点画圆】按钮🔘，系统会弹出如图2.12(b)所示的【已知边界点画圆】对话框。

(a) 【已知点画圆】对话框

(b) 【已知边界点画圆】对话框

图2.12 画圆对话框

- 两点：利用给定直径上的两个端点来绘制一个圆，如图 2.13(e)所示，圆的直径由两端点的距离决定。
- 两点相切：利用选定的两个圆弧来绘制一个与之相切的圆，如图 2.13(f)所示。切圆的大小由【半径】/【直径】下拉列表框中的数值决定。
- 三点：利用给定的三个不共线的点来产生一个圆，如图 2.13(g)所示。
- 三点相切：利用选定的三个圆弧来绘制一个与之相切的圆，如图 2.13(h)所示。

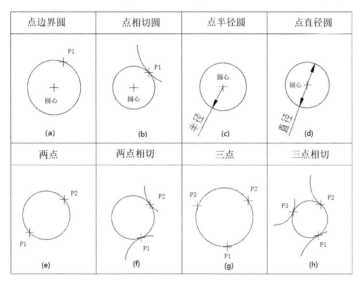

图 2.13　各种圆的画法示意

2. 圆弧的绘制

圆弧的绘制功能简要说明如下。

1) 极坐标圆弧

用极坐标方式定义各点坐标来产生一个圆弧，绘制方法有两种：极坐标画弧和极坐标点画弧。极坐标圆弧的画法分别如下。

- 极坐标画弧：先确定圆弧圆心，再确定圆弧的半径/直径和圆弧起始角度的绘制方法。单击【极坐标画弧】按钮 ，系统会弹出如图 2.14(a)所示的【极坐标画弧】对话框。如图 2.15(a)所示通过指定中心点，输入半径或直径、起始角度和终止角度即可产生一个圆弧，反转圆弧可改变圆弧的方向。当使用相切方式时，给定圆心和切点位置，而圆心到切点的距离就确定了圆弧的半径值，所以就不用设定半径尺寸值，只要给出终止角度即可，如图 2.15(b)所示。
- 极坐标点画弧：先确定圆弧圆周上的点，再来确定圆弧的半径/直径和圆弧起始角度的绘制方法。单击【极坐标点画弧】按钮 ，弹出如图 2.14(b)所示的【极坐标点画弧】对话框，通过给出圆弧起始点、半径/直径值、起始角度和终止角度即可产生一个圆弧，如图 2.15(c)所示。或给出圆弧终点、圆弧半径/直径值、起始角度和终止角度即可产生一个圆弧，如图 2.15(d)所示。

(a) 【极坐标画弧】对话框

(b) 【极坐标点画弧】对话框

图 2.14　极坐标画弧

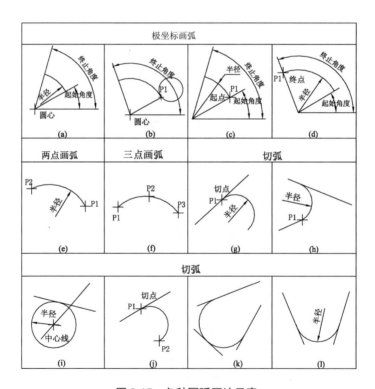

图 2.15　各种圆弧画法示意

2)　两点画弧

通过给出两端点和圆弧半径/直径产生一个圆弧，这是最为常用的绘制圆弧命令，如图 2.15(e)所示。

3)　三点画弧

通过 3 个已知点来产生一个圆弧，如图 2.15(f)所示。

4)　切弧

与一个或者多个图素相切来产生一个圆弧。单击【切弧】按钮 ，弹出如图 2.16 所示的【切弧】对话框，它的绘制方法有 7 种，分别如下。

图 2.16　【切弧】对话框

- 单一物体切弧：产生一条与单一图素(直线、圆弧、样条曲线)相切于一点的 180°圆弧，如图 2.15(g)所示。
- 通过点切弧：产生一个与图素相切并经过一个给定点的圆弧，如图 2.15(h)所示。
- 中心线：产生一个圆心在指定直线上且与另一直线相切的圆，如图 2.15(i)所示。
- 动态切弧：产生一个与图素相切的圆弧且圆弧的形状由鼠标动态确定，如图 2.15(j)所示。
- 三物体切弧：产生一个与三个图素(直线、圆弧、样条曲线)相切的圆弧，如图 2.15(k)所示。
- 三物体切圆：产生一个与三个图素(直线、圆弧、样条曲线)相切的圆。
- 两物体切弧：产生一个与两个图素(直线、圆弧、样条曲线)相切的圆弧，如图 2.15(l)所示。

2.1.4　矩形及多边形的绘制

1. 矩形

矩形由 4 条相互垂直的具有一定长度的线段构成。它的绘制方法非常灵活，在绘图过程中，往往利用矩形来构造辅助线，矩形功能利用得好，会给绘图带来很多的方便。

图 2.17　【矩形】对话框

矩形可以通过指定对角线两个端点的位置确定；也可以通过指定矩形的宽度和高度，然后指定矩形的左下角点或中心点的位置来确定。在【线框】选项卡中单击【矩形】按钮□，即可打开如图 2.17 所示的【矩形】对话框。【矩形】对话框中各参数的含义如下。

- 【编辑第一角点】按钮 1 ：用于重新确定已经绘制矩形的第一角点的位置。
- 【编辑第二角点】按钮 2 ：用于重新确定已经绘制矩形的第二角点的位置。
- 【宽度】下拉列表框：设置矩形的宽度。
- 【高度】下拉列表框：设置矩形的高度。
- 【矩形中心点】复选框：设置基准点为中心点。在绘图区指定一个点作为矩形的中心点。
- 【创建曲面】复选框：生成的矩形是一个矩形曲面。

2. 圆角矩形

【圆角矩形】命令可以用来绘制各种类型的矩形。在【线框】选项卡中单击【矩形】下拉按钮，然后单击【圆角矩形】按钮▭，即可打开如图 2.18 所示的【矩形形状】对话框。【矩形形状】对话框中各选项的含义如下。

图 2.18　【矩形形状】对话框

- 【类型】选项组：该选项组用于设置矩形的类型，共有 4 种类型可选择，即矩形、矩圆形、单 D 形、双 D 形。
- 【方式】选项组包括【基准点】和【2 点】两个单选按钮。
    - 【基准点】单选按钮：采用基准点法绘制矩形。通过给定矩形的一个基准点，以及矩形的宽度、高度来绘制矩形。
    - 【2 点】单选按钮：通过指定两角点的方式来绘制矩形。用户可以通过给定左上角点和右下角点来给制，也可以通过给定左下角点和右上角点来绘制。
- 【点】选项组：该选项组用于设置矩形基准点的位置，Mastercam 提供了 9 种位置基准点，用户可以根据需要进行选择。
    - 【编辑第一角点】按钮 1 ：当采用基准点方式绘制矩形时，用于重新确定已经绘制的矩形基准点位置。当采用两点方式绘制矩形时，用于重新确定已经绘制矩形的第一角点的位置。
    - 【编辑第二角点】按钮 2 ：当采用 2 点方式绘制矩形时，用于重新确定已经绘制矩形的第二角点的位置。
- 【尺寸】选项组的介绍如下。
    - 【宽度】下拉列表框：用于设置矩形宽度值。单击右侧的选取按钮⊕，则可以重新选定位置来确定矩形的宽度。
    - 【高度】下拉列表框：用于设置矩形高度值。单击右侧的选取按钮⊕，则可以重新选定位置来确定矩形的高度。
    - 【圆角半径】下拉列表框：用于设置矩形 4 个角的圆角半径值。
    - 【旋转角度】下拉列表框：用于设置矩形绕基准点旋转的角度值。
- 【设置】选项组的介绍如下。
    - 【创建曲面】复选框：选中此复选框，则可以生成矩形曲面。
    - 【创建中心点】复选框：选中此复选框，则在生成矩形的同时产生一个中心点。

下面用基准点方式创建一个长为 40 mm、宽为 20 mm、圆角半径为 5 mm、旋转角度为 45°、基点在中心的矩形，并在绘图区显示中心点和曲面。其操作步骤如下。

(1) 切换到【线框】选项卡，单击【矩形】下拉按钮，再单击【圆角矩形】按钮▭，在【矩形形状】对话框中设置参数，如图 2.19(a)所示。

(2)　系统出现选取基准点的提示，在绘图区任意位置处拾取一点 P1 定位，如图 2.19(b) 所示。单击【确定】按钮 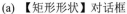 完成矩形的创建，结果如图 2.19(c)所示。

(a)　【矩形形状】对话框　　　(b)　在绘图区拾取一点定位　　　(c)　创建的矩形曲面

图 2.19　创建矩形

3. 多边形

多边形是指由 3 条或 3 条以上等长的线段组成的封闭图形，使用【多边形】命令可以 绘制 3～360 条边的正多边形。单击【多边形】按钮 ⬠，系统会弹出如图 2.20 所示的【多 边形】对话框。【多边形】对话框中的参数说明如下。

图 2.20　【多边形】对话框

- 【边数】微调框：指定多边形的边数。
- 【半径】下拉列表框：指定多边形内切圆或外接圆的半径。
- 【内圆】和【外圆】单选按钮：该单选按钮用于设置半径选项中输入的半径是多边形内接于圆的半径还是外切于圆的半径。当选中【内圆】单选按钮时，是指多边形内接于圆的半径，如图 2.21(a)所示，绘制的是五边形内接于圆的半径为 10；当选中【外圆】单选按钮时，是指多边形外切于圆的半径，如图 2.21(b)所示，绘制的是五边形外切于圆的半径为 10，且旋转角度为 30°的五边形。
- 【角落圆角】微调框：用于设置多边形所有顶点的圆角半径值。
- 【旋转角度】微调框：用于设置多边形的旋转角度值。
- 【创建曲面】复选框：选中此复选框，则可以生成多边形曲面。
- 【创建中心点】复选框：选中此复选框，则在生成多边形的同时产生一个中心点。

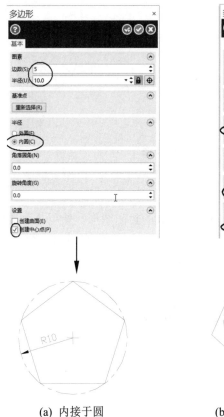

(a) 内接于圆　　　　　　(b) 外切于圆且旋转 30°角

图 2.21　两种多边形的画法

2.1.5　倒圆角

1. 图素倒圆角

【图素倒圆角】命令主要用于让两个或者两个以上的图素之间产生圆角。单击【修剪】

工具栏中的【图素倒圆角】按钮，系统会弹出如图 2.22 所示的【图素倒圆角】对话框。选取一图素，再选取另一图素，然后在【半径】下拉列表框中输入倒圆角的半径，单击【确定】按钮退出命令，即可倒出所需圆角。下面简单介绍倒圆角参数。

- 【方式】选项组：用于设置倒圆角的类型，包括【圆角】、【内切】、【全圆】、【间隙】和【单切】5 种类型。
- 【半径】下拉列表框：用来设置倒圆角的半径。
- 【修剪图素】复选框：若选中此复选框，倒圆角时对图素进行修剪，否则倒圆角时不对图素进行修剪。

2. 串连倒圆角

【串连倒圆角】命令用于对选取的一组图素链倒圆角，可以一次性对多组相连的图素倒圆角，单击工具栏中的【串连倒圆角】按钮，系统会弹出如图 2.23 所示的【线框串连】对话框。

图 2.22　【图素倒圆角】对话框　　　　图 2.23　【线框串连】对话框

1) 串连选择方式

- 【串连】按钮：通过选择线条链中的任意一个图素而构建串连。选择图形第一个图素的位置，决定图形的开始位置和串连方向。对于单一的封闭或开放图形，只要单击靠近端点的图素，则整个图形即被串连起来，串连方向开始于离选择位置较近的端点指向另一个端点，如图 2.24(a)所示。如果线条链的某一个交点是由 3 个或 3 个以上的线条相交而成，即所谓的分支点(见图 2.24(b))，选取图素开始于 P1 点处，串连在 P2 点处停止，需要选取直线 L1 或 L2 来完成串连。

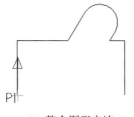

(a) 整个图形串连

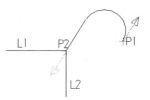

(b) 需要选择分支图素

图 2.24　串连图素

- 【部分串连】按钮　：根据图形串连时的特点，可以将图形分为 3 类。第一类是单一的封闭图形，第一个和最后一个图素是相连接的，如图 2.25(a)所示；第二类是单一的开放图形，第一个和最后一个图素并不相连，且没有分支点，如图 2.25(b)所示；第三类是带有分支点的图形，所谓分支点是指三个以上图素相交于一点，如图 2.25(c)所示。当用户只需选取封闭图形、开放图形的一部分图素，或是选取带分支点的图形时则可以使用部分串连方式，使用部分串连时应先选中起始图素，后选择终止图素，如中间有分支，需指明串连方向。

(a) 单一的封闭图形　　　　　　　(b) 单一的开放图形　　　　　　　(c) 带有分支点的图形

图 2.25　图形的分类

- 【窗口】按钮　：使用鼠标框选封闭范围内的图素构成串连图素，该方式一次可以选择多个串连。系统通过矩形窗口的第一个角点来设置串连方向，起点应靠近图素的端点。
- 【多边形】按钮　：该方式与窗口选择串连方式类似，是用一个多边形来选择串连。
- 【单点】按钮　：用于选择点作为构成串连的图素。
- 【区域】按钮　：在边界区域内单击一点，可以自动选取区域边界内的图素作为串连图素。
- 【单体】按钮　：用于选择单一图素作为串连图素。
- 【向量】按钮　：使用该方式选取参照时与矢量围栏相交的图素将被选中，构成串连。
- 【区域范围】下拉列表框　：用于设置窗口、多边形、区域选择范围，它有 5 种选项。
  - ◆ 【范围内】：表示选择窗口、多边形、区域内的所有图素。

◆　【范围外】：表示选择在窗口、多边形、区域以外的所有图素。

◆　【内+相交】：表示选择窗口、多边形、区域内以及与它们边界相交的所有图素。

◆　【外+相交】：表示选择在窗口、多边形、区域以外以及与它们边界相交的所有图素。

◆　【相交】：表示仅选择与窗口、多边形、区域边界相交的所有图素。

● 　【等待】复选框：用于设置是否续接。

2)　选择串连

● 　【选择上一次】按钮 ：用于选择上一次命令操作时选取的串连图素。

● 　【结束串连】按钮 ：用于结束一个串连图素。

● 　【串连特征】按钮 ：用于定义串连特征。

● 　【串连特征选项】按钮 ：用于设置串连特征选项参数。

● 　【撤销选取】按钮 ：用于撤销当前的串连选择。

● 　【撤销所有】按钮 ：用于撤销所有串连选择。

3)　串连分支点选取

● 　【上一个】按钮 ：用于将结束点回退到上一个交点。

● 　【调整】按钮 ：用于切换选取方向和分支方向。

● 　【下一个】按钮 ：用于将结束点按选取方向前进到下一个交点。

以图 2.26(a)为原始图形，如果单击【上一个】按钮 时，串连选取的结束点就会回退到上一个交点，如图 2.26(b)所示；如果单击【调整】按钮 ，就会将分支方向和选取方向进行切换，如图 2.26(c)所示；如果单击【下一个】按钮 ，就会将串连选取的结束点按选取方向前进到下一个交点，如图 2.26(d)所示。

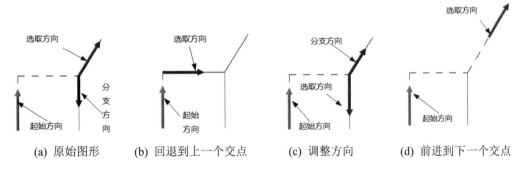

(a) 原始图形　　　(b) 回退到上一个交点　　　(c) 调整方向　　　(d) 前进到下一个交点

图 2.26　分支点选取

4)　起始/结束

● 　【起始点向后】按钮 ：用于将起始点往后移动一个交点。

● 　【起始点向前】按钮 ：用于将起始点往前移动一个交点。

● 　【动态】按钮 ：用于将起始点或结束点移动到选取的位置点。

● 　【反向】按钮 ：用于更改串连方向。

● 　【结束点向后】按钮 ：用于将结束点往后移动一个交点。

● 　【结束点向前】按钮 ：用于将结束点往前移动一个交点。

当图素选取完后，系统会弹出如图 2.27 所示的【串连倒圆角】对话框，仅在【图表倒圆角】对话框参数的基础上增加了【圆角】选项组，该选项组主要用于选择性倒圆角。下面以图 2.28(a)为例，帮助用户理解【圆角】选项组中各参数的含义。

图 2.27　【串连倒圆角】对话框

- 【全部】单选按钮：选取的一组图素链全部倒圆角，如图 2.28(b)所示。
- 【顺时针】单选按钮：仅对图素链中顺时针串连方向倒圆角，如图 2.28(c)所示。
- 【逆时针】单选按钮：仅对图素链中逆时针串连方向倒圆角，如图 2.28(d)所示。

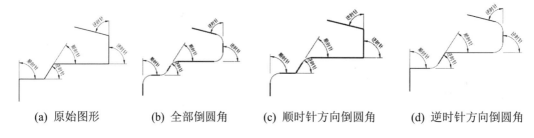

(a) 原始图形　　　(b) 全部倒圆角　　　(c) 顺时针方向倒圆角　　　(d) 逆时针方向倒圆角

图 2.28　选择性倒圆角

2.1.6　倒角

【倒角】命令主要用于在两个或者两个以上的图素之间产生斜角。倒角与倒圆角方法相似，它也有两个命令：一个是【倒角】命令，另一个是【串连倒角】命令。前者是创建单个倒角，后者是同时创建多个倒角。

1. 倒角

在【线框】选项卡中单击【倒角】按钮，即可打开如图 2.29 所示的【倒角】对话框。【倒角】对话框中各参数的含义如下。

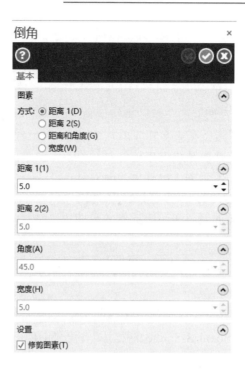

图 2.29　【倒角】对话框

- 【方式】选项组提供了 4 种倒角类型，分别介绍如下。
  - ◆ 【距离 1(D)】：只能倒出 45°的倒角，倒角的大小用【距离 1(1)】下拉列表框中的数值控制，如图 2.30(a)所示。
  - ◆ 【距离 2(S)】：可以通过【距离 1(1)】和【距离 2(2)】下拉列表框中的数值来控制倒角形状与大小，如图 2.30(b)所示。
  - ◆ 【距离和角度(G)】：可以通过【距离 1(1)】下拉列表框设置倒角距离值，以及【角度(A)】下拉列表框设置夹角值控制倒角形状与大小，如图 2.30(c)所示。
  - ◆ 【宽度(W)】：只能倒出 45°的倒角，倒角边的宽度由【宽度(H)】下拉列表框中的数值来控制，如图 2.30(d)所示。

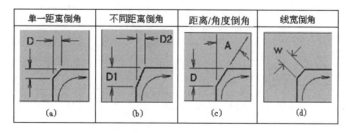

图 2.30　倒角类型

- 【距离 1(1)】下拉列表框：用于设置倒角距离 1 的值。
- 【距离 2(2)】下拉列表框：用于设置倒角距离 2 的值。
- 【角度(A)】下拉列表框：用于设置倒角角度值。
- 【宽度(H)】下拉列表框：用于设置倒角宽度值。

● 【修剪图素(T)】复选框：若选中此复选框，
倒角时对图素进行修剪，否则就不修剪。

2. 串连倒角

【串连倒角】命令用于对选取的一组图素链倒角，
可以一次性对多组相连的图素倒角。单击工具栏中的
【串连倒角】按钮，系统弹出【线框串连】对话框
的同时，也会打开如图2.31所示的【串连倒角】对话
框。串连倒角只有两种倒角方式：一种是【距离(D)】，
另一种是【宽度(W)】。也就是说，采用串连倒角只能
倒出45°的斜角。

图2.31　【串连倒角】对话框

2.1.7　绘制曲线

在 Mastercam 中绘制的曲线有两种形式，即参数式 Spline 曲线和 NURBS 曲线。
NURBS 是 Non-Uniform Rational B-Spline 的缩写。一般 NURBS 曲线比参数式 Spline 曲线
要光滑且易于编辑。

切换到【线框】选项卡，单击【手动画曲线】按钮下方的下拉按钮，打开如图2.32
所示的绘制曲线工具条，选择相应的命令，即可绘制所需的曲线。Mastercam 提供了 5 种
曲线生成方式。

图2.32　绘制曲线工具条

1. 手动画曲线

单击【手动画曲线】按钮，然后用鼠标在绘图区选取各个节点位置，在最后一点上
双击，或者按 Enter 键；在单击【确定】按钮之前，曲线端点(起始点和结束点)的切线方
向可以进行编辑。如图2.33所示，系统给起始点和结束点提供了 5 种切线方向选择。

● 【任意点】：系统默认的选项。
● 【三点】：曲线的前 3 个点所构成的部分用圆弧线代替。曲线起始点的切线方向
即为圆弧的切线方向。
● 【到图素】：选取已经存在的图素，将其选取点的切线方向作为曲线指定端点处
的切线方向。

- 【到结束点】：选取某图素端点的切线方向作为曲线指定端点的切线方向。
- 【角度】：设置曲线端点的切线角度值。

图 2.33　5 种切线方向

2. 曲线熔接

使用【曲线熔接】命令可以绘制一条与两图素上选取点相切的曲线，选取的图素可以是直线、曲线或圆弧。操作步骤如下。

(1) 单击【曲线熔接】按钮 。
(2) 选取已知曲线 1，选取熔接点位置 P1，如图 2.34(a)所示。
(3) 选取已知曲线 2，选取熔接点位置 P2，如图 2.34(a)所示。
(4) 按系统默认设置，单击【确定】按钮 ，显示熔接的曲线如图 2.34(b)所示。

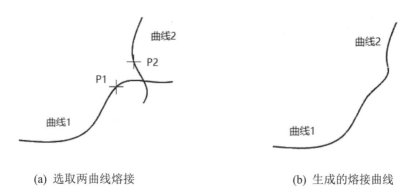

(a) 选取两曲线熔接　　　　　　　　　(b) 生成的熔接曲线

图 2.34　曲线熔接

3. 转成单一曲线

转成单一曲线能将一系列首尾相连的图素，如圆弧、直线、曲线等转换成单一样条曲线。

转成单一曲线的操作步骤如下。

(1) 单击【转成单一曲线】按钮，系统弹出【转成单一曲线】对话框和【线框串连】对话框。

(2) 在绘图区选择要转换的图素后，单击【线框串连】对话框中的【确定】按钮 。

(3) 在如图 2.35 所示的【公差】下拉列表框中输入公差值，并选择是否保留原曲线。

(4) 单击【确定】按钮，则将现有图素转换为曲线，并退出任务。

通过该操作，可将其他类型的图素转换为曲线，操作完成后，可以执行【主页】|【分析】|【图素分析】命令来查看。

图 2.35 【转成单一曲线】对话框

4. 自动生成曲线

单击【自动生成曲线】按钮，用鼠标在绘图区选取第一个、第二个以及最后一个点，系统即自动将存在的所有点拟合成一条样条曲线。

5. 转为 NURBS 曲线

执行该命令可将直线、圆弧、样条曲线和曲面等转换为 NURBS 曲线。

2.1.8 文字

如果要在工件表面进行文字雕刻，则首先要创建文字。用【文字】命令生成的是由直线、圆弧、样条曲线等组成的文字，用它可以生成刀具路径，用于加工。

切换到【线框】选项卡，单击【形状】工具栏中的【文字】按钮A，系统将弹出【创建文字】对话框。【创建文字】对话框用于设置创建文字时的相关参数，包括指定文字的字体、输入的文字、文字的大小和排列方式。其中，通过单击【真实字形】按钮，可以用真实字形来创建文字，它可将操作系统中的所有文字转换成可加工的几何文字。

例 2.1 绘制如图 2.36 所示的文字。文字的具体参数如表 2.1 所示。

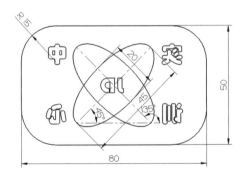

图 2.36 文字图形

表2.1 文字参数设置

字 体	文 字	字 高	方 向	定 位
华文彩云	JD	7	水平	(−4.5,−3.5)
华文彩云	实	10	水平	(−35,8)
华文彩云	训	10	水平	(−35,−16.5)
华文彩云	中	10	水平	(22,8)
华文彩云	心	10	水平	(22,−16.5)

具体操作步骤如下。

1. 绘制矩形

(1) 切换到【线框】选项卡，单击【形状】工具栏中的【圆角矩形】按钮□。

(2) 系统弹出【矩形形状】对话框，其中的参数设置如图2.37所示。选择基准点的位置，如图2.38所示单击目标选取工具条中的【光标】下拉按钮，单击【原点】按钮，在绘图区原点位置处绘制一矩形。

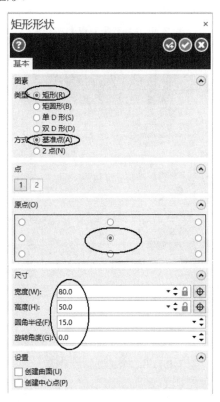

图2.37 【矩形形状】对话框

2. 绘制两椭圆

(1) 单击【矩形】下拉式工具条中的【椭圆】按钮○。

(2) 系统弹出【椭圆】对话框,其中的参数设置如图2.39(a)所示。选择基准点的位置,单击【原点】按钮,单击对话框中的【应用】按钮,结果如图2.40所示。

(3) 同理,设置另一椭圆参数如图2.39(b)所示,单击【原点】按钮,再单击对话框中的【确定】按钮,结果如图2.40所示。

图2.38　单击【原点】按钮

(a) 第一个椭圆参数设置

(b) 第二个椭圆参数设置

图2.39　【椭圆】对话框参数设置

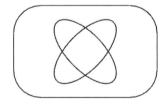

图2.40　绘制两椭圆

3. 创建文字

(1) 切换到【线框】选项卡,单击【形状】工具栏中的【文字】按钮。

(2) 系统弹出【创建文字】对话框,如图2.41所示。单击【真实字形】按钮,弹出

【字体】对话框，在【字体】列表框中选择【华文彩云】选项，设置【字形】为【常规】，设置文字大小为 10，如图 2.42 所示，单击【确定】按钮。

图 2.41　【创建文字】对话框　　　　　图 2.42　【字体】对话框

(3)　在【对齐】选项组中选中【水平】单选按钮，在【字母】文本框中输入"JD"。在【尺寸】选项组中设置【高度】为"7"，具体设置如图 2.43 所示。

(4)　在绘图区任意拾取一点放置文字，然后在【创建文字】对话框中单击【重新选择】按钮，在键盘上输入定位坐标(-4.5, -3.5)，再单击对话框中的【应用】按钮。

(5)　用同样的方法创建文字"实""训""中""心"4 个文字，具体参数按照表 2.1 所示设置，结果如图 2.44 所示。

(6)　单击【主页】选项卡中的【删除】按钮×，如图 2.45 所示在目标选取工具条中选择【串连】选取方式，拾取如图 2.46(a)所示的多余图素，在绘图区单击【结束选择】按钮进行删除，结果如图 2.46(b)所示。

4. 文字镜像

(1)　切换到【转换】选项卡，单击工具栏中的【镜像】按钮。

(2)　在目标选取工具条中选择【窗选】选取方式，在绘图区选取所有图素，单击【结束选择】按钮，在弹出的【镜像】对话框中设置参数，如图 2.47(a)所示，再单击对话框中的【确定】按钮，结果如图 2.47(b)所示。

图 2.43　设置文字参数

图 2.44　创建文字

图 2.45　设置【串连】选取方式

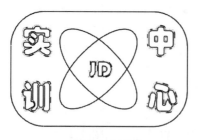

(a) 删除多余图素

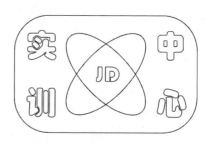

(b) 删除结果

图 2.46　文字图形

(a)　【镜像】对话框

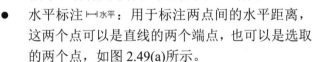

(b)　文字镜像处理

图 2.47　对文字进行镜像处理

2.1.9　尺寸的标注

尺寸标注是机械工程制图中不可缺少的一个环节，Mastercam 提供了完整的尺寸标注功能。在 Mastercam 中，不仅可以在水平面进行标注，还可以在任意平面进行标注。切换到【标注】选项卡，找到【尺寸标注】工具栏，如图 2.48 所示。各种尺寸标注示意如图 2.49 所示。

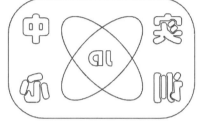

图 2.48　【尺寸标注】工具栏

- 水平标注├─水平：用于标注两点间的水平距离，这两个点可以是直线的两个端点，也可以是选取的两个点，如图 2.49(a)所示。
- 垂直标注 Ⅰ 垂直：用于标注两点间的垂直距离，如图 2.49(b)所示。
- 平行标注 ↖ 平行：用于标注两点间的距离，如图 2.49(c)所示。
- 基线标注├─基线：用于标注一系列平行尺寸线的尺寸，它先指定已标注尺寸的第一个尺寸界线为其基准线，然后依次选取要标注尺寸的第二个尺寸界线，如图 2.49(d)所示。
- 串连标注├─串连：用于标注一系列界线相串连的尺寸，即前一个尺寸的第二个尺寸界线是后一个尺寸的第一个尺寸界线，如图 2.49(e)所示。
- 角度标注△角度：用于标注两条不平行直线的夹角，如图 2.49(f)所示。
- 直径标注 ◎ 直径：用于标注圆的直径或圆弧的半径，如图 2.49(g)所示。
- 正交标注├─垂直：用于标注两条平行线或某个点到线段的法线距离，如图 2.49(h)

所示。

- 相切标注 ⊔相切：用于标注圆弧与点、直线、圆弧的相切距离，如图 2.49(i)所示。
- 点标注 ⊀点：用于标注选取点的坐标。既可标注平面坐标，也可标注空间坐标，如图 2.49(j)所示。

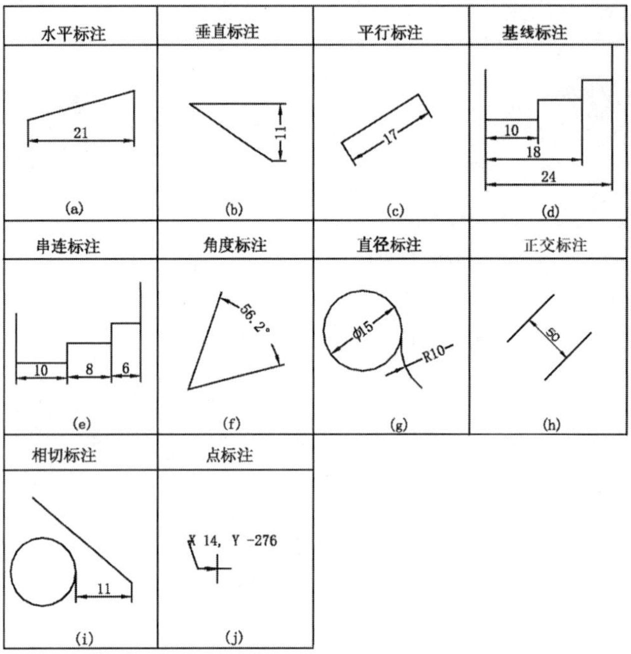

水平标注	垂直标注	平行标注	基线标注
21 (a)	11 (b)	17 (c)	10 18 24 (d)
串连标注	角度标注	直径标注	正交标注
10 8 6 (e)	56.2° (f)	Φ45 R10 (g)	50 (h)
相切标注	点标注		
11 (i)	X 14, Y -276 (j)		

图 2.49　各种尺寸标注示意

2.1.10　范例(一)

例 2.2　绘制如图 2.50 所示的图形，操作步骤如下。

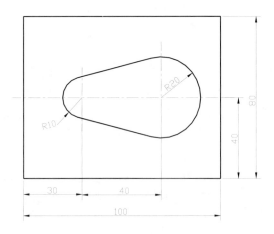

图 2.50　图形尺寸

1)　绘制一个矩形

(1)　切换到【线框】选项卡，单击【形状】工具栏中的【圆角矩形】按钮▭。

(2)　系统弹出【矩形形状】对话框，其中的参数设置如图 2.51 所示。选择基准点的位置，单击目标选取工具条中的【光标】下拉按钮，再单击【原点】按钮，然后单击对话框中的【确定】按钮，结果如图 2.52 所示。

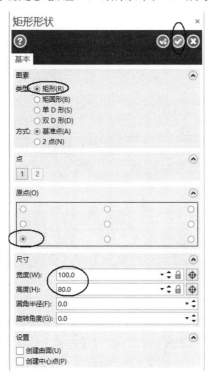

图 2.51　【矩形形状】对话框

图 2.52　矩形图形

2)　绘制三条中心线

(1)　单击【线框】选项卡中的【连续线】按钮，弹出如图 2.53 所示的【连续线】对话框。在【类型】选项组中选中【水平线】单选按钮，设置【方式】为【两端点】，在绘图区中选取 P1、P2 两点，在【轴向偏移】下拉列表框中输入"40"，单击【应用】按钮，绘制 L1 直线。

(2)　在【连续线】对话框的【类型】选项组中选中【垂直线】单选按钮，设置【方式】为【两端点】，在绘图区中选取 P3、P4 两点，在【轴向偏移】下拉列表框中输入"30"，单击【应用】按钮，绘制 L2 直线。

(3)　在绘图区中选取 P5、P6 两点，在【轴向偏移】下拉列表框中输入"70"，单击【应用】按钮，绘制 L3 直线。再单击【确定】按钮结束直线绘制命令，直线绘制效果如图 2.54 所示。

(4)　在绘图区选取直线 L1、L2、L3，单击【主页】选项卡中的【设置全部】按钮，在【属性】对话框中设置【线型】为【中心线】，单击【确定】按钮，完成线型的转变，如图 2.55 所示。

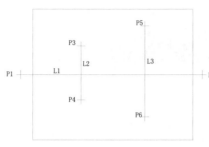

图 2.53 【连续线】对话框 图 2.54 绘制三条中心线 图 2.55 【属性】对话框

3) 绘制两圆

(1) 单击【线框】选项卡中的【已知点画圆】按钮⊙，输入圆心点，捕捉交点 P1(见图 2.56)，在【已知点画圆】对话框的【半径】文本框中输入"10"，单击【应用】按钮。

(2) 输入圆心点，捕捉交点 P2(见图 2.56)，在【已知点画圆】对话框的【半径】文本框中输入"20"，单击【确定】按钮或按 Esc 键结束任务。

4) 绘制两条切线

(1) 单击【线框】选项卡中的【连续线】按钮，弹出【连续线】对话框，在【类型】选项组中选中【任意线】单选按钮，并选中【相切】复选框，设置【方式】为【两端点】。指定第一个端点时，选取圆弧 C1 的上端位置 P1(见图 2.57)；指定另一个端点时，选取圆弧 C2 的上端位置 P2，单击【应用】按钮。

(2) 指定第一个端点时，选取圆弧 C1 的下端位置 P3(见图 2.57)；指定另一个端点时，选取圆弧 C2 的下端位置 P4。单击【确定】按钮结束任务。

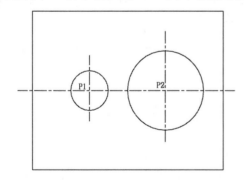

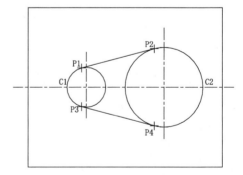

图 2.56 绘制两圆 图 2.57 绘制两条切线

5) 删除两圆

在绘图区选取两圆 C1、C2，单击【主页】选项卡中的【删除图素】按钮✕，删除 C1、C2 两圆。

6)   绘制两圆弧

(1)   切换到【线框】选项卡，单击工具栏中的【两点画弧】按钮 ⤵。输入第一点时，选取点 P1 (见图 2.58)；输入第二点时，选取点 P2(见图 2.58)；输入半径"10"，在绘图区出现 4 段圆弧，选取圆弧 C2，单击【应用】按钮 ⊘。

(2)   输入第一点时，选取点 P3(见图 2.59)；输入第二点时，选取点 P4(见图 2.59)；在圆弧设置工具条中输入半径"20"，选取"C8"。单击【确定】按钮 ⊘结束任务，结果如图 2.50 所示。

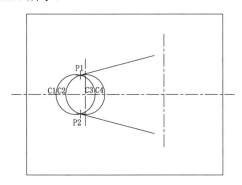

图 2.58   绘制半径为 10 的圆弧

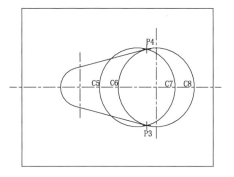

图 2.59   绘制半径为 20 的圆弧

例 2.3   绘制如图 2.60 所示的图形，并利用尺寸标注命令对其进行标注。

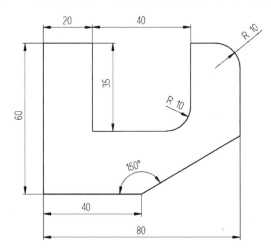

图 2.60   零件尺寸图形

操作步骤如下。

1)   绘制两矩形

(1)   切换到【线框】选项卡，单击工具栏中的【矩形】按钮□，系统弹出【矩形】对话框，并提示为第一个角选择一个新位置，单击目标选取工具条中【光标】的下拉按钮，再单击【原点】按钮 ⤒，然后在绘图区的右上角任意位置拾取一点。在【矩形】对话框的【宽度】文本框中输入"80"，【高度】文本框中输入"60"(系统会根据参数值自动调整矩形的大小)，然后再单击对话框中的【确定】按钮 ⊘。

(2) 单击【形状】工具栏中的【圆角矩形】按钮 ▭ ,在弹出的【矩形形状】对话框中设置矩形参数,如图 2.61 所示,选择基准点为上边线中点。捕捉矩形上边线中点 P1,单击【确定】按钮 ◉ ,结果如图 2.62 所示。

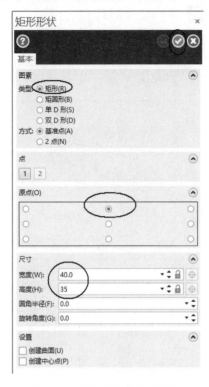

图 2.61 【矩形形状】对话框

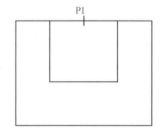

图 2.62 绘制两矩形

2) 删除两直线

用鼠标拾取两个矩形的上边线,单击【主页】选项卡中的【删除图素】按钮 ✕ 。完成后效果如图 2.63 所示。

3) 绘制两直线

(1) 单击【线框】选项卡中的【连续线】按钮 ✎ 。指定第一个端点时,捕捉直线的端点 P1;指定第二个端点时,捕捉直线的端点 P2(见图 2.64),单击【应用】按钮 ◉ 。

(2) 指定第一个端点时,捕捉直线的端点 P3;指定第二个端点时,捕捉直线的端点 P4(见图 2.64),单击【确定】按钮 ◉ 。

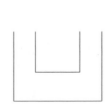

图 2.63 删除多余的直线

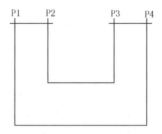

图 2.64 绘制两条直线

4)　倒圆角

(1)　切换到【线框】选项卡，单击工具栏中的【图素倒圆角】按钮，即可打开如图 2.65 所示的【图素倒圆角】对话框，在对话框中设置参数，如图 2.65 所示。选取倒圆角图素 L1，再选取另一个图素 L2(见图 2.66)，单击【应用】按钮。

图 2.65　【图素倒圆角】对话框

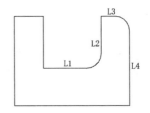

图 2.66　倒圆角

(2)　选取倒圆角图素 L3，再选取另一个图素 L4(见图 2.66)，单击【确定】按钮。

5)　绘制斜线

单击【线框】选项卡中的【连续线】按钮，指定第一个端点时，捕捉直线 L1 的中点 P1(见图 2.67)，指定第二个端点时，在绘图区的适当位置拾取一点 P2，在对话框中设置参数，如图 2.68 所示。单击【确定】按钮。

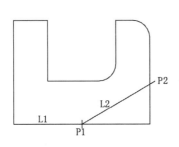

图 2.67　绘制一条斜线

图 2.68　【连续线】对话框

6)　修剪三条直线

(1)　在【线框】选项卡中单击【分割】按钮。

(2)　如图 2.69 所示，在绘图区选取直线 L1、L2 和 L3 要裁剪的部分，单击【确定】按钮，结果如图 2.70 所示。

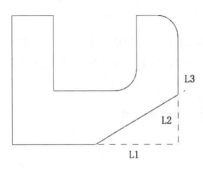

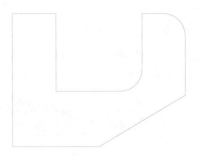

图 2.69　选取图形进行裁剪　　　　图 2.70　对图形进行修整后的效果

7)　设置层别

在界面左侧切换到操作管理器中的【层别】选项卡，在【编号】文本框中输入"2"并在键盘上按 Enter 键确认(或是单击【添加新层别】按钮➕)，即可设置当前层为第 2 层，将 2 号层的名称改为"尺寸标注"，如图 2.71 所示。

图 2.71　【层别】选项卡

8)　设置尺寸标注参数

(1)　单击【标注】选项卡中的【尺寸标注设置】按钮（见图 2.72），系统弹出【自定义选项】对话框，如图 2.73 所示。

(2)　在【尺寸属性】选项设置界面中，选中【线性】单选按钮，将【小数位数】设置为 0；再选中【角度】单选按钮，将【小数位数】设置为 0，如图 2.73 所示。

(3)　选择【尺寸文字】选项，将【文字高度】设置为 3，【长宽比】设置为 0.75，如图 2.74 所示。

图 2.72　【标注】选项卡

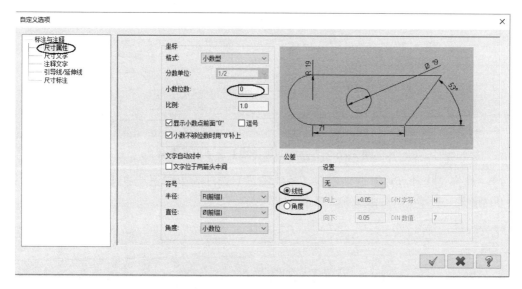

图 2.73　【自定义选项】对话框

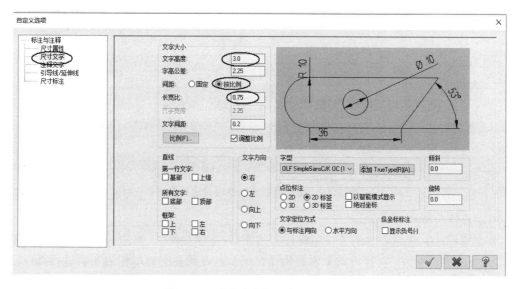

图 2.74　【尺寸文字】选项设置界面

　　(4)　选择【引导线/延伸线】选项，将【间隙】设置为 0.01，【延伸量】设置为 1，将【箭头】选项组中的【线型】设置为【三角形】，并选中【填充】复选框，将【高度】设置为 3，【宽度】设置为 0.99，如图 2.75 所示。

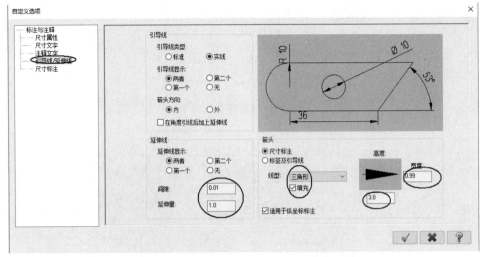

图 2.75　【引导线/延伸线】选项设置界面

(5)　选择【尺寸标注】选项，在【基线增量】选项组中取消选中【自动】复选框，如图 2.76 所示。设置完后单击【确定】按钮。

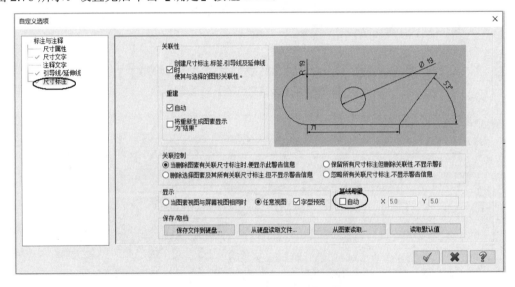

图 2.76　【尺寸标注】选项设置界面

9)　标注尺寸

单击【标注】选项卡中的【快速标注】按钮（见图 2.77），系统弹出【尺寸标注】对话框，如图 2.78 所示。将【方式】设置为【自动】，在绘图区选取相应图素进行标注，结果如图 2.79 所示。

10)　关闭第二层尺寸标注显示

切换到操作管理器中的【层别】选项卡，在【号码】栏中选择 1，使 1 号层成为当前层，并在 2 号层【高亮】栏处单击(见图 2.80)，即可关闭该层图素在绘图区的显示，结果如图 2.81 所示。

图 2.77　【标注】选项卡　　　　图 2.78　【尺寸标注】对话框

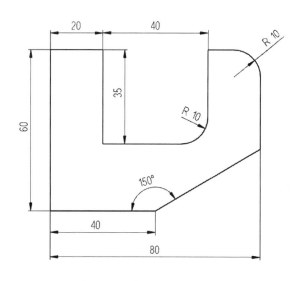

图 2.79　选取图素标注尺寸

11) 改变线宽

在绘图区窗选所有图素，单击【主页】选项卡中的【设置全部】按钮▦，系统弹出【属性】对话框，选中【线宽】复选框，并单击其右侧下拉按钮，选择第二种线宽(见图 2.82)，即可将所有线加宽，结果如图 2.83 所示。

图 2.80　【层别】选项卡

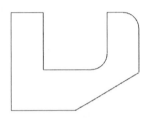

图 2.81　关闭尺寸标注后的图形

图 2.82　【属性】对话框

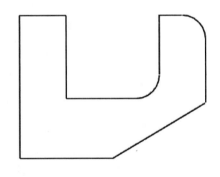

图 2.83　线型加宽后的图形

2.1.11　习题

1. 画出如图 2.84 所示的图形。

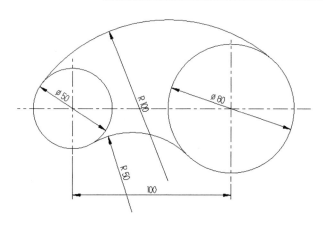

图 2.84　绘制图形

2. 画出如图 2.85 所示的图形。

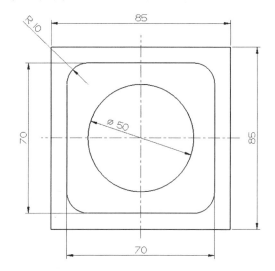

图 2.85　绘制图形

3. 画出如图 2.86 所示的图形并标注尺寸。

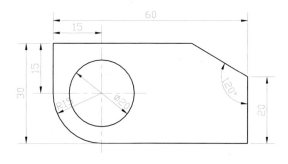

图 2.86　绘制图形

4. 画出如图 2.87 所示的图形并标注尺寸。

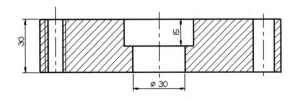

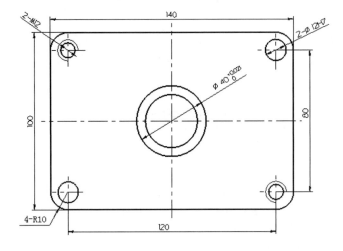

图 2.87　绘制图形

5. 画出如图 2.88 所示的图形及文字(其中文字高为 30mm，字体为华文彩云，文字经过镜像操作处理)。

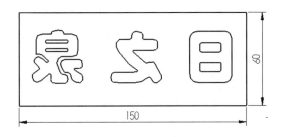

图 2.88　绘制图形及文字

6. 画出如图 2.89 所示的图形及文字。文字的具体参数如表 2.2 所示。

表 2.2　文字参数设置

字　体	文　字	字　高	间　距	方　向	定　位	半　径
OLF	Mastercam	10	2	圆弧底部	圆心(0, 0)	37.5
OLF	2020	10	4	圆弧顶部	圆心(0, 0)	37.5
仿宋	欢迎你们	10	2	水平	(-28.5, 0)	
仿宋	CNC	10	2	圆弧顶部	圆心(0, 0)	22
仿宋	WELCOME	10	2	圆弧底部	圆心(0, 0)	22

7. 试用曲线功能绘制如图 2.90 所示的图形(也可试用 Mastercam 浮雕功能载入类似的图片)。

图 2.89 绘制图形及文字

图 2.90 绘制狼头图形

2.2 二维图形的编辑与转换

上一节主要介绍了用绘图功能命令绘制简单几何图形的方法。但在绘制复杂几何图形时,仅使用上述基本绘图命令不仅费时,而且不够用。为了提高绘图效率,Mastercam 提供了多种二维图形的编辑与转换命令,下面将介绍这些命令。

2.2.1 二维图形的编辑

编辑功能主要有删除、修剪、打断、分割、连接、修改长度、封闭全圆等几种,大部分集中在【线框】选项卡的【修剪】工具栏中,如图 2.91 所示。

图 2.91 【修剪】工具栏

1. 删除功能

删除功能位于【主页】选项卡中,在【删除】工具栏中包含删除和恢复功能,如图 2.92 所示。删除图素是从屏幕和系统的资料库中删除一个或一组已有的几何图素;恢复图素是重新恢复已经被删除的几何图素。

1) 删除图素

单击工具栏中的【删除图素】按钮✖ (或按 F5 键),在绘图区选中要删除的图素,单击

【结束选择】按钮 结束选择 或按 Enter 键进行删除；用户也可以先在绘图区选中要删除的图素，然后单击【删除图素】按钮✕进行删除；还可以在绘图区选中要删除的图素，按 Delete 键进行删除。

2) 删除重复图素

在绘图过程中，有可能会在同一个位置出现图素重叠现象。单击【重复图形】按钮，系统会将绘图区所有重复的图素删除，并弹出如图 2.93 所示的【删除重复图形】对话框给出重复图素的信息，单击对话框中的【确定】按钮即可完成重复图素的删除。

当删除具有某些属性的图素时，可单击【重复图形】下拉按钮，在打开的工具条中单击【高级】按钮，启动删除重复图素高级选项，弹出如图 2.94 所示的【删除重复图形】对话框，可以在对话框中选中对应的复选框来控制删除重复的图素，然后单击【确定】按钮即可。

图 2.92 【删除】工具栏　　图 2.93 【删除重复图形】对话框(1)　　图 2.94 【删除重复图形】对话框(2)

3) 恢复图素

该命令会按照删除图素的相反次序，依次恢复被删除的图素。单击【恢复图素】按钮即可。

2. 修剪功能

在【修剪】工具栏中包括了一组相关的编辑命令，如修剪、打断、分割、连接图素、修改长度等功能，如图 2.95 所示。下面介绍其中各项的功能。

图 2.95 【修剪】工具栏

1) 修剪到图素

单击工具栏中的【修剪到图素】按钮，系统会弹出如图 2.96 所示的【修剪到图素】对话框。该对话框中包含两种类型的操作：当选中【修剪】单选按钮时，表示当前操作为修剪延伸图形；当选中【打断】单选按钮时，则表示当前操作为打断延伸图形。

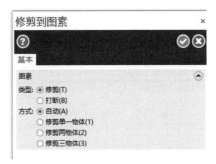

图 2.96 【修剪到图素】对话框

(1) 修剪操作。

用于修剪延伸几何图素至指定的边界，它包含 4 个选项，下面分别进行介绍。

● 【自动】单选按钮：可以在单一物体和两个物体之间进行修剪切换。

   ◆ 先选择第一个图素(于点 P1 处)修剪，然后再选择第二个图素(于点 P2 处)作为修剪的边界，这时第一个图素会以第二个图素为边界进行修剪延伸操作，如图 2.97(b)所示。

   ◆ 先选择第一个图素(于点 P1 处)，然后再双击第二个图素(于点 P2 处)，这时第一个图素和第二个图素互为边界进行修剪延伸操作，如图 2.97(c)所示。

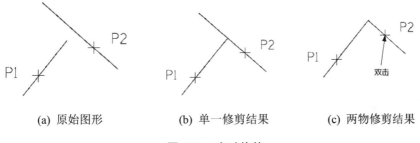

(a) 原始图形   (b) 单一修剪结果   (c) 两物修剪结果

图 2.97 自动修剪

● 【修剪单一物体】单选按钮：顺序选择要修剪几何图素的保留部分及作为边界的几何图素，对单个几何图素进行修剪或延伸。如图 2.97(a)所示，选取要修剪的图素，选取直线要保留部位于点 P1；修整到某一图素，选取直线上点 P2，结果如图 2.97(b)所示。

● 【修剪两物体】单选按钮：通过选择两个几何图素(保留部分)，同时修剪或延伸这两个几何图素至它们的交点或延伸交点处。如图 2.97(a)所示，选取要修剪的图素，选取直线要保留部位于点 P1；修整到某一图素，选取直线要保留部位于点 P2。结果如图 2.97(c)所示。

● 【修剪三物体】单选按钮：同时对 3 个几何图素进行修剪至交点，前两个选取的图素将成为第三个图素的边界，第三个图素也是前两个图素的边界。如图 2.98(a)所示，选取要修剪的第一个图素，选取直线于点 P1；选取要修剪的第二个图素，选取直线于点 P2；修剪到某一图素，选取直线要保留的部位于点 P3，结果如图 2.98(b)所示。

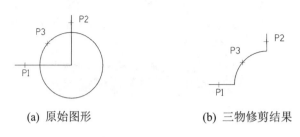

(a) 原始图形　　　　　　　(b) 三物修剪结果

图 2.98　修剪三个物体

(2) 打断操作。

将图素在其交点处断开，未相交的图素系统会自动将其延伸至交点位置处再断开。它也包含了与修剪操作相同的选项，不同的是有一些被打断的图素从形状上看没有什么变化，但用户在选取图素时，就可以从颜色和端点的变化看出它是否断开。

2)　修剪到点

单击【修剪到点】按钮 ，系统会弹出如图 2.99 所示的【修剪到点】对话框，它有【修剪】和【打断】两种类型。

- 【修剪】单选按钮：选取的几何图素会修剪延伸至选取点的位置。如图 2.100(a) 所示，指定要修剪/延伸的图素，选取圆弧要保留部位于点 P1；指定要修剪/延伸的位置，捕捉点 P2(实际上修剪边界就是圆的一条法线且通过点 P2)。结果如图 2.100(b) 所示。

- 【打断】单选按钮：选取的几何图素会打断延伸至选取点的位置。如图 2.100(a) 所示，指定要打断/延伸的图素，选取圆弧要保留部位于点 P1；指定要打断/延伸的位置，捕捉点 P2。结果如图 2.100(c)所示，从外形上看是延伸到相同位置，但图形会在开始延伸位置处打断。

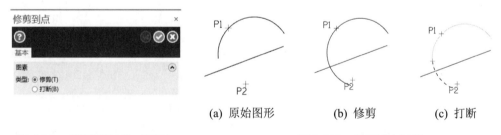

(a) 原始图形　　　　　　　(b) 修剪　　　　　　　(c) 打断

图 2.99　【修剪到点】对话框　　　图 2.100　修剪到点示意

3)　多图素修剪

该命令以一个几何图素为界，同时修剪或延伸多个几何图素。单击【多图素修剪】按钮 ，系统会弹出如图 2.101 所示的【多物体修剪】对话框。如图 2.102(a)所示，选择要修剪的曲线，即直线 L1、L2、L3，单击 结束选择 按钮，或按键盘上的 Enter 键；选择要修剪的边界，即直线 L4；选择要保留的部分，即直线 L1 或 L2 或 L3 的左端，结果如图 2.102(b) 所示。如果选中【选择反面】单选按钮，则结果如图 2.102(c)所示。

4)　在相交处修改

该命令用于在线框图素与实体面或曲面相交处打断、修剪或创建点。单击【在相交处修改】按钮 ，系统会弹出如图 2.103 所示的【在相交处修改】对话框。如图 2.104(a)所示，选择要修剪直线 L1 于点 P1，单击 结束选择 按钮，选择要修剪的曲面圆柱面。当修改类型为【修剪】时，结果如图 2.104(b)所示；当修改类型为【打断】时，结果如图 2.104(c)所示；当修改类型为【仅创建点】时，结果如图 2.104(d)所示。

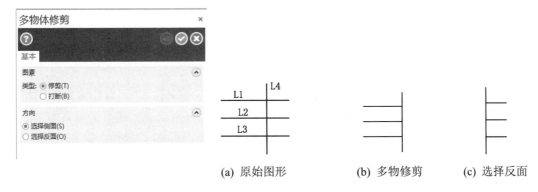

(a) 原始图形   (b) 多物修剪   (c) 选择反面

图 2.101   【多物体修剪】对话框   图 2.102   多物体修剪示意

图 2.103   【在相交处修改】对话框

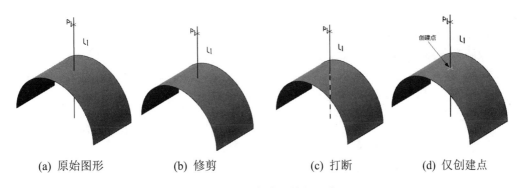

(a) 原始图形   (b) 修剪   (c) 打断   (d) 仅创建点

图 2.104   在相交处修改示意

5)   两点打断

该命令用于将直线、圆弧或样条曲线在指定位置处断开分成两段。用户可以通过选取几何图素，然后从颜色或端点的变化来看它是否断开。

6) 在交点打断

该命令用于将选取的若干图素在相交位置处打断。

7) 打断成多段

该命令用于将几何图素断开成若干线段或弧段。

8) 打断至点

该命令用于将几何图素在绘制点位置处断开。

9) 分割

用来剪除某个几何图素(直线或圆弧)落在两边界中间的部分，也可以用来删除不相交的图素，不可以用来剪除相交图素交点两边的线段，这个分割功能使修剪变得更加方便快捷。如图2.105(a)所示，选择要分割的物体，选择直线L1于点P1；选择直线L2于点P2，选择直线L2于点P3，结果如图2.105(b)所示，直线L1被删除，直线L2从其与L3的交点处被剪除一段，同时L2位于L4与L5两直线中间的部分被剪除。

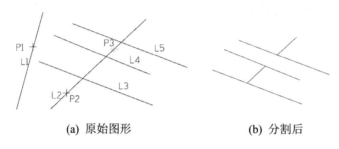

(a) 原始图形   (b) 分割后

图2.105　分割示意

10) 连接图素

该命令用于连接两段共线线段或相同半径和中心点的两段圆弧等变为单一线段或单一圆弧。

11) 修改长度

该命令用于将选择的图素按指定的距离来进行延伸、缩短或打断。

12) 恢复全圆

该命令用于将任意圆弧修整为一个完整的圆。如图2.106(a)所示，选择要改成全圆的圆弧，选取圆弧于点P1，结果如图2.106(b)所示。

(a) 选取圆弧   (b) 生成完整的圆

图2.106　恢复全圆示意

2.2.2　二维图形的转换功能

【转换】选项卡中包含的命令主要用来改变几何对象的位置、方向、数量和大小，包括平移、旋转、镜像、比例缩放、阵列等命令。【转换】选项卡如图 2.107 所示，下面分别介绍各项功能。

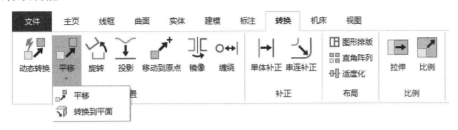

图 2.107　【转换】选项卡

1. 平移

【平移】命令是将选择的几何图素在同一平面内进行移动、复制、连接到新的位置，而不改变图素的大小、方向或形状。

切换到【转换】选项卡，单击【平移】按钮，出现选择要平移的图素的提示信息，在绘图区选取平移图素，按 Enter 键确定。系统弹出如图 2.108 所示的【平移】对话框，下面介绍对话框中各主要选项的功能。

图 2.108　【平移】对话框

1)　方式

【平移】命令提供了【复制】、【移动】、【连接】三种平移方式。

● 【移动】单选按钮：对选取的几何图素做移动处理，但在原地不保留该图素，如

图 2.109(a)所示。

- 【复制】单选按钮：对选取的几何图素做移动处理，同时原地保留该图素，如图 2.109(b)所示。
- 【连接】单选按钮：用直线连接新生成的几何图素与原图素，如图 2.109(c)所示。

(a) 移动方式　　　(b) 复制方式　　　(c) 连接方式

图 2.109　三种平移处理方式

2) 选择

单击【重新选择】按钮，可以增加或移除要平移的图素。

3) 实例

- 【编号】微调框：填写新生成几何图素的数量(不包含原图素)。
- 【间距】单选按钮：设置的距离值为单次平移距离。如图 2.110(a)所示，设置两点间的距离为 60，平移次数为 2 次。
- 【总距离】单选按钮：设置的距离值为平移次数的总距离。如图 2.110(b)所示，设置的整体距离为 60，平移次数为 2 次。

(a) 设置单次平移距离　　　　　(b) 设置整体平移距离

图 2.110　两种距离方式

4) 增量

- X 微调框：按输入的距离值对图素在 X 轴方向进行平移。
- Y 微调框：按输入的距离值对图素在 Y 轴方向进行平移。
- Z 微调框：按输入的距离值对图素在 Z 轴方向进行平移。

5) 向量始于/止于

单击【重新选择】按钮，按选择的两点间的距离及方向对图素进行平移。

6) 极坐标

- 【长度】微调框：按给定的长度值对图素进行平移。
- 【角度】微调框：按给定的角度值对图素进行平移。

7) 方向

- 已定方向：按绘图区预览的方向平移。
- 相反方向：按绘图区预览相反的方向平移。
- 双向：可实现两边同时平移(平移复制的数量翻倍)。

2. 转换到平面

　　【转换到平面】命令是指将选择的几何图素从一个平面移动、复制到另一个平面，而不改变它的方向、大小或形状。

　　单击【转换到平面】按钮，系统弹出如图 2.111 所示的【转换到平面】对话框，并提示选择要平移的图素，在绘图区选取平移图素，按 Enter 键确定。转换到平面示意如图 2.112 所示。

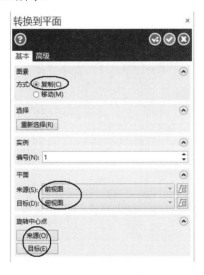

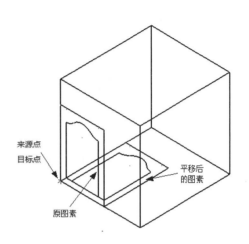

图 2.111　【转换到平面】对话框　　　　　图 2.112　转换到平面示意

3. 旋转

　　【旋转】命令用于将选择的几何图素绕指定的基点旋转一定的角度。

　　切换到【转换】选项卡，单击【旋转】按钮，系统弹出如图 2.113 所示的【旋转】对话框，下面介绍对话框中的各主要选项。

1)　定义旋转中心点

单击【重新选择】按钮，然后在绘图区选取一点作为旋转中心点。

2)　实例

● 　【编号】微调框：填写新生成几何图素的数量。

● 　【角度】下拉列表框：在此可以输入旋转的角度。当选中【两者之间的角度】单选按钮时，其旋转角度是指相邻的新图与原图之间的角度；当选中【总扫描角度】单选按钮，则指的是最后的新图与原图之间的角度。

3)　方式

● 　【旋转】单选按钮：旋转时几何图形方向随之旋转，如图 2.114(a)所示。

● 　【平移】单选按钮：旋转时几何图形方向保持不变，如图 2.114(b)所示。

● 　【移除】按钮：如果需要移除某个或多个旋转产生的新图形，只需单击此按钮，然后在绘图区选取要移除的新图形，如图 2.115(a)所示，按 Enter 键确定即可移除，如图 2.115(b)所示。

● 【重置】按钮：如果需要恢复被移除的新图形，则单击此按钮即可恢复，如图 2.115(c)所示。

图 2.113 【旋转】对话框

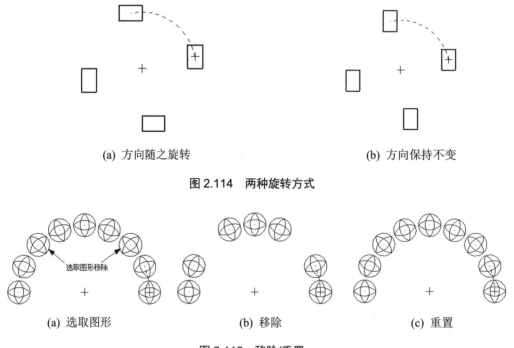

(a) 方向随之旋转　　　　　　　　　(b) 方向保持不变

图 2.114 两种旋转方式

(a) 选取图形　　　　　(b) 移除　　　　　(c) 重置

图 2.115 移除/重置

4)　循环起始位置

选中【平移】复选框，修改封闭圆弧的起始点，如果取消选中该复选框，即使在圆旋转时，起始点仍在同一位置。

4. 镜像

【镜像】命令用来生成被选取几何图素的镜像，适用于绘制具有轴对称特征的图形。

切换到【转换】选项卡，单击【镜像】按钮，系统弹出如图 2.116 所示的【镜像】对话框。

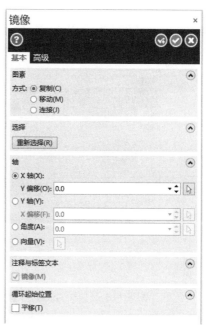

图 2.116　【镜像】对话框

- 【X 轴】单选按钮：以水平线作为镜像轴，在【Y 偏移】下拉列表框中输入水平线与 X 轴偏移的距离，即水平线的 Y 轴坐标值。X 轴镜像如图 2.117(a)所示。
- 【Y 轴】单选按钮：以垂直线作为镜像轴，在【X 偏移】下拉列表框中输入垂直线与 Y 轴偏移的距离，即垂直线的 X 轴坐标值。Y 轴镜像如图 2.117(b)所示。
- 【角度】下拉列表框：以角度线作为镜像轴，角度镜像如图 2.117(c)所示。
- 【向量】单选按钮：在绘图区选取任意直线作为镜像轴，如图 2.117(d)所示；也可在绘图区选取任意两点确定一条直线作为镜像轴，如图 2.117(e)所示。

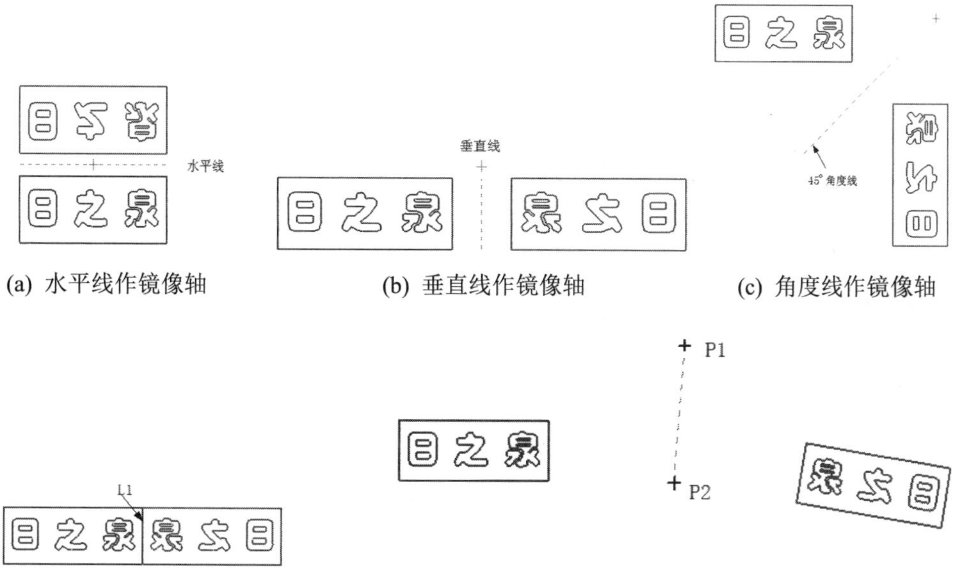

(a)　水平线作镜像轴　　　　　(b)　垂直线作镜像轴　　　　　(c)　角度线作镜像轴

(d)　任意直线作镜像轴　　　　　　　　(e)　任意两点作镜像轴

图 2.117　各种类型镜像轴

5. 单体补正

【单体补正】命令可以按指定的距离和方向移动或者复制一个几何图素。

切换到【转换】选项卡,单击【单体补正】按钮，系统弹出如图 2.118 所示的【偏移图素】对话框。选取要补正的圆弧上的 P1 点,在对话框中选中【复制】单选按钮,设置【编号】为 1、【距离】为 10,设置补偿方向在圆弧的左边,如图 2.119 所示。

图 2.118　【偏移图素】对话框

图 2.119　单体补正圆弧

6. 串连补正

【串连补正】命令可以按指定的距离和方向移动或者复制串连在一起的几何图素。

切换到【转换】选项卡,单击【串连补正】按钮，系统弹出【线框串连】对话框,在绘图区选取补正图素,按 Enter 键确定,指出偏移的方向后,在如图 2.120 所示的【偏移串连】对话框中设置参数,主要参数含义如下。

1)　实例
- 【编号】微调框:填写新生成几何图素的数量。
- 【距离】下拉列表框:用于输入补正的距离。
- 【深度】下拉列表框:用于输入补正的 Z 深度方向距离。
- 【角度】下拉列表框:用于输入补正的锥度角度值。可根据距离和深度值来确定,也可以输入角度值来调整深度值或距离值。这三个参数只要输入两个值,另一个数值系统会自动计算。

2)　修改圆角
- 【修改圆角】复选框:如果取消选中该复选框,串连补正时保留原有图素的转角,转角处不作圆角处理,如图 2.121(a)所示。
- 【尖角】单选按钮:当串连补正图素的转角处角度不大于 135° 时,转角处进行圆角处理,如图 2.121(b)所示。
- 【全部】单选按钮:对所有转角进行圆角处理,如图 2.121(c)所示。

如图 2.122 所示的图形为串连补正示意图,其操作为:选取补正的圆弧上的 P1 点,在对话框中选中【复制】单选按钮,设置【编号】为 1、【距离】为 20、【深度】为-20、【角度】为 45,取消选中【修改圆角】复选框,补偿方向在圆弧的左边。

图 2.120　【偏移串连】对话框

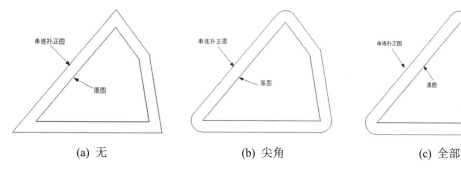

(a) 无　　　　　　　　(b) 尖角　　　　　　　　(c) 全部

图 2.121　三种转角设置方式

7. 比例

【比例】命令是根据一个指定的比例系数，以基点为中心，缩小或放大选取的几何图素。

切换到【转换】选项卡，单击【比例】按钮，系统弹出选择缩放图素的提示信息，在绘图区选取缩放图素，按 Enter 键确定。系统弹出如图 2.123 所示的【比例】对话框，Mastercam 提供了两种缩放类型，即【等比例】和【按坐标轴】(不等比例缩放)两种方式，它们的功能略有不同。

- 【等比例】单选按钮：按照设定的比例因子或者百分比等比例缩放选取的图素，即选取的图素将会按同一比例因子或百分比沿着 X、Y、Z 三个坐标轴方向进行放大或缩小，如图 2.124(a)所示。

● 【按坐标轴】单选按钮：通过指定 X、Y、Z 三个坐标轴方向的缩放系数来缩小或放大选取的图素。即可以通过设定 X、Y、Z 三个坐标轴方向不同的缩放系数来放大或缩小选取的图素，如图 2.124(b)所示。

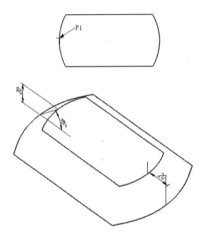

图 2.122　串连补正图形示意

图 2.123　【比例】对话框

(a) 等比例缩放

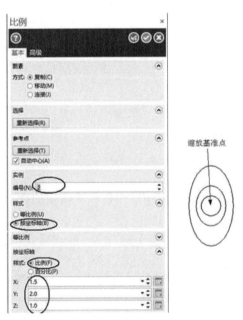

(b) 按坐标轴缩放

图 2.124　两种缩放对比

8. 动态转换

动态转换功能是一种较为直观且灵活的平移操作，在操作过程中可以使用操作轴作为平移图形的参照，可以实现多重复制或单一复制等。

切换到【转换】选项卡，单击【动态转换】按钮，系统弹出如图 2.125 所示的【动态】对话框，下面介绍各主要参数的作用。

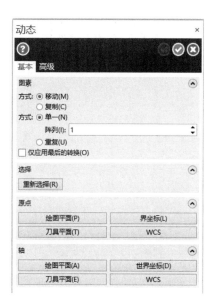

图 2.125　【动态】对话框

- 【移动】单选按钮：仅移动图形。
- 【复制】单选按钮：移动并复制图形。
- 【单一】单选按钮：只能指定一个新位置复制图形。在【阵列】微调框中可以设置单一复制的副本数量。如图 2.126(a) 所示指定一个位置，复制的数量为 3。
- 【重复】单选按钮：通过连续指定多个新位置来复制图形。如图 2.126(b)所示，指定 4 个新位置来复制原图。
- 【原点】：可将操纵轴的原点与选定的坐标系原点对齐。
- 【轴】：可将操纵轴的坐标轴与选定的坐标轴对齐。

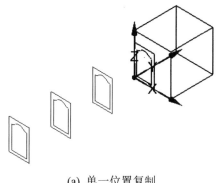
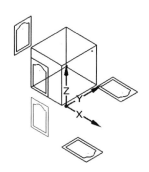

(a)　单一位置复制　　　　　　　　(b)　多个位置重复复制

图 2.126　图形动态平移复制

9. 投影

【投影】命令可以将选中的图素投影到一个指定的平面上，产生新的图素。该指定平面称为投影平面，可以是绘图面、曲面或用户自定义的平面。

切换到【转换】选项卡，单击【投影】按钮，在绘图区选取投影图素，按 Enter 键确定，在如图 2.127 所示的【投影】对话框中设置参数，各主要参数含义如下。

- 【深度】下拉列表框：可以将选取的图素投影到绘图面，包括与绘图面平行的偏距面上。如图 2.128(a)所示为投影到与绘图面相距-120 的位置。
- 【平面】单选按钮：用于将选取的图素投影到选定的平面上。如图 2.128(b)所示，就是将选取图素投影到矩形所确定的平面上。

● 【曲面/实体】单选按钮：用于将选取的图素投影到选定的曲面上或实体面上。如图 2.128(c)所示，就是将选取图素投影到选定的圆球面上。

图 2.127 【投影】对话框

 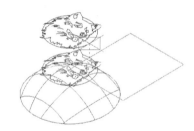 

(a) 投影到绘图面　　　　　(b) 投影到平面　　　　　(c) 投影到曲面

图 2.128 投影到三种不同位置

10. 移动到原点

【移动到原点】命令可以将选定的图形移动到原点。

在绘图区选取要平移的图形，单击【移动到原点】按钮 ，系统提示选取平移起点，为图形选择平移的基准点，则系统会以该平移基准点为定位点，将图形移动定位到坐标原点。

11. 缠绕

【缠绕】命令可将直线、圆弧或样条曲线绕圆筒进行缠绕或使卷绕的图素展开铺平。

切换到【转换】选项卡，单击【缠绕】按钮 ，在绘图区选取直线作为缠绕图素，按 Enter 键确定，系统弹出如图 2.129 所示的【缠绕】对话框。按照对话框中设置的参数，缠绕出来的图形如图 2.130 所示。

图 2.129　【缠绕】对话框

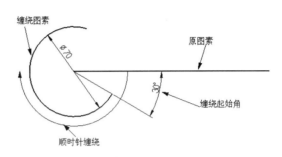

图 2.130　缠绕图形

12. 直角阵列

【直角阵列】命令可以将选中的图素沿着两个方向进行平移并复制。

切换到【转换】选项卡，单击【直角阵列】按钮⬚，在绘图区选取圆作为阵列图素，按 Enter 键确定，在如图 2.131 所示的【直角阵列】对话框中设置参数。按照对话框中设置的参数，阵列出来的图形如图 2.132 所示。

图 2.131　【直角阵列】对话框

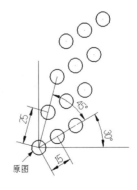

图 2.132　直角阵列图形

2.2.3 范例(二)

例 2.4 绘制如图 2.133 所示的图形。

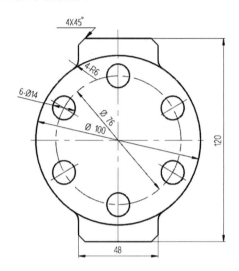

图 2.133 零件尺寸图形

操作步骤如下。

1) 绘制两个圆

(1) 切换到【线框】选项卡，单击【已知点画圆】按钮⊙，系统弹出【已知点画圆】对话框，单击绘图区目标选取工具条中【光标】的下拉按钮，再单击【原点】按钮，确定圆心位置，在【已知点画圆】对话框中输入半径"38"(或直径"76")，单击【应用】按钮。

(2) 继续绘制另一个圆，单击【原点】按钮，确定圆心位置，在【已知点画圆】对话框中输入半径"50"(或直径"100")，再单击对话框中的【确定】按钮。

2) 绘制两条直线

(1) 单击【线框】选项卡中的【连续线】按钮，系统弹出【连续线】对话框，在【类型】选项组中选中【水平线】单选按钮，设置【方式】为【两端点】，在绘图区大概位置处选取 P1、P2 两点(见图 2.134)，在【轴向偏移】下拉列表框中输入"0"，单击【应用】按钮。

(2) 在【连续线】对话框的【类型】选项组中选中【垂直线】单选按钮，设置【方式】为【两端点】，在绘图区大概位置处选取 P3、P4 两点(见图 2.134)，在【轴向偏移】下拉列表框中输入"0"，再单击对话框中的【确定】按钮。

3) 绘制一个小圆

单击【已知点画圆】按钮⊙，捕捉直线和圆的交点 P5(见图 2.134)作为圆心点，在【已知点画圆】对话框中输入半径"7"(或直径"14")，单击对话框中的【确定】按钮。

4) 用旋转命令绘制其他 5 个小圆

切换到【转换】选项卡，单击【旋转】按钮，系统弹出【旋转】对话框，在绘图区选取直径为 14 的圆，按 Enter 键确定。在【旋转】对话框中设置如图 2.135 所示的参数，系统默认的旋转中心在原点，单击对话框中的【确定】按钮，结果如图 2.136 所示。

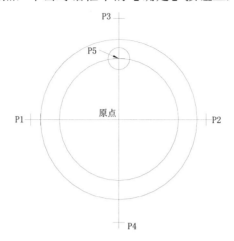

图 2.134　绘制直线和圆

图 2.135　【旋转】对话框

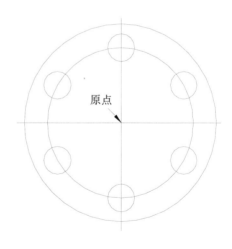

图 2.136　用旋转功能复制五个小圆

5)　绘制一个矩形

切换到【线框】选项卡，单击【矩形】按钮□，系统弹出【矩形】对话框，如图 2.137 所示。先选中【矩形中心点】复选框，再在【宽度】下拉列表框中输入"48"，【高度】下拉列表框中输入"120"。单击【原点】按钮⊿，确认矩形的中心点，然后再单击对话框中的【确定】按钮，结果如图 2.138 所示。

图 2.137　【矩形】对话框

6)　倒圆角、倒角、删除、恢复全圆

(1)　单击【修剪】工具栏中的【图素倒圆角】按钮⌒，系统弹出【图素倒圆角】对话框。在对话框的【半径】文本框中输入"6"，并选中【修剪图素】复选框。在绘图区选取第一个图素于点 P1(见图 2.139)，选取另一个图素于点 P2(见图 2.139)；选取第一个图素于点 P3(见图 2.139)，选取另一个图素于点 P4(见图 2.139)，单击【确定】按钮◎退出命令。

(2)　单击【倒角】按钮⌒，即可打开【倒角】对话框。在对话框的【距离 1】文本框中输入"4"，在绘图区选取第一条线于点 P5(见图 2.139)，选取第二条线于点 P6(见图 2.139)；选取第一条线于点 P7(见图 2.139)，选取第二条线于点 P8(见图 2.139)。

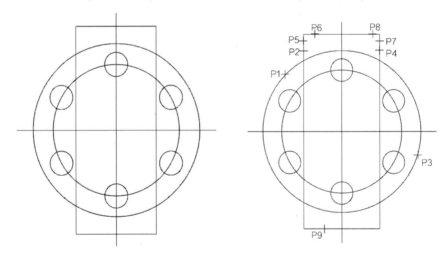

图 2.138　绘制一个矩形　　　　图 2.139　选取图素编辑

(3)　切换到【主页】选项卡，单击工具栏中的【删除图素】按钮✕ (或按 F5 键)，在绘图区选取直线于点 P9(见图 2.139)，按 Enter 键确定。

(4)　切换到【线框】选项卡，单击【修剪】工具栏中的【封闭全圆】按钮◯。选取最大的圆弧，按 Enter 键确定。

7)　用镜像命令生成另一半图形

切换到【转换】选项卡，单击【镜像】按钮⯊，系统弹出【镜像】对话框，在如图 2.140

所示的位置窗选图素，拾取点 P1 和点 P2，按 Enter 键确定选取。在【镜像】对话框中设置 X 轴为镜像轴，单击【确定】按钮◙，结果如图 2.141 所示。

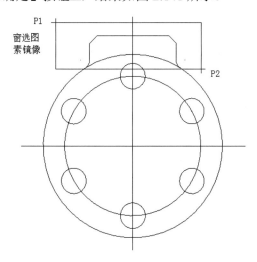

图 2.140　选取图素镜像

8)　改变线型属性

在绘图区选取直线 L1、L2 和圆弧 C1(见图 2.141)，单击【主页】选项卡中的【设置全部】按钮▦，系统弹出【属性】对话框，设置【线型】为【中心线】，如图 2.142 所示，单击【确定】按钮☑️，完成线型的转变，如图 2.143 所示。

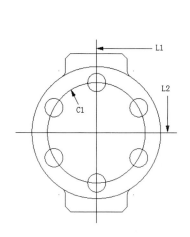

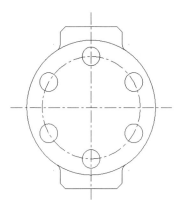

图 2.141　镜像图形　　　　图 2.142　【属性】对话框　　　　图 2.143　线型转变

例2.5 绘制如图2.144所示的图形。

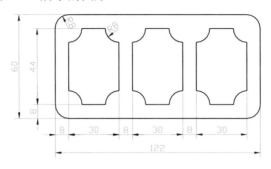

图2.144 零件尺寸图形

绘图步骤如下。

1) 绘制两个矩形

(1) 切换到【线框】选项卡，单击工具栏中【矩形】的下拉按钮，再单击【圆角矩形】按钮⬜。

(2) 单击【原点】按钮⊥捕捉原点作为定位基准点，在【矩形形状】对话框中设置矩形的宽为122、高为60、圆角半径为8，固定位置点为左下角点，如图2.145所示，单击【应用】按钮✅。

(3) 在【矩形形状】对话框中设置矩形的宽为30、高为44、圆角半径为0，固定位置点为左下角点，如图2.146所示。单击【圆心】按钮⊙捕捉倒圆角的圆心点P1作为定位基准点(见图2.147)，单击【确定】按钮✅，完成矩形绘制。

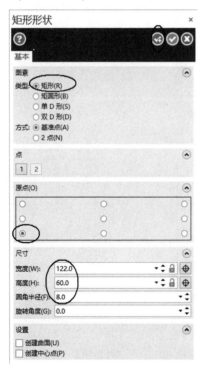

图2.145 【矩形形状】对话框(1)

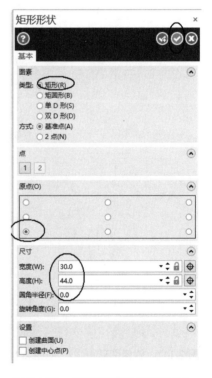

图2.146 【矩形形状】对话框(2)

2) 在内部矩形的四角绘制 4 个圆

单击【已知点画圆】按钮 ⊙，在【已知点画圆】对话框【半径】下拉列表框中输入"8"，并单击右侧的【锁定】按钮 🔒，将半径值锁定，在绘图区依次捕捉 P1、P2、P3、P4 作为圆心坐标(见图 2.147)，单击对话框中的【确定】按钮 ✅，结果如图 2.148 所示。

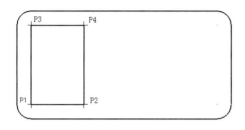

图 2.147　绘制两个矩形

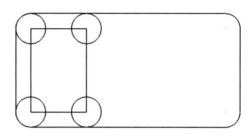

图 2.148　绘制 4 个圆

3) 将 4 个圆修剪成弧

单击工具栏中的【修剪到图素】按钮 ✂，系统会弹出【修剪到图素】对话框。在对话框中选中【修剪三个物体】单选按钮。选择要修剪的第一个图素于点 P1(见图 2.149)；选择要修剪的第二个图素于点 P2，选取修剪到某一个图素于点 P3；其他三个圆的修整方式相同，结果如图 2.150 所示。

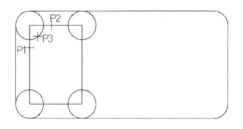

图 2.149　三个物体修剪

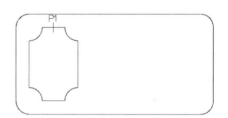

图 2.150　修剪后的图形

4) 用平移命令复制另外两个图形

切换到【转换】选项卡，单击【平移】按钮 ↗。在绘图区中单击快速选取工具条中的【串连】按钮 ✐，选取图形于点 P1(见图 2.150)，内矩形框图形被选中，按 Enter 键确定，在【平移】对话框中设置复制次数为 2 次，X 方向的距离为 38，如图 2.151 所示，单击【确定】按钮 ✅，结果如图 2.152 所示。

图 2.151　【平移】对话框

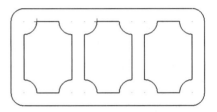

图 2.152　平移复制图形

2.2.4　习题

1. 绘制如图 2.153 所示的图形。

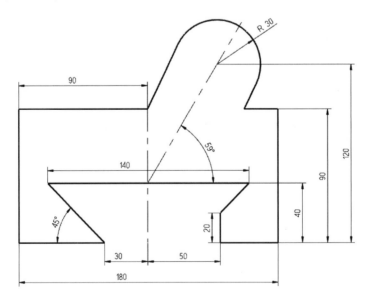

图 2.153　零件尺寸图形

2. 绘制如图 2.154 所示的图形。

3. 绘制如图 2.155 所示的图形。

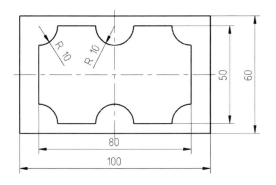

图 2.154   零件尺寸图形

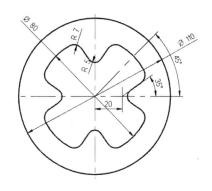

图 2.155   零件尺寸图形

4. 绘制如图 2.156 所示的图形。

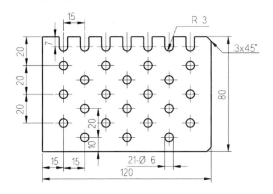

图 2.156   零件尺寸图形

5. 绘制如图 2.157 所示的图形。

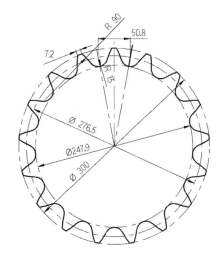

图 2.157   零件尺寸图形

6. 绘制如图 2.158 所示的图形。

7. 绘制如图 2.159 所示的图形。

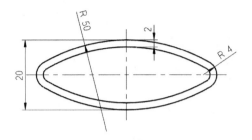

图 2.158　零件尺寸图形

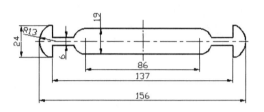

图 2.159　零件尺寸图形

8. 绘制如图 2.160 所示的图形。

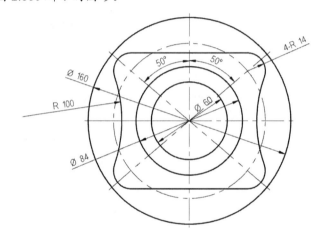

图 2.160　零件尺寸图形

9. 绘制如图 2.161 所示的图形。

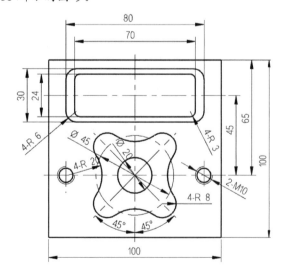

图 2.161　零件尺寸图形

10. 绘制如图 2.162 所示的图形。

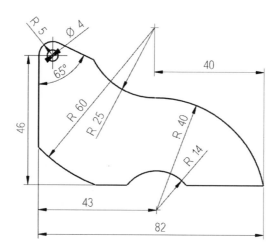

图 2.162 零件尺寸图形

11. 绘制如图 2.163 所示的图形。

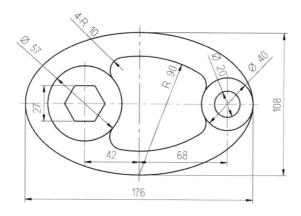

图 2.163 零件尺寸图形

第3章 二维刀具路径

Mastercam 是计算机辅助设计与制造软件。计算机辅助制造是根据工件的几何图形及设置的切削加工数据生成刀具路径。在前面已经介绍了生成几何图形的方法，本章将介绍有关刀具路径的生成方法。Mastercam 提供了三类刀具路径，即二维刀具路径、三维刀具路径和多轴加工刀具路径。

二维刀具路径是加工刀具路径中最简单的一种，是通过控制两个独立的运动轴产生插补运动而完成的。Mastercam 中的加工刀具路径实际上是用于数控机床加工的，是刀具相对工件的运动轨迹和加工切削用量(切削速度、进给量和切削深度)的组合，因此加工刀具路径是一个广义的概念，不仅是指刀具的运动轨迹，而且还包含加工刀具类型、切削用量选择、切削液的使用、工件材料的选择、加工工艺方法选择以及数控加工中特有的坐标系设定等，所有这些都反映在经加工刀具路径转化而成的数控加工代码中。因此，若想产生一个满意的加工刀具路径，需要掌握数控系统功能、数控加工工艺、切削原理等多方面的知识，Mastercam 提供了很多便利的工具，可以帮助我们充分应用上述知识，生成合理的加工刀具路径。

在 Mastercam 中，二维刀具路径包括外形、钻孔、动态铣削、面铣、动态外形、挖槽等刀具路径，如图 3.1 所示。其中，外形铣削、钻孔、动态铣削、面铣、挖槽和木雕等加工功能在二维加工中运用最为广泛，而动态外形、剥铣、区域、全圆铣削等在许多参数设置上与它们的参数设置类似，这里就不一一介绍了。

图 3.1 二维刀具路径工具栏

3.1 二维刀具路径基本参数的设定

1. 刀具的类型

在数控铣削加工中常用到如图 3.2 所示的刀具，有平铣刀、球刀、圆鼻刀、面铣刀、中心钻和钻头等几种。

(a) 平铣刀　　　(b) 球刀　　　(c) 圆鼻刀　　　(d) 面铣刀　　　(e) 中心钻　　　(f) 钻头

图 3.2　常用刀具类型

- 平铣刀：主要用于底部为平面的工件加工，由于其有效切削面积大，受力平稳，也常用于曲面粗加工。
- 球刀：主要用于对自由曲面进行精加工，用于平面开粗时粗糙度大、受力不好、效率低的情况。
- 圆鼻刀：对较平坦的大型自由曲面进行粗加工，或对底部平坦但在转角处有过渡圆角的零件进行粗、精加工。
- 面铣刀：主要用于加工较大平面。
- 中心钻：用于孔加工的预制精确定位，引导钻头进行孔加工，以实现减少误差的目的。
- 钻头：主要用于孔的加工。

2. 刀具管理

Mastercam 中的刀具管理主要分为 3 个方面：一是选择刀库刀具；二是创建刀具；三是对已有刀具进行编辑。用户可以执行【刀路】|【刀具管理】命令，打开【刀具管理】对话框，或通过任何一种刀具路径都可以打开如图 3.3 所示的【刀具管理】对话框。

1)　从刀具库中选择刀具

用户可以从刀具库中选择一把刀具直接添加到当前刀具列表中。【刀具管理】对话框的铣床刀具库栏中列出的是刀具库中的刀具，如图 3.3 所示，在刀具列表中选择一把刀具，双击选中的刀具或单击 ↑ 按钮，即可将该刀具添加到刀具列表中。

2)　创建刀具

在【刀具管理】对话框的【机床群组-1】栏中单击鼠标右键，系统将弹出如图 3.4 所示的快捷菜单。用户可以根据需要创建一把刀具并存储在刀具库中，在快捷菜单中选择【创建刀具】命令，系统将弹出如图 3.5 所示的【定义刀具】对话框。

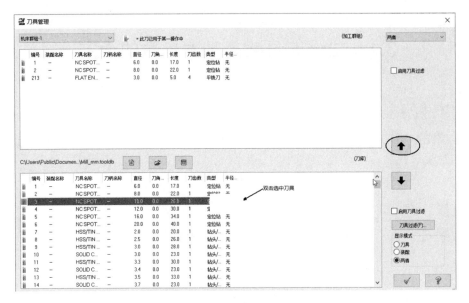

图 3.3　【刀具管理】对话框

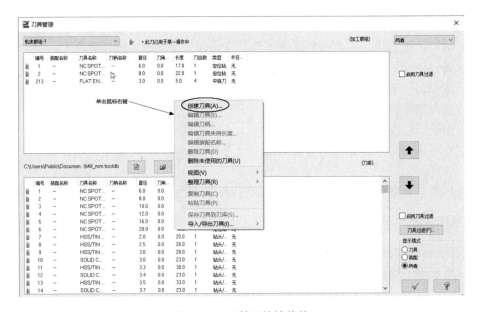

图 3.4　刀具管理快捷菜单

选择需要的刀具类型，如选择【平铣刀】选项，再单击【下一步】按钮，系统将打开如图 3.6 所示的【定义刀具图形】选项设置界面。

选择刀具类型后，需要对该刀具的形状参数进行设置。不同类型刀具的内容有所不同，但其主要参数都是一样的。下面就以平铣刀为例来说明各主要选项的含义。

- 【刀齿直径】文本框：设置刀具最大切口的直径。
- 【总长度】文本框：设置刀具从刀尖到夹头底端的长度。
- 【刀齿长度】文本框：设置刀具有效切刃的长度。
- 【半径】文本框：设置刀具角半径值。

- 【刀肩长度】文本框：设置刀具刀刃与刀具颈部的总长度。
- 【刀肩直径】文本框：设置刀具颈部直径。
- 【刀杆直径】文本框：设置刀具柄部直径。

图 3.5　【定义刀具】对话框

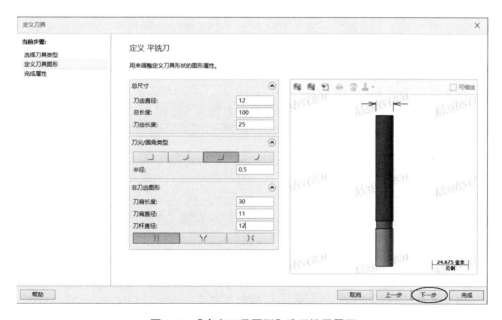

图 3.6　【定义刀具图形】选项设置界面

设置完刀具形状参数后，刀具的其他参数可以单击【下一步】按钮，在打开的如图 3.7 所示的【完成属性】选项设置界面中来设置。该选项设置界面主要用来设置刀具在加工时的参数、属性和加工类型等。

图 3.7 【完成属性】选项设置界面

【操作】栏中主要选项的含义如下。

- 【刀号】文本框：系统自动按创建的顺序给出刀具编号。用户也可以自己设置编号。
- 【刀长补正】文本框：设置刀具轴向补正的刀具号。
- 【半径补正】文本框：设置半径补正的刀具号。
- 【刀座编号】文本框：设置刀具使用的主轴头编号。应用在多主轴或多个主轴头的机床上。设置为"–1"意味着不使用刀座编号参数。
- 【线速度】文本框：设置刀尖相对于工件表面的切削速度，单位为 m/min。
- 【每齿进刀量】文本框：设置刀具旋转一个齿间角时在进给方向上去除材料的量。
- 【刀齿数】文本框：设置刀具刀齿数，单位为 mm/r。
- 【进给速率】文本框：设置刀具在进给方向上相对工件的移动位移，单位为 mm/min。
- 【下刀速率】文本框：设置刀具在垂直进给方向上相对工件的移动位移，单位为 mm/min。
- 【提刀速率】文本框：设置刀具在垂直抬刀方向上相对工件的移动位移，单位为 mm/min。
- 【主轴转速】文本框：设置刀具主轴转速，单位为 r/min。
- 【主轴方向】下拉列表框：选择刀具旋转方向。
- 【材料】下拉列表框：选择刀具材料。

【标准】栏中主要选项的含义如下。

- 【名称】文本框：设置刀具型号名称。
- 【说明】文本框：为刀具独特性添加备注。
- 【制造商名称】下拉列表框：刀具的生产厂家名称。
- 【制造商刀具代码】文本框：刀具出厂编号。
- 【刀具级别】下拉列表框：设置刀具等级。

【铣削】栏中主要选项的含义如下。

- 【粗切刀具】复选框：选中该复选框时，刀具可以用于粗加工。
- 【精修刀具】复选框：选中该复选框时，刀具可以用于精加工。当粗切、精修两者都选中时，在精加工和粗加工中都可以使用。
- 【XY 粗切步进量(%)】文本框：设置在粗加工时，每次铣削加工在垂直刀具方向的进刀量。该参数设定进刀量与刀具直径百分比。
- 【Z 粗切步进量(%)】文本框：设置在粗加工时，每次铣削加工在沿刀具方向的进刀量。
- 【XY 精修步进量】文本框：设置在精加工时，每次铣削加工在垂直刀具方向的进刀量。
- 【Z 精修步进量(%)】文本框：设置在精加工时，每次铣削加工在沿刀具方向的进刀量。

3) 对已有刀具进行修正

用户可以对已选定的刀具进行编辑修正。选中已有的刀具并右击，在弹出的快捷菜单中选择【编辑刀具】命令，系统弹出选取刀具的【编辑刀具】对话框，用户可以重新设置该刀具的参数。

3. 毛坯设置

毛坯设置包括设置毛坯的形状、大小、原点和材料等。在如图 3.8 所示的【刀路】选项卡中单击【属性】节点下的【毛坯设置】选项即可进入毛坯设置，系统弹出【机床群组属性】对话框，其【毛坯设置】选项卡如图 3.9 所示。进行毛坯设置时，各部分的含义如下。

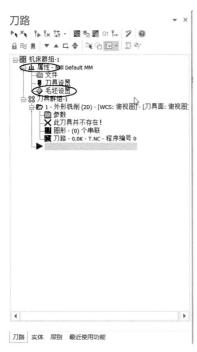

图 3.8 【刀路】选项卡

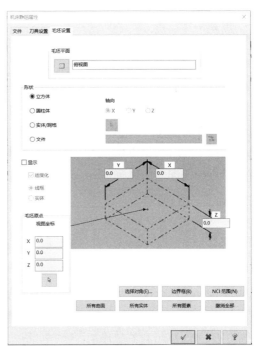

图 3.9 【毛坯设置】选项卡

1) 【毛坯平面】选项组

单击【平面】按钮▦，可以选择毛坯的放置平面方向。

2) 【形状】选项组

该选项组用来设置毛坯的形状。Mastercam 提供了以下几种方式来设置毛坯形状。

● 【立方体】单选按钮：设置毛坯形状为立方体。

● 【圆柱体】单选按钮：设置毛坯形状为圆柱体。可以通过选择圆柱体的轴线(X、Y、Z)方向来确定圆柱的摆放方向。

● 【实体/网格】单选按钮：从绘图区选择实体或网格模型作为毛坯形状。

● 【文件】单选按钮：从 STL 文件中输入毛坯形状。

3) 定义毛坯形状尺寸

选中【显示】复选框下面的【实体】单选按钮时，在绘图区会以红色方盒代表所设置的毛坯形状。

定义工件材料的尺寸有以下几种方法。

● 直接在工作设定区域的 X、Y、Z 文本框中输入毛坯形状的尺寸。

● 单击【选择对角】按钮，在绘图区选取工件的两个对角点。

● 单击【边界框】按钮，在绘图区选取图素后，系统根据选取对象的外形来定义毛坯形状的大小。

● 单击【NCI 范围】按钮，根据 NCI 文件中刀具的移动范围计算毛坯形状的大小。

● 单击【所有曲面】按钮，根据绘图区的曲面形状定义毛坯形状的大小。

● 单击【所有实体】按钮，根据绘图区的实体形状定义毛坯形状的大小。

● 单击【所有图素】按钮，根据绘图区所有图素的形状定义毛坯形状的大小。

● 单击【撤销全部】按钮，撤销所有毛坯形状大小的设置。

4) 设置毛坯原点

毛坯的原点可以定义在毛坯材料的 10 个特征位置上，包括 8 个角落及 2 个上下面的中心点。系统中的小箭头用来指向所选择原点在毛坯材料上的位置。将光标移动到各特殊点位置上，单击即可将该点设置为毛坯材料的原点。

毛坯原点的坐标可以直接在【毛坯原点】选项组的 X、Y、Z 文本框中输入，也可单击【选取】按钮▯后返回绘图区选取。

除了选择毛坯材料原点位置外，还要在【视图坐标】选项下的 X、Y、Z 文本框中输入毛坯材料原点在绘图区的坐标值。

4．坐标系的设定

Mastercam 提供了和坐标设定有关的 4 个参数，即机床原点、刀具原点、刀具平面和置换轴。

1) 机床原点

机床原点是数控机床的原始参考点，是由机床原点行程开关的位置决定的，机床出厂时由厂方调整好，不需要用户调整。当机床发生故障或再次启动时，固定不变的机床原点对保证加工的一致性起到关键作用。

数控系统一般都提供返回机床原点指令 G28，在数控加工程序中的表示方法为

```
G90(G91)G28 X__Y___Z___
```

其中，G90 表示绝对坐标，即由 X__Y___Z__表示的绝对坐标值；G91 表示相对坐标，即由 X__Y___Z__表示的相对于当前点的增量坐标值；X__Y___Z__表示中间点坐标值，即返回机床原点时先经过中间点，再回到机床原点。

```
G91 G28 Z0
G28 X0 Y0
```

和

```
G91 G28 X0 Y0 Z0
```

是加工中心和数控铣床中常用的两种返回原点方法。

2) 刀具原点

刀具原点是数控加工中除机床原点外的又一个重要参考点，这是根据效率原则(尽量选择靠近被切削工件)和安全原则确定的，每次加工完一个工件都要回到刀具原点，然后进行下一次循环。Mastercam 中可以定义 3 个关键点，即系统原点、建构原点和刀具原点。系统原点是 Mastercam 中自动设定的固定坐标系统；建构原点是为了方便绘图而确定的点。在 Mastercam 中，默认状态是系统原点、建构原点和刀具原点重合状态。

3) 刀具平面

刀具平面为刀具工作的表面，通常为垂直于刀具轴线的平面，数控加工中有 3 个主要刀具平面：XY 平面，对应的数控加工代码为 G17；ZX 平面，对应的数控加工代码为 G18；YZ 平面，对应的数控加工代码为 G19。

4) 置换轴

置换轴用于指定四轴联动加工时哪一个轴被置换，根据数控铣床或加工中心类型的不同，置换轴的名称也有所不同。

5. 刀路管理器

刀具路径设置完毕后，可利用刀路管理器对刀具路径进行编辑、再生、模拟、后置处理等操作。如图 3.10 所示为刀路管理器工具条，各操作按钮的含义如下。

图 3.10   刀路管理器工具条

- ：选择全部加工操作。
- ：选择全部编辑了参数需要重新生成的加工操作。
- ：重新计算已选择的操作。
- ：重新计算全部失效的操作。
- ：选择加工操作建立相互依赖。
- ：对选择的加工操作执行刀具路径模拟。
- ：对选择的加工操作执行实体加工模拟。

- ▓▓：对于当前选择的一个或多个操作，通过模拟器选项对其毛坯和夹具进行灵活调整，并达到有针对性的实体仿真验证，从而提高验证效率。

- G1：对选择的加工操作执行后置处理产生 NC 程序。

- �：优化加工操作速率。

- ✂：删除所有的加工操作。

- ☺：帮助操作。

- 🔒：锁定选择的加工操作，此时该加工操作编辑后的参数无法再生。

- ≈：关闭选择的加工操作刀具路径显示。

- 👻：锁定选择的加工操作的 NC 程序输出。

- ▼：插入箭头向下移动。

- ▲：插入箭头向上移动。

- ⌐：插入箭头移动到指定的加工操作后。

- ⇕：滚动显示插入箭头的位置。

- ≋：单一显示已选择的操作刀具路径。

- ⌯：单一显示与已选择的操作相关联的图形。

- ▦▾：高级选项按钮。

- ▨：在机床模拟器上装配刀具，在车铣复合机床时，它才会被激活。

- ◈：编辑机床模拟器上的参考点位置，在车铣复合机床时，它才会被激活。

3.2 外 形 铣 削

外形铣削是刀具沿着由一系列线段、圆弧或曲线等组成的工件轮廓移动来产生刀具路径。Mastercam 允许用二维曲线或三维曲线来产生外形铣削刀具路径。选择二维曲线进行外形铣削生成的刀具路径的切削深度则不变，是用户设定的深度，而用三维曲线进行外形铣削生成的刀具路径的切削深度是随外形的位置深度变化而变化的。用户先选择好机床类型，再在刀路中单击【外形】按钮▓，即可进入外形铣削操作。

3.2.1 刀具路径参数

选择要加工的图形后，系统弹出如图 3.11 所示的【2D 刀路-外形铣削】对话框。在对话框的左上列表框中选中某个选项后，在右侧区域会出现相应的参数。下面就这些选项逐一进行介绍。

1．刀具路径类型

在列表框中选中【刀路类型】选项，在右侧会显示出可用的刀具路径类型选项，如【外形铣削】、【2D 挖槽】、【平面铣削】、【铣槽】、【模型倒角】等，选取每一种刀具路径，在对话框的下方都会有相应的类型实例展示。

另外，用户可以单击【串连图形】选项组中的【选取】按钮，在绘图区增加串连图素，也可以单击【取消所有】按钮，取消所有选取的图素。

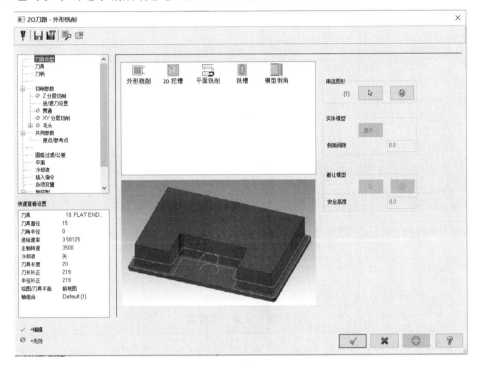

图 3.11　【2D 刀路-外形铣削】对话框

2．刀具

在列表框中选中【刀具】选项，在右侧显示需要设置的刀具参数，如图 3.12 所示。

刀具参数的设置是一个十分重要的环节，编程人员在软件中设置的刀具参数会通过后置处理自动生成 NC 程序。在 Mastercam 中需要设置的刀具参数如下。

- 【刀具直径】文本框：显示刀具的直径值。
- 【刀角半径】文本框：设定刀具的刀角半径。平铣刀的刀角半径等于零，圆鼻刀的刀角半径小于刀具半径，球刀的刀角半径等于刀具半径。
- 【刀具名称】文本框：显示所选取刀具的名称。
- 【刀具编号】文本框：设定在 NC 程序中所使用的刀具号码。
- 【刀座编号】文本框：指定目前使用的这把刀的主轴头编号，设置为"-1"代表关闭、不使用。
- 【刀长补正】文本框：设定刀具长度的补正号码。预设号码等于刀具号码。
- 【直径补正】文本框：设定刀具直径的补正号码。预设号码等于刀具号码。
- 【主轴方向】下拉列表框：设置主轴为顺时针还是逆时针方向转动。
- 【进给速率】文本框：设定刀具在切削时的移动速度。
- 【主轴转速】文本框：设定刀具主轴的旋转速度。
- 【每齿进刀量】文本框：设置刀具旋转一个齿间角时在进给方向上去除材料的量。

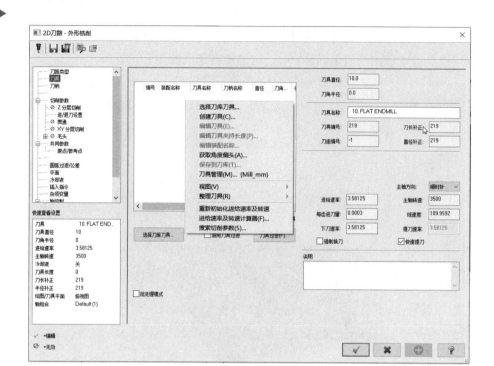

图 3.12　设置刀具参数

- 【线速度】文本框：设置刀尖相对于工件表面的切削速度。
- 【下刀速率】文本框：又称为 Z 轴进给率，用来控制刀具向下切入工件时的进给速度。
- 【提刀速率】文本框：用来控制刀具从工件中抬起的速度，刀具在抬起的过程中并不进行加工。
- 【强制换刀】复选框：选中此复选框时，启用强制换刀。
- 【快速提刀】复选框：选中此复选框时，则加工完毕后系统将以机床的最快速度回刀。
- 【选择刀库刀具】按钮：单击此按钮，系统弹出【选择刀具】对话框，可以从刀库中选择所需的刀具。右击，在弹出的快捷菜单中选择【选择刀库刀具】命令，也可以打开【选择刀具】对话框，进行刀具选择。
- 【刀具过滤】按钮：单击此按钮，系统弹出【刀具过滤列表设置】对话框，从中设置刀具过滤条件。
- 【启用刀具过滤】复选框：选中此复选框，系统将按照【刀具过滤列表设置】对话框中设置的刀具过滤条件，来提供可选择的刀具。
- 【批处理模式】复选框：如果选中此复选框，则系统对 NC 文件进行批处理。

3．刀柄

在列表框中选中【刀柄】选项，在右侧显示刀柄参数设置，如图 3.13 所示。用户可以通过单击【打开数据库】按钮，在【打开】对话框中选择常用夹头，如 BT40 系列等，也可以根据实际情况单击【新建刀柄】按钮，并可以将新建的参数保存到数据库中。

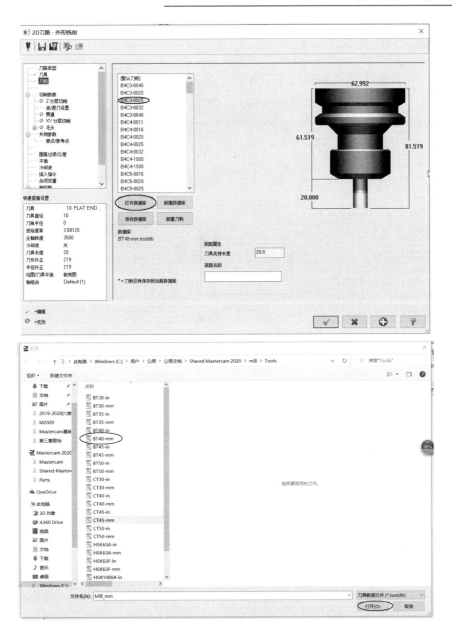

图 3.13　设置刀柄参数

4．切削参数

在列表框中选中【切削参数】选项，在右侧显示需要设置的切削参数，如图 3.14 所示。各刀具切削参数的含义如下。

1）　刀具补正

刀具补正是指将刀具中心从选取的边界路径上按指定方向补正一定的距离。

在 Mastercam 中提供了用【补正方式】和【补正方向】两种组合方式来控制刀具补正，如图 3.15 所示。

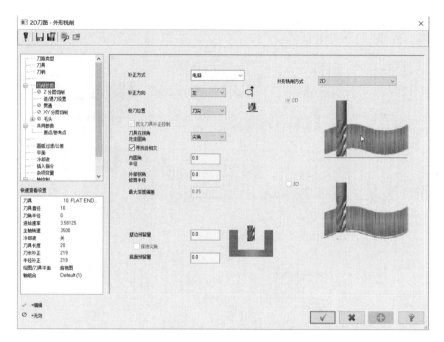

图 3.14 设置切削参数

(a) 设置补正方式 　　　　　　(b) 设置补正方向

图 3.15 设置刀具补正

(1) 刀具补正方式。

刀具补正方式如图 3.15(a)所示,包括【电脑】、【控制器】、【磨损】、【反向磨损】和【关】5 种类型。

- 设置为【电脑】补正时,刀具中心向指定方向移动的距离等于加工刀具半径。电脑自动计算出补正后的刀具路径,在程序中不会产生指令 G41 和指令 G42。
- 设置为【控制器】补正时,在屏幕上显示的刀具路径中刀具中心并不发生偏移,但在 NC 程序中产生一个刀具补正指令 G41(左补正)或者 G42(右补正),并指定一个补正暂存器存储补正值,补正值可以是实际刀具直径(未设置电脑刀具补正)或者为指定刀具直径和实际刀具路径之间的差值(实际加工刀具与设置的刀具不同或加工刀具有磨损)。当选用控制器补正时,一定要选中【优化刀具补正控制】复选框。
- 设置为【磨损】补正时,同时使用电脑补正和控制器补正功能。先由电脑补正计算出刀具路径,再由控制器补正加上 G41 或 G42 补正码,这时数控机床控制器中输入的补正量不是刀具半径,而是刀具的磨损量。
- 设置为【反向磨损】补正时,同时具有电脑补正和控制器补正功能,但控制器补正的方向与设置的方向相反。

● 设置为【关】补正时，刀具路径不做补正运算，刀具中心沿串连图素产生刀具路径，这时刀具补正方向设置无效。

(2) 补正方向。

补正方向可以设置为【左】补正和【右】补正，如图 3.15(b)所示。

在 Mastercam 中选择图素的串连方向就决定了刀具的运动方向，刀具的左、右补正也要根据串连方向来决定，如图 3.16 所示。图 3.16(a)所示为加工工件的外表面，刀具中心应在工件的外边，如果选择串连图素的方向向上，这时顺着串连方向看去，刀具中心在工件的左边，所以要选择左补正。图 3.16(b)所示为加工工件的内表面，刀具中心在工件的型腔内，如果选择串连图素的方向向上，这时顺着串连方向看去，刀具中心在工件的右边，所以要选择右补正。

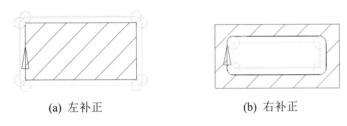

(a) 左补正　　　　　　　　　　　　(b) 右补正

图 3.16　补正方向判断

2) 校刀位置

【校刀位置】下拉列表框用于选择刀具顶点偏移的位置，用户可以设置为刀具的中心或者刀尖。

如图 3.17 所示为 3 种常见刀具的刀具中心和刀尖的定义，即平铣刀、球刀和圆鼻刀。

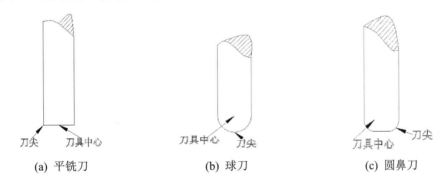

(a) 平铣刀　　　　　　　　　(b) 球刀　　　　　　　　　(c) 圆鼻刀

图 3.17　常见刀具球心与刀尖的定义

3) 刀具在拐角处走圆角

【刀具在拐角处走圆角】下拉列表框用来选择两条相连线段拐角处的刀具路径，即根据不同选择模式决定在拐角处是否采用圆弧过渡刀具路径。刀具走圆角形式有 3 种，如图 3.18 所示。当设置为【无】时，加工刀具路径如图 3.18(a)所示；当设置为【尖角】，两条线段的夹角小于 135°时采用圆弧过渡，加工刀具路径如图 3.18(b)所示；当设置为【全部】时，所有转角均采用圆弧过渡，加工刀具路径如图 3.18(c)所示。

4) 寻找自相交

【寻找自相交】复选框：用于防止刀具路径相交而产生过切。

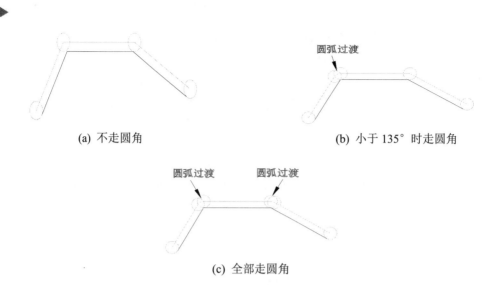

(a) 不走圆角　　　　　　　　(b) 小于135°时走圆角

(c) 全部走圆角

图 3.18　刀具走圆角形式

5) 内圆角半径

【内圆角半径】文本框：用于设置刀具路径内部角落圆角最小半径值。在尖角处创建一个平滑的刀具运动，以减少刀具磨损。

6) 外部拐角修剪半径

【外部拐角修剪半径】文本框：用于设置刀具路径外部圆角半径最大值，创建一个平滑的圆角。

7) 最大深度偏差

【最大深度偏差】文本框：用于设置外形铣削时加工程序生成深度与设置深度值的偏差。

8) 壁边预留量

【壁边预留量】文本框：用于设置沿 XY 轴方向的侧壁加工预留量。

9) 保持尖角

【保持尖角】复选框：用于设置侧壁预留加工时保持原有的尖角。只有边壁有预留量时，才会激活。

10) 底面预留量

【底面预留量】文本框：用于设置沿 Z 轴方向的底面加工预留量。

11) 外形铣削方式

【外形铣削方式】下拉列表框中有以下几个选项。

- 2D(2D/3D)：所选择的串连图素在空间位于同一个平面上时，该选项的系统默认值为 2D；如果串连的图素不在同一个平面上时，这个选项的默认值为 3D。

- 【2D 倒角】(2D 倒角或 3D 倒角)：对串连图素产生倒角的刀具路径，倒角角度由刀具参数决定。当用户选择该选项后，会在其下方出现参数设置区域，需进行相应的参数设置。

- 【斜插】：采用逐层斜线下刀的方式对串连图素进行铣削加工，一般用于铣削深度较大的外形。当用户选择该选项后，会在其下方出现参数设置区域，需进行相应的参数设置。

- 【残料】：用于计算先前刀具路径无法去除的残料区域，并产生外形铣削刀具路径来铣削残料。如先前用较大直径的刀具在转角处不能被铣削的材料等。
- 【摆线式】：用于沿轨迹轮廓上下交替移动刀具进行铣削。当用户选择该选项后，会在其下方出现参数设置区域，需进行相应的参数设置。

5. Z 分层切削

在 2D 加工过程中，刀具沿 Z 轴方向没有进给运动，只有当某一层加工完毕后，刀具才在 Z 轴方向做进给运动，然后进行下一层的加工，直到规定的 Z 轴方向深度为止。每一层的 Z 轴方向切削深度由【Z 分层切削】参数来控制。

在列表框中选中【Z 分层切削】选项，在右侧显示需要设置的 Z 轴分层切削参数，如图 3.19 所示。各分层切削参数的含义如下。

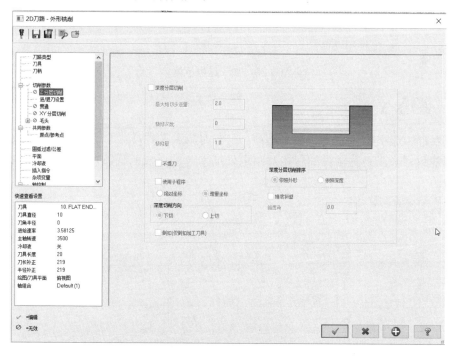

图 3.19 Z 分层切削参数设置

- 【最大粗切步进量】文本框：用于确定粗加工时 Z 轴每层切削的最大深度。
- 【精修次数】文本框：确定精加工的次数。
- 【精修量】文本框：用于确定精加工时 Z 轴每层最大切削深度。
- 【不提刀】复选框：选中此复选框，每层切削完毕后不提刀。
- 【使用子程序】复选框：选中此复选框，每层切削调用子程序来完成，以减少程序输出段。
- 【绝对坐标】/【增量坐标】单选按钮：选中【绝对坐标】单选按钮，采用绝对坐标编写子程序；选中【增量坐标】单选按钮，采用增量坐标编写子程序。
- 【深度分层切削排序】选项组：选中【依照外形】单选按钮，是指先在一个外形边界切削到设定的切削深度后，再进行下一个外形边界切削；选中【依照深度】单选按钮，是指先在一个深度上切削所有的外形边界后，再进行下一深度的切削。

- 【锥度斜壁】复选框：从工件的表面按输入的锥度角度值切削到最后的深度，通常用于切削模具中的拔模角。
- 【深度切削方向】选项组：选中【下切】单选按钮，切削方向是由上往下切；选中【上切】单选按钮，切削方向是由下往上切。
- 【倒扣】复选框：仅用于倒扣刀具加工中，其他刀具则无效。

如果设定的参数值最后切削深度为-10，Z 方向预留量为 1，最大粗切步进量为 3，精修次数为 1，精修量为 0.5，则实际的加工过程如图 3.20 所示。

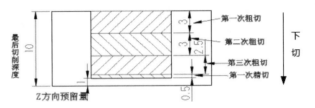

图 3.20　加工过程示意

6．进/退刀设置

在列表框中选中【进/退刀设置】选项，在右侧显示需要设置的进/退刀参数，如图 3.21 所示。该参数用来在刀具路径的起始及结束处加入一段直线或圆弧，使之与待加工的轮廓平滑连接。

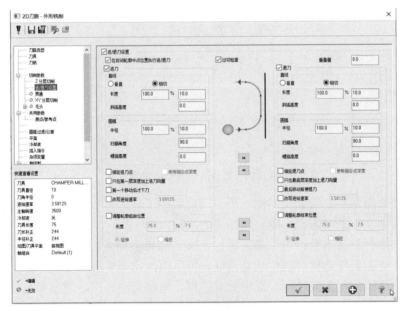

图 3.21　进/退刀参数设置

- 【在封闭轮廓中点位置执行进/退刀】复选框：选中该复选框时可以在封闭式外形的第一个串连图素的中点产生进/退刀路径。

- 【过切检查】复选框：选中该复选框时，检查刀具路径和进/退刀之间是否有交点。如果有交点，表示进/退时发生过切，系统会自动调整进/退刀长度。
- 【重叠量】文本框：在刀具退出刀具路径之前会多走一段在此指定的距离，以越过路径的进刀点。

进/退刀向量的设置如下。

1) 直线进/退刀向量

在直线进/退刀向量设定中，直线刀具路径的移动有两个模式：【垂直】方向和【相切】方向。垂直进/退刀模式所增加的直线刀具路径与其相近的刀具路径垂直，如图 3.22(a)所示。相切进/退刀模式所增加的直线刀具路径与其相近的刀具路径相切，如图 3.22(b)所示。

- 【长度】文本框：用来输入直线刀具路径的长度，左边的文本框用来输入路径的长度与刀具直径的百分比，右边的文本框用来输入刀具路径的长度。这两个文本框只需要输入其中的任意一个值即可。
- 【斜插高度】文本框：用来输入所要加入的进刀直线刀具路径的起始点和退刀直线末端的高度。

2) 圆弧进/退刀向量

该模式的进/退刀刀具路径由下列三个选项来定义。

- 【半径】文本框：进/退刀刀具路径的圆弧半径值。
- 【扫描角度】文本框：进/退刀刀具路径的角度。
- 【螺旋高度】文本框：进/退刀刀具路径螺旋(圆弧)的深度。

圆弧半径设置为刀具直径(100%)、扫描角度设置为 90、进刀螺旋高度设置为 0、退刀螺旋高度设置为 4(铣削深度)时的进/退刀刀具路径如图 3.22(c)所示。

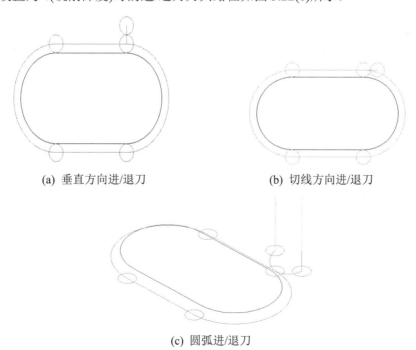

(a) 垂直方向进/退刀　　　　　　　(b) 切线方向进/退刀

(c) 圆弧进/退刀

图 3.22　进/退刀模式

7. 深度贯通铣削

对于通槽，将刀具超出工件底面一定距离能彻底清除工件在深度方向的材料，避免了残料的存在。在列表框中选中【贯通】选项，在右侧显示需要设置的贯通参数，如图 3.23 所示，主要用来设置刀具超出工件底面距离参数。

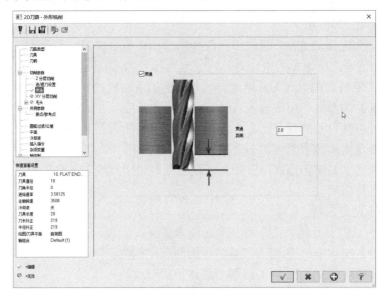

图 3.23 贯通参数设置

8. XY 分层切削

在列表框中选中【XY 分层切削】选项，在右侧显示需要设置的 XY 轴分层切削参数，如图 3.24 所示。XY 轴分层切削的部分参数含义如下。

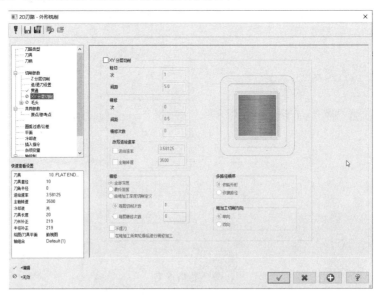

图 3.24 XY 轴分层切削参数设置

- 【粗切】选项组：该选项组中的【次】和【间距】文本框分别用来输入切削 XY 平面中粗切削的次数及间距。粗切削的间距由刀具直径决定，通常粗切削间距是刀具直径的 60%～70%。
- 【精修】选项组：该选项组中的【次】和【间距】文本框分别用来输入切削 XY 平面中精切削的次数及间距。
- 【改写进给速率】选项组：该选项组中的【进给速率】和【主轴转速】文本框分别用来设置精切削时刀具的进给速率和主轴转速。
- 【精修】选项组：用来选择是在最后深度进行精切削，还是在每一层都进行精切削，或是由粗加工深度切削定义。【全部深度】是指每一层切削深度都要进行精修加工。【最终深度】是指仅在最终深度执行精修加工。【由粗加工深度切削定义】是在每层粗加工深度上再分层精修，还是在每层粗加工深度上多次精修，是由【每层切削次数】和【每层精修次数】两参数决定的。
- 【不提刀】复选框：选中该复选框后，刀具会从目前的深度直接移到下一切削深度。当取消选中该复选框时，则刀具返回到原来下刀位置高度，然后刀具才移到下一个切削深度。
- 【在粗加工所有轮廓后进行精修加工】复选框：选中该复选框后，刀具会在最后所有轮廓粗加工完成后进行精修加工。

9. 毛头

在铣削工件时，往往需要两次用压板装夹，首先用压板将工件安装好，加工时刀具要跳过装夹工件的压板进行加工，当可加工的位置加工完毕后，再一次用压板安装在加工完毕的地方，然后对前一次被安装压板盖住而未曾铣削的材料进行加工，这种铣削过程可以采用跳跃式铣削。这种跳跃式铣削方式可以通过【毛头】选项来设置。

在列表框中选中【毛头】选项，在右侧显示需要设置的毛头参数，如图 3.25 所示。毛头参数的含义如下。

- 【自动】单选按钮：选中该单选按钮，系统会自动创建和定位装夹压板铣削位置。
  - 【自动分配沿外形跳跃次数】文本框：输入装夹压板位置数，来决定刀具跳跃次数。
  - 【自动选择毛头两者间最大距离】文本框：输入两个装夹压板之间的距离。
  - 【创建毛头当外形小于】文本框：设置装夹压板铣削刀具路径创建的范围。
  - 【全部毛头】单选按钮：针对整个外形轮廓创建装夹压板铣削刀具路径。
- 【手动】单选按钮：选中该单选按钮，用户可以单击【选择位置】按钮手动调节装夹压板的位置。
  - 【起始】单选按钮：所选择的位置点为压板装夹的开始位置点。
  - 【中心】单选按钮：所选择的位置点为压板装夹的中心位置点。
  - 【结束】单选按钮：所选择的位置点为压板装夹的结束位置点。
- 【全部】单选按钮：选中此单选按钮后，在加工过程中，当加工到夹具位置时，刀具会跃过工件表面来避开。
- 【局部避让】单选按钮：压板压在工件局部凸出位置，刀具应在局部位置高度处

避开。选中此单选按钮后，应设置刀具的【跳跃高度】参数。【宽度】文本框用
于设置跳跃的宽度。

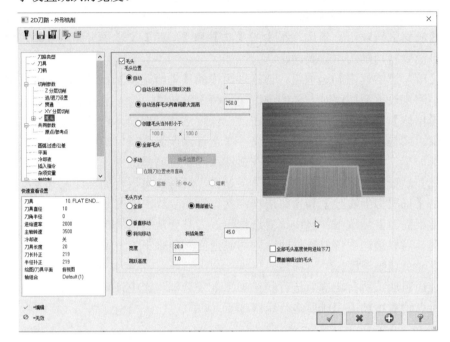

图 3.25　毛头参数设置

- 【垂直移动】单选按钮：垂直移动跳跃刀具路径。
- 【斜向移动】单选按钮：斜向移动跳跃刀具路径。
  ◆ 【斜插角度】文本框：输入斜插下刀角度。
  ◆ 【宽度】文本框：输入刀具避开的宽度值。
  ◆ 【跳跃高度】文本框：输入刀具避开的提升高度值。
- 【全部毛头高度使用进给下刀】复选框：选中此复选框时，系统将用共同参数中
  的【下刀位置】栏设置的高度作为刀具的跳跃高度。
- 【覆盖编辑过的毛头】复选框：选中此复选框，则新编辑的装夹压板铣削刀具路
  径将覆盖前面的装夹压板铣削刀具路径。

10．共同参数

在列表框中选择【共同参数】选项，在右侧显示需要设置的共同参数，如图 3.26 所示。
共同参数的含义如下。

- 【安全高度】：安全高度是数控加工中基于换刀和装夹工件设定的一个高度，通
  常一个工件加工完毕后刀具停留在安全高度，有三种方法来定义安全高度：【绝
  对坐标】、【增量坐标】、【关联】。在绝对坐标下，此高度值是用一个坐标系
  中的 Z 向值表示的；在增量坐标下，此高度值是指相对于工件表面的高度；在关
  联方式下，此高度值是指相对于所选择间隙点的高度。当选中【仅在开始及结束
  操作时使用安全高度】复选框时，仅在加工操作的开始和结束时移到安全高度；
  当取消选中该复选框时，每次刀具的回缩均移到安全高度。

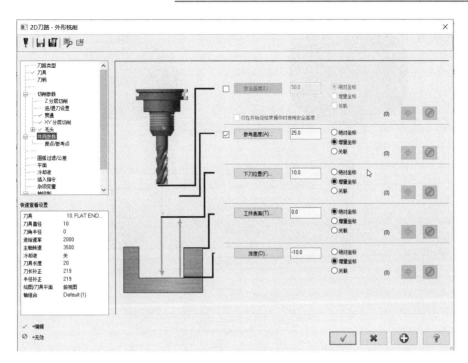

图 3.26　共同参数设置

- 【参考高度】：参考高度是指刀具在 Z 向加工完一个路径后，快速提刀所至的一个高度，以便加工下一个 Z 向路径。通常参考高度低于安全高度，而高于进给下刀位置的高度。
- 【下刀位置】：进给下刀位置是指设定刀具开始以 Z 轴进给率下刀的位置高度。在数控加工中，为了节省时间，往往刀具快速下降至进给下刀位置的高度，再以进给速度(慢速)趋近工件。
- 【工件表面】：工件表面是指设定要加工表面在 Z 轴的位置高度。
- 【深度】：深度是指设定刀具路径最后要加工的深度。

11. 其他

在列表框中还有其他参数可以进行设置，如【机床原点】、【参考位置点】、【平面】等参数选项，通常可以采用系统初始默认值，在一些特殊情况下，可以根据数控设备、加工要求等因素来进行设置。

3.2.2　范例(三)

图 3.27(a)所示的毛坯材料为 ϕ160 mm、高为 50 mm 的圆柱棒料，要求使用外形铣削刀具路径加工出如图 3.27(b)所示的零件，加工的零件尺寸如图 3.27(c)所示。

操作步骤如下。

(1)　绘制如图 3.27(c)所示零件图形(尺寸标注及中心线可不绘制)。

(2)　进入外形铣削。

①　执行工具栏中的【机床】|【铣床】|【默认】命令。

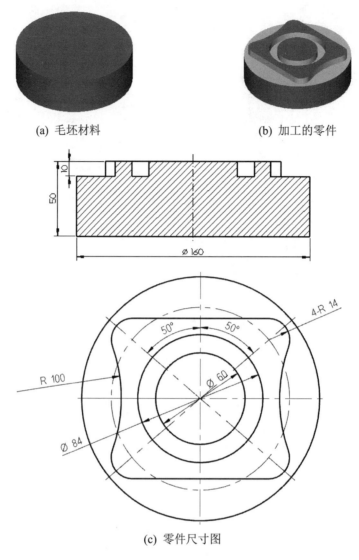

(a) 毛坯材料   (b) 加工的零件

(c) 零件尺寸图

图 3.27　零件加工图形

②　执行工具栏中的【刀路】|2D|【外形】命令，系统弹出如图 3.28 所示的【线框串连】对话框，提示选取外形串连时，串连选择如图 3.29 所示的图素于点 P1，箭头朝上，串连方向为顺时针，单击【线框串连】对话框中的【确定】按钮 ✓，结束串连外形选择。系统弹出【2D 刀路-外形铣削】对话框，在列表框中选择【刀具】选项，在对话框右侧显示如图 3.30 所示的刀具参数。

（3）　从刀具库中选取刀具。

单击【选择刀库刀具】按钮(见图 3.30)，系统弹出【选择刀具】对话框(见图 3.31)。选择 ϕ25 平铣刀，单击【确定】按钮 ✓。

（4）　定义刀具参数。

在【2D 刀路-外形铣削】对话框的【刀具】选项设置界面中设置如图 3.32 所示的参数值(具体刀具参数值还是要根据实际加工中所选刀具材料来定)。

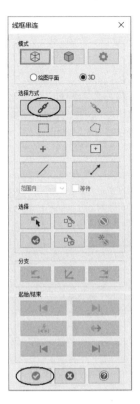

图 3.28　【线框串连】对话框

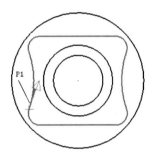

图 3.29　选取串连图素

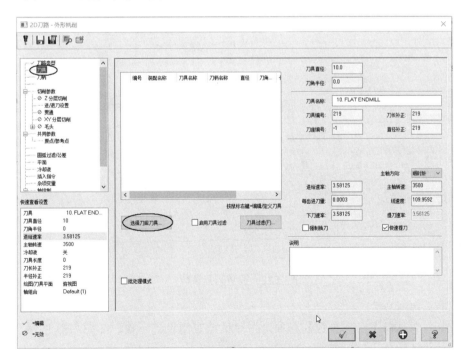

图 3.30　【2D 刀路-外形铣削】对话框

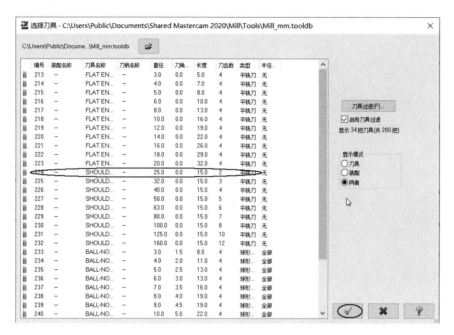

图 3.31 【选择刀具】对话框

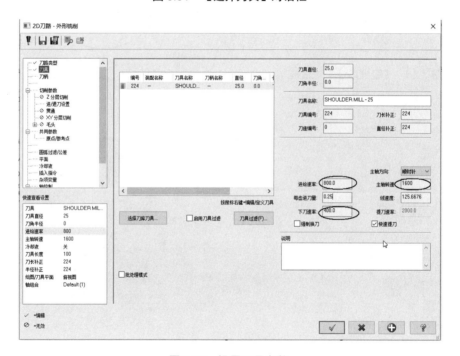

图 3.32 设置刀具参数

(5) 定义切削参数。

在列表框中选择【切削参数】选项，在对话框右侧设置参数，如图 3.33 所示。

(6) 定义 Z 轴分层铣削参数。

在列表框中选择【Z 分层切削】选项，在对话框右侧设置参数，如图 3.34 所示(选中【使用子程序】复选框可以使生成的程序变得精练短小，减少在线传输时间)。

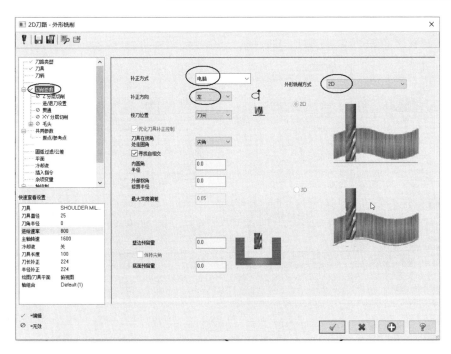

图 3.33　设置切削参数

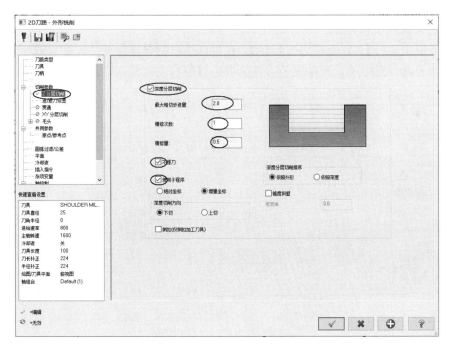

图 3.34　设置 Z 轴分层铣削参数

(7)　设置进/退刀参数。

在列表框中选择【进/退刀设置】选项，在对话框右侧设置参数，如图 3.35 所示(选中【在封闭轮廓中点位置执行进/退刀】复选框，可以将进刀和退刀位置点移到所选图形的中点)。

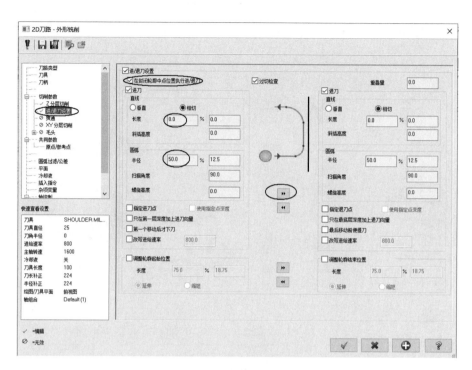

图 3.35   设置进/退刀参数

(8)   定义 XY 分层切削。

在列表框中选择【XY 分层切削】选项，在对话框右侧设置参数，如图 3.36 所示(在【改写进给速率】选项组中可设置精加工刀具的进给速率和主轴转速，使加工表面更光滑)。

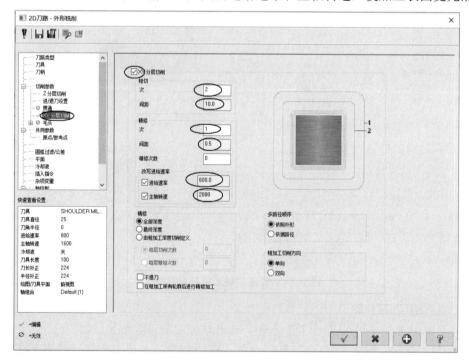

图 3.36   设置 XY 分层切削参数

(9) 定义共同参数。

在列表框中选择【共同参数】选项，在对话框右侧设置参数，如图 3.37 所示。单击对话框中的【确定】按钮 ✓，结束外形铣削参数设置，系统即可按设置的参数生成如图 3.38 所示的外形铣削刀具路径。

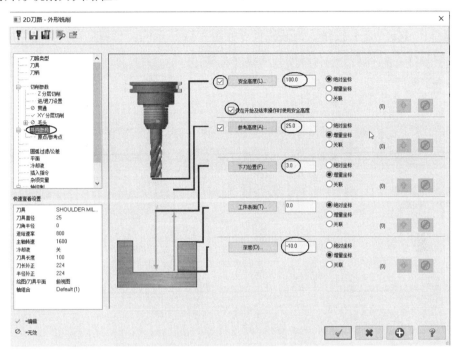

图 3.37　设置共同参数

(10) 用外形铣削加工内部的圆弧槽。

执行【刀路】|【外形】命令，系统弹出【线框串连】对话框，提示选取外形串连，串连选择如图 3.39 所示的图素于点 P1，箭头朝上，串连方向为逆时针，单击【线框串连】对话框中的【确定】按钮 ✓，结束串连外形选择。系统弹出【2D 刀路-外形铣削】对话框，在列表框中选择【刀具】选项，在对话框右侧显示刀具参数。

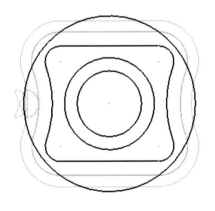

图 3.38　外形铣削刀具路径

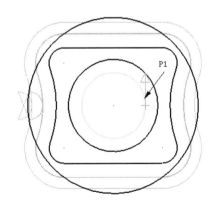

图 3.39　选取串连图素

(11) 创建刀具直径为 12、刀齿数为 2 的平铣刀。

在刀具参数栏中单击鼠标右键，系统弹出如图 3.40 所示的快捷菜单，在快捷菜单中选择【创建刀具】命令，系统弹出如图 3.41 所示的【定义刀具】对话框，切换到【选择刀具类型】选项卡。在【铣削】栏中选择【平铣刀】选项，再单击【下一步】按钮，则系统打开如图 3.42 所示的对话框，切换到【定义刀具图形】选项卡，在选项卡中设置【刀齿直径】为 12，再单击【下一步】按钮，则系统打开如图 3.43 所示的对话框，切换到【完成属性】选项卡，设置【刀齿数】为 2，再单击【完成】按钮。

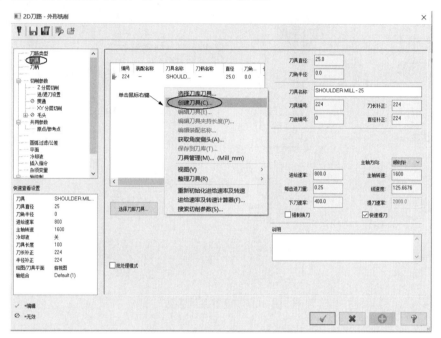

图 3.40　选择【创建刀具】命令

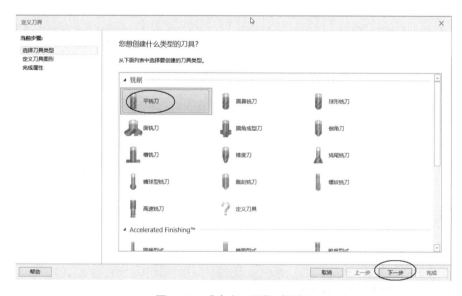

图 3.41　【定义刀具】对话框

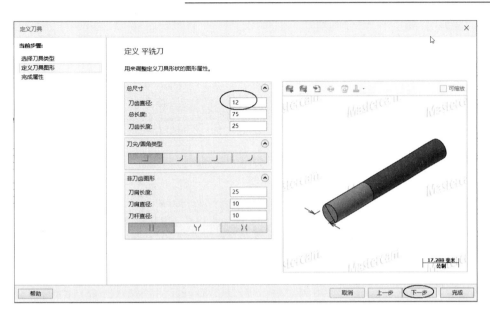

图 3.42 设置刀齿直径

图 3.43 设置刀齿数

(12) 定义刀具参数。

在【2D 刀路-外形铣削】对话框的刀具参数栏中设置如图 3.44 所示的参数值。

(13) 定义切削参数。

在列表框中选择【切削参数】选项，在对话框右侧设置如图 3.45 所示的参数。在【外形铣削方式】下拉列表框中选择【斜插】选项，可避免因踩刀造成刀具损坏。

(14) 设置进/退刀参数。

在列表框中选择【进/退刀设置】选项，取消对话框右侧参数设置，如图 3.46 所示。

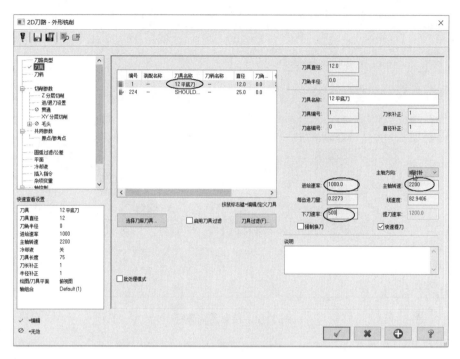

图 3.44　设置刀具参数

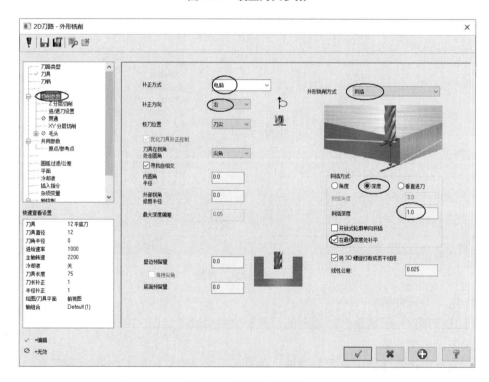

图 3.45　设置切削参数

(15) 定义 XY 分层切削。

在列表框中选择【XY 分层切削】选项，取消对话框右侧参数设置，如图 3.47 所示。

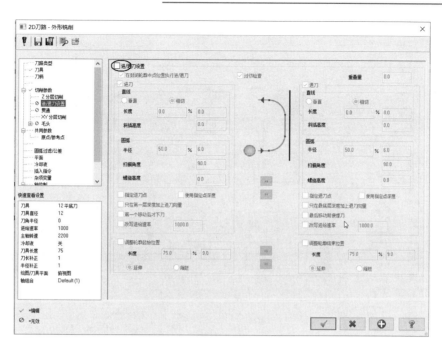

图 3.46　取消进/退刀参数设置

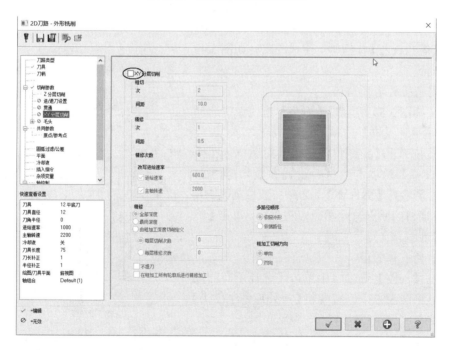

图 3.47　取消 XY 分层切削参数设置

(16) 定义共同参数。

在列表框中选择【共同参数】选项，在对话框右侧设置如图 3.48 所示的参数。单击对话框中的【确定】按钮，结束外形铣削参数设置，系统即可按设置的参数生成外形铣削刀具路径。

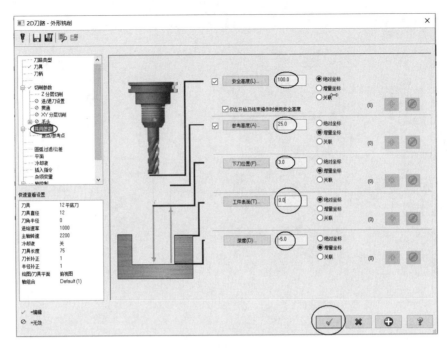

图 3.48　设置共同参数

(17) 采用等角视图观察刀具路径。

单击【等角视图】按钮，生成的路径如图 3.49
所示。

(18) 设置工件毛坯材料。

① 在如图 3.50 所示的【刀路】选项卡中选择
【属性】|【毛坯设置】选项。

② 系统弹出【机床群组属性】对话框，切换
到【材料设置】选项卡，材料设置参数如图 3.51
所示。设置形状为【圆柱体】，Z 轴；圆柱高为 50，
直径 160；素材的原点与绘图原点相重合，单击【确
定】按钮。

(19) 进行实体验证。

① 在【刀路】选项卡中单击【选择所有的操
作】按钮(见图 3.52)，系统会将【1-外形铣削(2D)】
选项和【2-外形铣削(斜插)】选项都选中。

② 单击【实体加工模拟】按钮(见图 3.52)，
系统会弹出如图 3.53 所示的【验证】上下文选项卡。

③ 单击【播放】按钮，系统自动模拟加工
过程，加工结果如图 3.27(b)所示。单击【关闭】按
钮×，结束模拟加工。

(20) 执行后处理程序。

单击【后处理】按钮 G1 (见图 3.54)，系统弹出

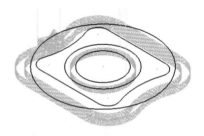

图 3.49　外形铣削刀具路径

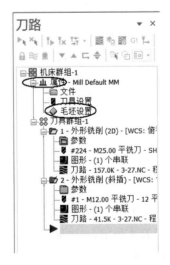

图 3.50　【刀路】选项卡

如图 3.55 所示的【后处理程序】对话框，单击【确定】按钮 ，系统弹出如图 3.56 所示的对话框，选择要保存 NC 文档的地址和文件名，系统默认的保存地址为 D:\文档 Mastercam\ Mill \ NC 文件夹，然后再次单击【保存】按钮。

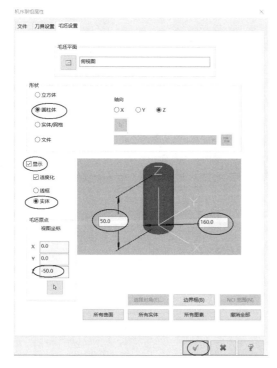

图 3.51　设置毛坯参数

图 3.52　【刀路】选项卡

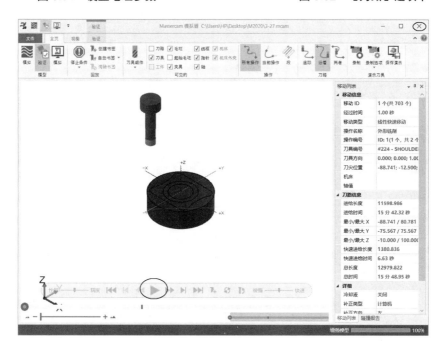

图 3.53　【验证】上下文选项卡

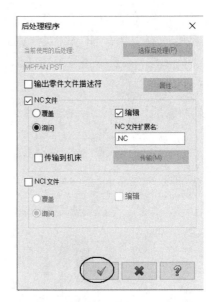

图 3.54　单击【后处理】按钮 　　　　　图 3.55　【后处理程序】对话框

图 3.56　【另存为】对话框

(21) 生成 NC 文件。

系统自动弹出 Mastercam 2020 Code Expert 编辑器,生成 NC 文件的部分内容如图 3.57 所示。

图 3.57　NC 文件的部分内容

3.3　挖 槽 加 工

挖槽加工的刀具路径主要用来切除一个封闭外形所包围的材料，或铣削一个平面，或切削一个槽，通过执行【刀路】|2D|【标准挖槽】命令即可进入挖槽加工操作。

3.3.1　挖槽加工外形的定义

在选择挖槽加工外形时，有 3 种外形可供选择，即单一封闭外形、开放外形、带有岛屿的外形，如图 3.58 所示。

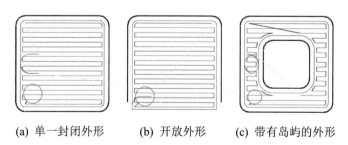

(a) 单一封闭外形　　　(b) 开放外形　　　(c) 带有岛屿的外形

图 3.58　挖槽加工可供选择的外形

当选择挖槽加工外形为带有岛屿的外形时，岛屿的外形必须是封闭的。所谓的岛屿是指在槽的边界内，但不需要切削加工的区域。Mastercam 能够处理多重区域的工件。依据选取的串连图素不同，进行挖槽加工的区域也不同。选取不同外形进行挖槽加工的刀具路径如图 3.59 所示。图 3.59(a)所示为由两个外形组成的两个可进行挖槽的区域。当仅选择"外形 1"进行挖槽时，它的加工刀具路径如图 3.59(b)所示。当仅选择"外形 2"进行挖槽时，它的加工刀具路径如图 3.59(c)所示。当按顺序选择"外形 1"和"外形 2"进行挖槽加工时，它的加工刀具路径如图 3.59(d)所示，其中"外形 2"包围的区域为岛屿。

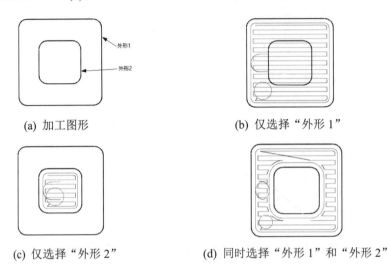

(a) 加工图形   (b) 仅选择"外形 1"

(c) 仅选择"外形 2"   (d) 同时选择"外形 1"和"外形 2"

图 3.59　选取不同外形进行挖槽加工的刀具路径

3.3.2　挖槽加工参数的设置

选择完要加工的区域后，就可进入【2D 刀路-2D 挖槽】对话框。在该对话框中包括刀路类型、刀具、夹头、切削参数、共同参数等，其中刀路类型、刀具、夹头和共同参数等的设置与 3.2 节介绍的外形铣削的参数设置方式基本相同。下面仅介绍挖槽加工特有的参数。

1. 切削参数的设置

在列表框中选择【切削参数】选项，在右侧显示需要设置的切削参数，如图 3.60 所示。

1)　加工方向

【加工方向】选项组用来指定挖槽加工时采用何种铣削方法，是逆铣还是顺铣，如图 3.61 所示。在数控加工中多选择顺铣，这不仅有利于延长刀具的使用寿命，还有利于获得较好的表面加工质量。

● 【逆铣】单选按钮：刀具旋转方向与工件进给方向相反，如图 3.61(a)所示。

● 【顺铣】单选按钮：刀具旋转方向与工件进给方向一致，如图 3.61(b)所示。

2)　挖槽加工方式

● 【标准】加工方式：通常采用的类型。产生的加工刀具路径如图 3.58(a)所示。

● 【平面铣】加工方式：用于防止边界产生毛刺。当选择【平面铣】加工方式时，系统会弹出如图 3.62 所示的界面。例如，选择刀具的直径为 10 mm，设置刀具重叠的百分比为 50%，则超出加工外形的量为 5，即为重叠量。【进刀引线长度】

和【退刀引线长度】是指刀具下/提刀点到有效切削点的距离。参数的设置如图 3.62 所示，产生的挖槽加工刀具路径如图 3.63 所示。

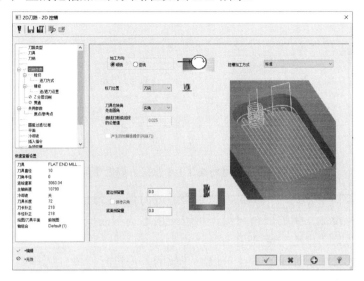

图 3.60　切削参数设置

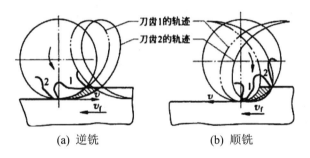

(a) 逆铣　　　　　　　(b) 顺铣

图 3.61　逆铣与顺铣

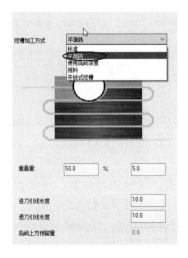

图 3.62　平面铣参数设置

图 3.63　刀具路径

● 【使用岛屿深度】加工方式：当选择【使用岛屿深度】加工方式进行挖槽时，【岛屿上方预留量】文本框也会激活，可输入预留量数值。这个数值表示工件表面与岛屿表面的相对距离，如图 3.64 所示。

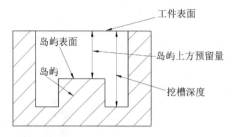

图 3.64　【使用岛屿深度】加工方式挖槽示意

● 【残料】加工方式：当加工方法不合适或刀具选择过大时，挖槽加工完成后槽中一般会有没加工到的残留材料，可以采用本选项去掉残留材料。【残料】加工方式只能与封闭串连一起使用。

● 【开放式挖槽】加工方式：可以对开放的外形进行挖槽。选择此选项时，系统会弹出如图 3.65(a)所示的界面。刀具路径的设置方式有两种：一种是【使用开放轮廓切削方式】进行挖槽加工，生成的刀具路径如图 3.65(b)所示；另一种是【使用标准轮廓封闭串连】进行挖槽加工，生成的刀具路径如图 3.65(c)所示。

(a) 开放式挖槽参数　　　　(b) 使用开放轮廓切削方式　　　(c) 使用标准轮廓封闭串连

图 3.65　开放式挖槽参数设置

2. 粗加工参数的设置

在列表框中选择【粗切】选项，在右侧显示需要设置的粗加工参数，如图 3.66 所示。各参数的含义如下。

1)　切削方式

Mastercam 提供了 8 种粗加工切削方式，即【双向】、【等距环切】、【平行环切】、【平行环切清角】、【依外形环切】、【高速切削】、【单向】和【螺旋切削】。

● 【双向】选项：产生一组平行切削路径并来回进行切削，切削路径的方向取决于其设置的角度。这种切削方式经济，节省时间，特别适用于加工粗铣面。

● 【等距环切】选项：产生一组螺旋式间距相等的切削路径。这种切削方式适合加工规则的或结构简单的单型腔，加工后的型腔底质量较好。

- 【平行环切】选项：产生一组平行螺旋式切削路径，与等距环切切削路径基本相同。这种切削方式加工时也许不能干净地清除残料。
- 【平行环切清角】选项：产生一组平行螺旋式且清角的切削路径。这种切削方式可以切除更多的残料，可用性强。

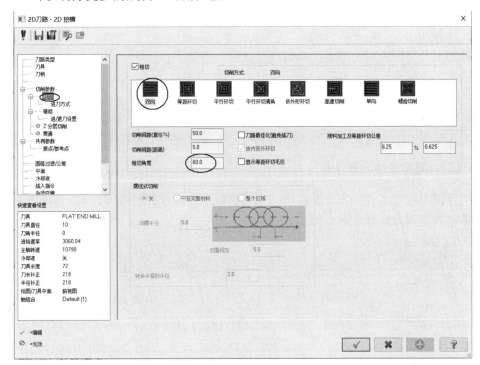

图 3.66　粗加工参数设置

- 【依外形环切】选项：根据轮廓外形产生螺旋式切削路径，此方式应至少有一个岛屿，且生成的刀具路径比其他方式长。
- 【高速切削】选项：以平滑圆弧方式生成高速加工的刀具路径。这种切削方式加工时间相对较长，但可清除转角或边界壁的余量。
- 【单向】选项：与双向路径基本相同，只是单方向切削，另一个方向用于提刀返回。这种切削方式用于切削参数设置较大的场合。
- 【螺旋切削】选项：以圆形、螺旋方式产生挖槽刀具路径。这种切削方式对于周边余量不均匀的切削区域会产生较多的抬刀。

2) 切削路径间的间距

切削路径间的间距由两个参数决定，具体如下。

- 【切削间距(直径%)】文本框：输入刀具直径百分比来指定切削间距。
- 【切削间距(距离)】文本框：输入数值来指定切削间距。

当输入其中一个参数值后，系统会自动修改另一个参数值。

3) 粗切角度

【粗切角度】文本框用来控制切削路径的角度，只对双向路径和单向切削起作用。

4) 刀路最佳化(避免插刀)

选中【刀路最佳化(避免插刀)】复选框，可以优化切削刀具路径长度，使其最短化，以达到最佳挖槽铣削效果。

5) 由内而外环切

【由内而外环切】复选框可以确定螺旋切削路径进刀方向。若选中该复选框，则由内到外；若取消选中该复选框，则由外到内。

6) 残料加工及等距环切公差

残料加工及等距环切公差由刀具的直径决定，在文本框中输入刀具直径的百分比，可以得到相应的公差值。

7) 摆线式切削

只有采用【高速切削】的挖槽切削方式时，才可以进行【摆线式切削】参数设置。用于设置高速切削时的应用区域、圆弧回圈半径、圆弧回圈间距和转角平滑的半径。

3. 进刀方式参数的设置

在列表框中选择【进刀方式】选项，在右侧显示需要设置的进刀方式，在挖槽粗加工中可以采用的进刀方式有3种，如图3.67所示。

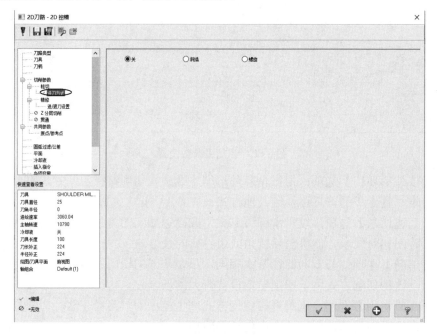

图 3.67　进刀方式选择

1) 关

当选中【关】单选按钮时，挖槽加工时刀具会从进给下刀位置直落于工件设置的切削深度。如果采用的刀具是键槽铣刀，可以采用这种方式；如果采用的刀具是立铣刀，则需要在下刀位置处预钻工艺孔，以防止出现踩刀现象。

2) 斜插

当选中【斜插】单选按钮时，系统会出现如图3.68所示的界面，各参数的含义如下。

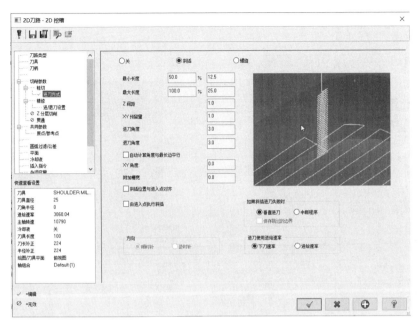

图 3.68　斜插式下刀参数设置

- 【最小长度】文本框：指定进刀路径的最小长度。
- 【最大长度】文本框：指定进刀路径的最大长度。
- 【Z 间距】文本框：用于设置开始斜插的进刀高度，即设置斜插进刀时距工件表面的高度。
- 【XY 预留量】文本框：用于设置在 XY 方向的预留间隙。
- 【进刀角度】文本框：指刀具切入的角度。
- 【退刀角度】文本框：指刀具切出的角度。
- 【自动计算角度与最长边平行】复选框和【XY 角度】文本框：当选中【自动计算角度与最长边平行】复选框时，斜插式下刀在 XY 平面上的角度由系统自动设置；当取消选中【自动计算角度与最长边平行】复选框时，斜插式下刀在 XY 平面上的角度由【XY 角度】文本框中的角度值决定。
- 【附加槽宽】文本框：设置刀具沿回形槽下降时，槽的宽度值。
- 【斜插位置与进入点对齐】复选框：选中该复选框时，进刀点与斜插式刀具路径对齐。
- 【由进入点执行斜插】复选框：选中该复选框时，下刀点即为斜插式下刀路径的起始点。

3)　螺旋

当选中【螺旋】单选按钮时，系统会出现如图 3.69 所示的界面，各参数的含义如下。

- 【最小半径】文本框：指定下刀螺旋线的最小半径，可以输入刀具直径的百分比或直接输入半径值。
- 【最大半径】文本框：指定下刀螺旋线的最大半径，可以输入刀具直径的百分比或直接输入半径值。

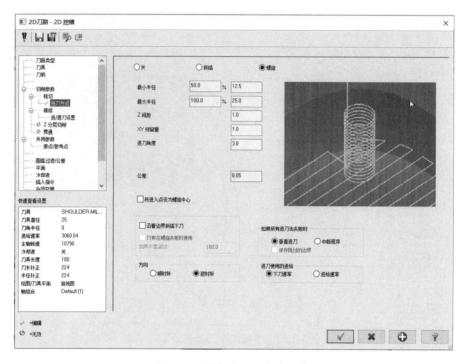

图 3.69　螺旋式下刀参数设置

- 【Z 间距】文本框：用于设置开始螺旋式进刀的高度，即设置螺旋进刀时距工件表面的高度。
- 【XY 预留量】文本框：是指刀具和最后精切挖槽加工的预留间隙。
- 【进刀角度】文本框：指定螺旋式下刀刀具的下刀角度。进刀角度决定进刀刀具路径的长度，角度越小，进刀刀具路径就越长。
- 【将进入点设为螺旋中心】复选框：选中该复选框时，以串连的起点为螺旋刀具路径圆心点。
- 【沿着边界斜插下刀】复选框：选中该复选框而取消选中【只有在螺旋失败时使用】复选框，设定刀具沿边界移动；选中【只有在螺旋失败时使用】复选框，仅当螺旋式下刀不成功时，设定刀具沿边界移动。
- 【方向】选项组：用于设定螺旋下刀的螺旋方向，可以选中【顺时针】或【逆时针】单选按钮。
- 【如果所有进刀法失败时】选项组：当所有螺旋式下刀尝试均失败后，设定系统为【垂直进刀】或【中断程序】。
- 【进刀使用的进给】选项组：当选中【下刀速率】单选按钮时，采用刀具的 Z 向进刀量；当选中【进给速率】单选按钮时，采用刀具的水平切削进刀量。

4. 精修参数的设置

在列表框中选择【精修】选项，在右侧显示需要设置的精修参数，如图 3.70 所示。该界面主要设置侧壁的精修参数。

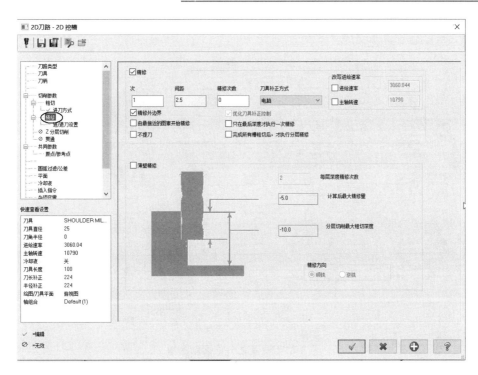

图 3.70　精修参数设置

- 【次】文本框：用于设置挖槽精修的次数。
- 【间距】文本框：用于设置每次精修的切削间距。
- 【精修次数】文本框：设置修光次数。修光是指完成精加工后，再在精加工完成的位置进行精修。
- 【刀具补正方式】下拉列表框：在该下拉列表框中可选择刀具补正方式。
- 【改写进给速率】选项组：可以设置精修所使用的进给速率和主轴转速。
- 【精修外边界】复选框：对内腔壁和内腔岛屿进行精修。
- 【由最接近的图素开始精修】复选框：完成粗加工后，刀具以最靠近图素的最近点位置作为精修的起点。
- 【只在最后深度才执行一次精修】复选框：如果粗加工采用深度分层铣削时，选中此复选框，则完成所有粗加工后，才在最后深度执行仅有的一次精修。
- 【不提刀】复选框：用于设置精修时不提刀。
- 【完成所有槽粗切后，才执行分层精修】复选框：如果粗加工采用深度分层铣削，选中此复选框，完成所有粗加工后，再进行分层精修加工，否则粗加工一层后便立即精修加工一层。
- 【薄壁精修】复选框：选中该复选框，启用薄壁精修程序。薄壁精修加工适用于挖槽铣削薄壁零件的加工场合。

5. Z 分层切削

在列表框中选择【Z 分层切削】选项，在右侧显示需要设置的 Z 分层切削参数，如图 3.71 所示。

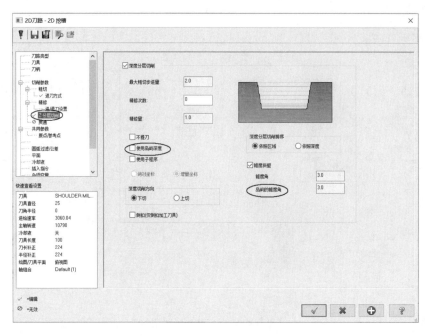

图 3.71　设置 Z 分层切削参数

　　该对话框与外形铣削刀具路径中的【Z 分层切削】选项设置界面基本相同,只是多了一个【使用岛屿深度】复选框,该复选框用来指定岛屿的挖槽深度。同时,当选中【锥度斜壁】复选框时,增加了【岛屿的锥度角】文本框,用来输入锥度斜壁时岛屿刀具路径的角度。

3.3.3　范例(四)

　　如图 3.72 所示为零件加工图形,其中,图 3.72(a)所示为 95 mm×95 mm×35 mm 的长方体毛坯材料,材质为合金铝材,要求使用外形铣削和挖槽刀具路径加工出如图 3.72(b)所示的零件,加工的零件图如图 3.72(c)所示。

　　操作步骤如下。

　　(1)　绘制如图 3.72(c)所示零件的俯视图形(尺寸标注及中心线可不绘制)

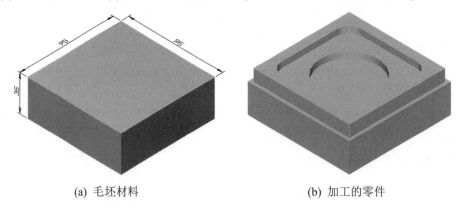

(a)　毛坯材料　　　　　　　　　　　　　(b)　加工的零件

图 3.72　零件加工图形

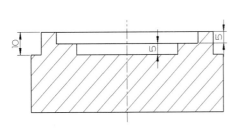

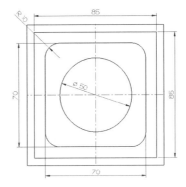

(c) 加工的零件图

图 3.72　零件加工图形(续)

(2) 进入工件外下刀方式的外形铣削。

① 执行【机床】|【铣床】|【默认】命令。

② 执行【刀路】|2D|【外形铣削】命令。

③ 系统弹出【线框串连】对话框,提示选取外形串连,串连选择如图 3.73 所示图素上的点 P1,箭头朝上,串连方向为顺时针,单击【线框串连】对话框中的【确定】按钮 ,结束外形串连选择。

④ 系统弹出【2D 刀路-外形铣削】对话框,在列表框中选择【刀具】选项,单击【选择刀库刀具】按钮,在弹出的【选择刀具】对话框中选择∅25 平铣刀,单击【确定】按钮 。在【2D 刀路-外形铣削】对话框的刀具参数栏中设置如图 3.74 所示的参数值。

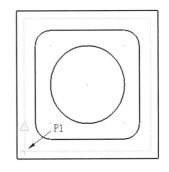

图 3.73　选取串连图素

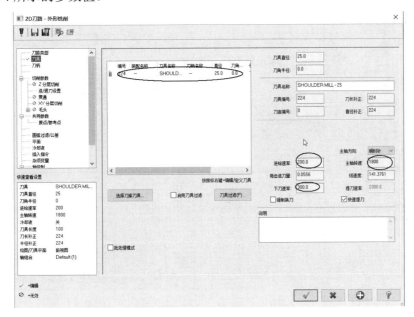

图 3.74　设置刀具路径参数

⑤ 定义切削参数。

在列表框中选择【切削参数】选项，在对话框右侧设置如图 3.75 所示参数。

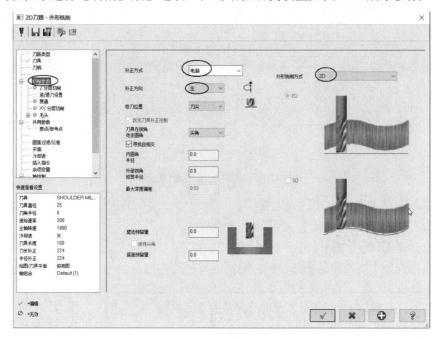

图 3.75　设置切削参数

⑥ 定义 Z 分层切削。

在列表框中选择【Z 分层切削】选项，在对话框右侧设置如图 3.76 所示参数。

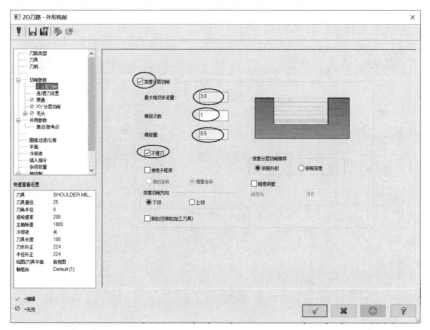

图 3.76　设置 Z 分层切削参数

⑦　设置进/退刀参数。

在列表框中选择【进/退刀设置】选项，在对话框右侧设置如图 3.77 所示参数。

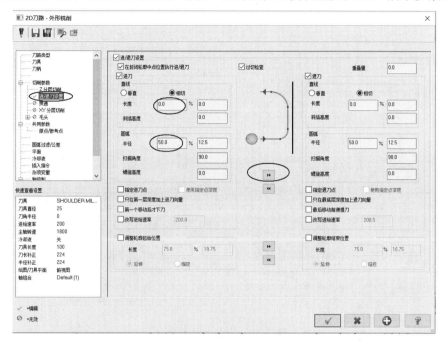

图 3.77　设置进/退刀参数

⑧　定义 XY 分层切削。

在列表框中选择【XY 分层切削】选项，在对话框右侧设置如图 3.78 所示参数。

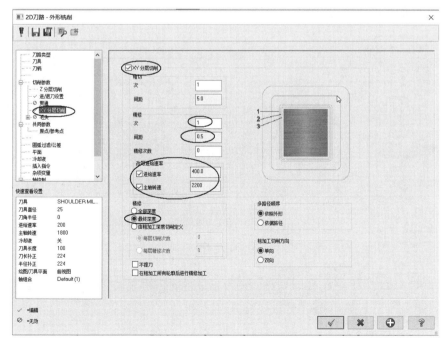

图 3.78　设置 XY 分层切削参数

⑨ 定义共同参数。

在列表框中选择【共同参数】选项，在对话框右侧设置如图3.79所示参数。

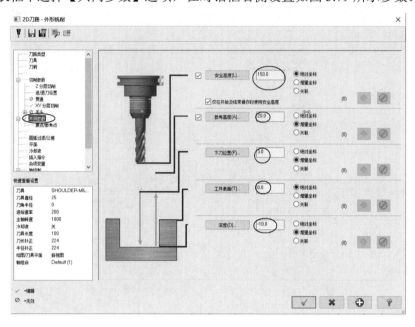

图 3.79　设置共同参数

⑩ 定义冷却液。

在列表框中选择【冷却液】选项，在对话框右侧设置如图3.80所示参数，打开冷却液。单击对话框中的【确定】按钮，结束外形铣削参数设置，系统即可按设置的参数生成如图3.81所示的外形铣削刀具路径(用【等视图】观看)。

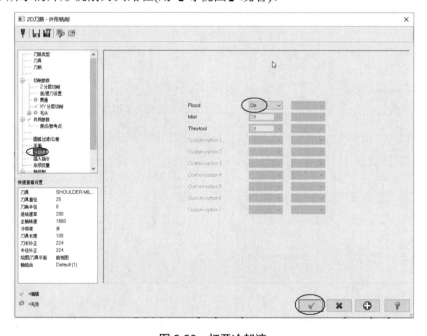

图 3.80　打开冷却液

(3)　进入斜插式下刀的挖槽加工。

①　执行【刀路】|2D|【挖槽】命令。

②　系统弹出【线框串连】对话框，提示选取外形串连，串连选择如图 3.82 所示的图素于点 P1，箭头朝上，串连方向为逆时针，单击【线框串连】对话框中的【确定】按钮 ，结束外形串连选择。

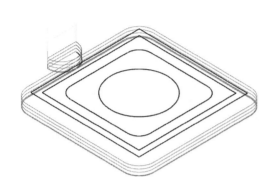

图 3.81　外形铣削刀具路径

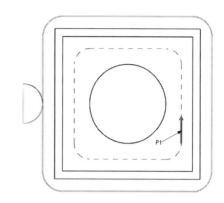

图 3.82　选取串连图素

③　定义刀具参数。在列表框中选择【刀具】选项，单击【选择刀库刀具】按钮，在弹出的【选择刀具】对话框中选择 ϕ16 平铣刀，单击【确定】按钮 。在【2D 刀路-2D 挖槽】对话框的刀具参数栏中设置如图 3.83 所示的参数。

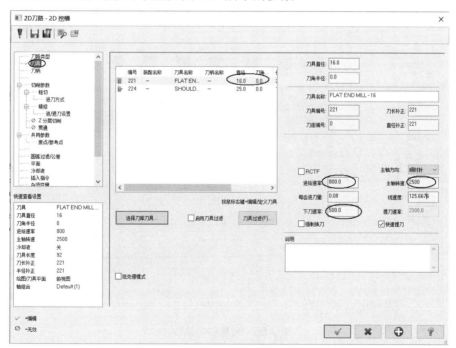

图 3.83　设置刀具参数

④　定义切削参数。在列表框中选择【切削参数】选项，设置切削参数，如图 3.84 所示。

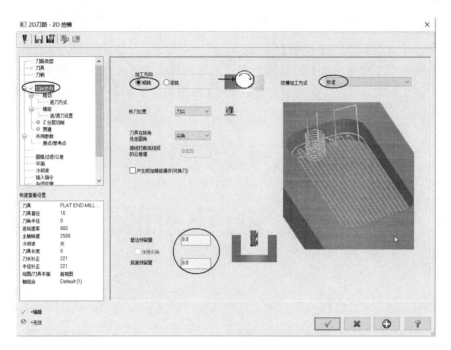

图 3.84　设置切削参数

⑤ 定义粗切参数。在列表框中选择【粗切】选项，设置粗切参数，如图 3.85 所示。

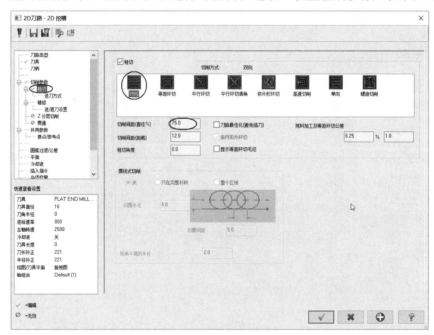

图 3.85　设置粗切参数

⑥ 设置进刀方式。在列表框中选择【进刀方式】选项，设置斜插式进刀方式参数，如图 3.86 所示。

⑦ 设置侧壁精加工参数。在列表框中选择【精修】选项，设置精修参数，如图 3.87

所示。

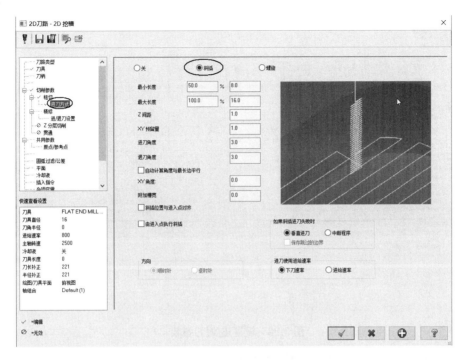

图 3.86　设置斜插式进刀参数

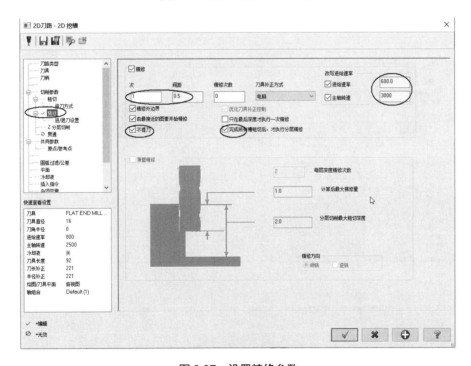

图 3.87　设置精修参数

⑧　设置进/退刀参数。在列表框中选择【进/退刀设置】选项，设置进/退刀参数，如图 3.88 所示。

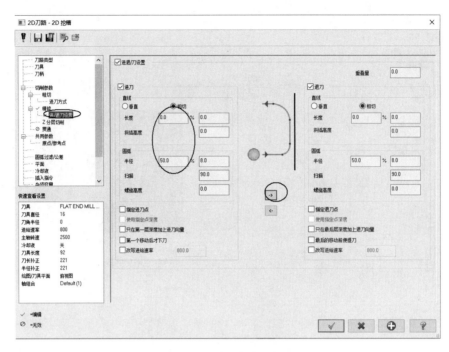

图 3.88　设置进/退刀参数

⑨　设置 Z 分层切削参数。在列表框中选择【Z 分层切削】选项，设置 Z 分层切削参数，如图 3.89 所示。

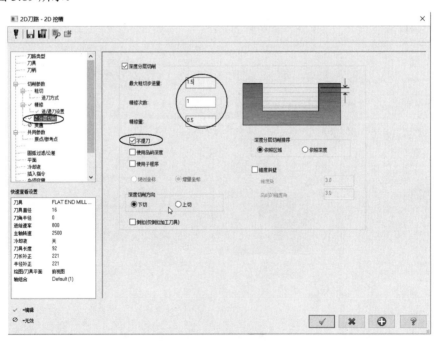

图 3.89　设置 Z 分层切削参数

⑩　定义共同参数。

在列表框中选择【共同参数】选项，在对话框右侧设置参数，如图 3.90 所示。

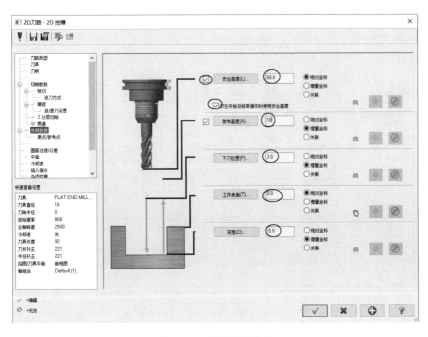

图 3.90　设置共同参数

⑪　定义冷却液。在列表框中选择【冷却液】选项，将 Flood 设置为 On，打开冷却液。单击对话框中的【确定】按钮 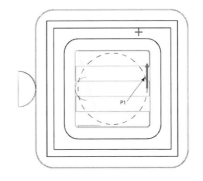 ，结束斜插式挖槽参数设置。

(4)　进入螺旋式下刀的挖槽加工。

①　执行【刀路】|【挖槽】命令。

②　系统弹出【线框串连】对话框，提示选取外形串连，串连选择如图 3.91 所示图素于点 P1，箭头朝上，串连方向为逆时针，单击【线框串连】对话框中的【确定】按钮 ，结束外形串连选择。

图 3.91　选取串连图素

③　定义刀具参数。在列表框中选择【刀具】选项，仍选择ϕ16 平铣刀，刀具各参数值保持不变。

④　定义切削参数。在列表框中选择【切削参数】选项，切削各参数值保持不变。

⑤　定义粗切参数。在列表框中选择【粗切】选项，设置粗切参数，如图 3.92 所示。

⑥　设置进刀方式。在列表框中选择【进刀方式】选项，设置螺旋式进刀参数，如图 3.93 所示。

⑦　设置精修参数。在列表框中选择【精修】选项，设置精修【次数】为1、【间距】为 0.5。

⑧　设置进/退刀参数。在列表框中选择【进/退刀设置】选项，进/退刀参数设置与上次相同，如图 3.88 所示。

⑨　设置 Z 分层切削参数。在列表框中选择【Z 分层切削】选项，设置的 Z 分层切削参数与上次相同，如图 3.89 所示。

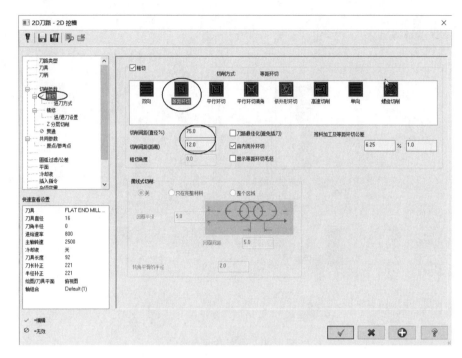

图 3.92　设置粗切参数

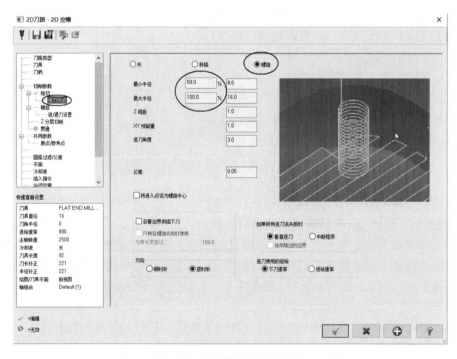

图 3.93　设置螺旋式进刀参数

⑩　定义共同参数。

在列表框中选择【共同参数】选项，在对话框右侧设置参数，如图 3.94 所示。(注：由于在上次挖槽加工中已将工件的上表面挖深至-5mm，所以工件表面参数设置为-5，深度为-10，都为绝对坐标)

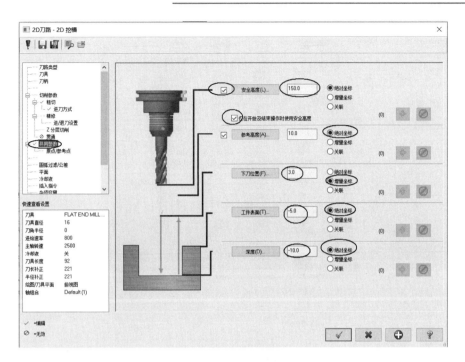

图 3.94　设置共同参数

⑪　定义冷却液。在列表框中选择【冷却液】选项，将 Flood 设置为 On，打开冷却液。单击对话框中的【确定】按钮 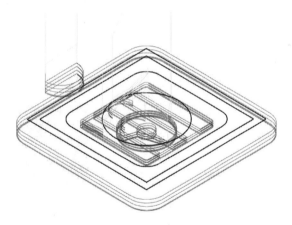，结束螺旋式挖槽参数设置。生成的铣削刀具路径如图 3.95 所示。

图 3.95　铣削刀具路径

3.4　木　雕　加　工

木雕加工主要用于雕刻模型中的文字及产品装饰图案，以提高产品的识别度及美观度。这类加工一般主轴转速高，而铣削量比较小，通常用雕铣机完成加工。通过执行【刀路】|2D|【木雕】命令即可进入木雕加工操作，如图 3.96 所示。

图 3.96　木雕加工命令

3.4.1　木雕加工外形的定义

木雕加工主要用于二维图形加工，且需要所选择的图形是封闭的。在选择木雕加工外形时，依据选取的串连图素不同，进行雕刻加工的区域也不同，如图 3.97 所示。图 3.97(a)由两组图形组成，一组是矩形，另一组是文字。当仅选择文字进行木雕加工时，将加工出如图 3.97(b)所示的微凹文字；当仅选择矩形进行木雕加工时，将加工出矩形图形，如图 3.97(c)所示；当同时窗选矩形和文字进行木雕加工时，将加工出如图 3.97(d)所示的凸文字。

(a)　加工图形

(b)　仅选取文字

(c)　仅选取矩形

(d)　同时选取矩形和文字

图 3.97　选取不同外形进行木雕加工

3.4.2　木雕加工参数的设置

选择要加工的图形后，就可进入【木雕】对话框。该对话框有【刀具参数】、【木雕参数】、【粗切/精修参数】3 个选项卡，其中的许多参数设置与 3.3 节介绍的挖槽加工参数的设置基本相同。下面仅介绍木雕加工特有的参数。

切换到【粗切/精修参数】选项卡，需要设置的加工参数如图 3.98 所示。

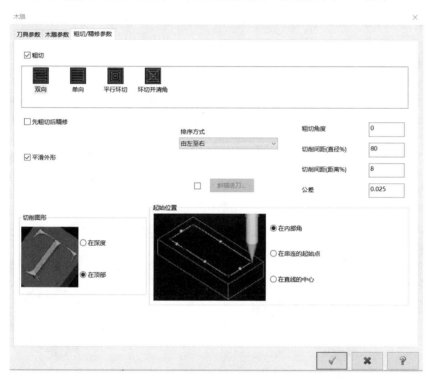

图 3.98　【粗切/精修参数】选项卡

1)　排序方式

【排序方式】下拉列表框用于设置当雕刻中有多个区域需要加工时的加工顺序。各参数的含义如下。

- 【选择排序】选项：由用户选取串连的顺序进行加工。
- 【由上而下】选项：按从上往下的顺序进行加工。
- 【由左至右】选项：按从左往右的顺序进行加工。

2)　切削图形

由于雕铣刀具通常呈 V 形，所以加工后呈现出上大下小的 V 形槽，加工后图形的具体大小由下面的参数控制。

- 【在深度】单选按钮：加工完成后底部图形与设计图形保持一致，顶部图形比设计图形大。
- 【在顶部】单选按钮：加工完成后顶部图形与设计图形保持一致，底部图形比设计图形小。

当使用 V 形雕铣刀加工时，选中【在深度】单选按钮加工出来的图形会比选中【在顶部】单选按钮加工出来的图形大。

3) 起始位置

【起始位置】选项组用于设置雕刻加工时刀具路径的起始位置，有 3 种位置可选，具体如下。

- 【在内部角】单选按钮：选取图形的内部转折角点位置作为起始进刀点。
- 【在串连的起始点】单选按钮：选取靠近图形的起始点作为进刀点。
- 【在直线的中心】单选按钮：选取图形的中间点作为进刀点。

3.4.3 范例(五)

如图 3.99 所示为零件加工图形。其中，图 3.99(a)所示为 85 mm×55 mm×10 mm 的长方体毛坯材料，材质为紫铜，要求使用外形铣削和木雕刀具路径加工出如图 3.99(b)所示的零件，铣深为 0.7mm，加工的零件如图 3.99(c)所示。

在图 3.99(c)中，文字位于图层的第一层，两个椭圆和矩形外框位于图层的第二层，图形文字的具体参数如表 3.1 所示。

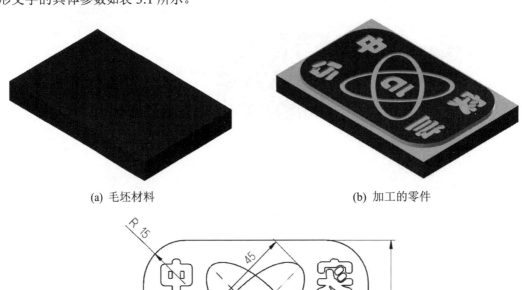

(a) 毛坯材料　　　　　　　　　　　　　(b) 加工的零件

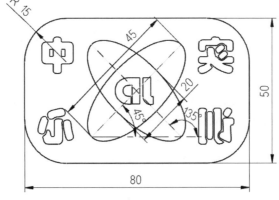

(c) 加工的零件图

图 3.99　零件加工图形

表 3.1 文字参数设置

字 体	文 字	字 高	方 向	定 位
华文彩云	JD	7	水平	(−6.5, −5)
华文彩云	实	10	水平	(−35, 8)
华文彩云	训	10	水平	(−35, −16.5)
华文彩云	中	10	水平	(22, 8)
华文彩云	心	10	水平	(22, −16.5)

操作步骤如下。

1) 绘制图形

在俯视图构图面上绘制如图 3.99(c)所示的图形，并将文字绘制在图层的第一层，两个椭圆和矩形外框绘制在图层的第二层。

2) 关闭第二层

在操作管理器中切换到【层别】选项卡，如图 3.100 所示，在 2 号层的【高亮】栏单击，使 X 不可见，此时绘图区的图形如图 3.101 所示。(注：如果开始绘制图形时没有设置好图层，可以在【主页】|【属性】选项卡中单击【设置全部】按钮▦，选择需要改变图层的图素，在【属性】对话框中选中【层别】复选框，在文本框中输入要改变的层号即可)

图 3.100 对图形进行层别管理　　　　图 3.101 需要木雕加工的文字

3) 采用木雕加工对文字进行铣削

(1) 执行【机床】|【木雕】|【默认】命令。

(2) 执行【刀路】|2D|【木雕】命令。

(3) 系统弹出【线框串连】对话框，在对话框中单击【窗选】按钮▭▭，在绘图区拖动鼠标拾取对角两点形成视窗，涵盖如图 3.101 所示的所有图形，出现"输入草图起点"提示，选择点 P1(见图 3.101)，单击对话框中的【确定】按钮◉，结束图素的选择。

(4) 定义刀具参数。

① 在【木雕】对话框【刀具参数】选项卡的空白位置处单击鼠标右键，在弹出的快捷菜单中选择【创建刀具】命令，在弹出的【定义刀具】对话框中选择【雕刻铣刀】选项，单击【下一步】按钮，在【定义刀具图形】选项设置界面中设置雕刻铣刀形状参数，如图 3.102 所示，单击【下一步】按钮，在【完成属性】选项设置界面中单击【完成】按钮。

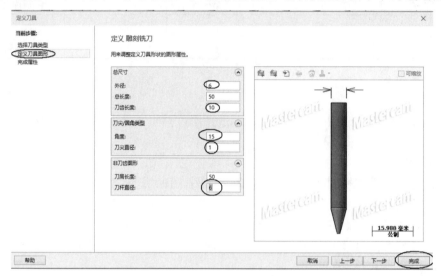

图 3.102　设置雕刻铣刀形状参数

② 设置刀具参数如图 3.103 所示。

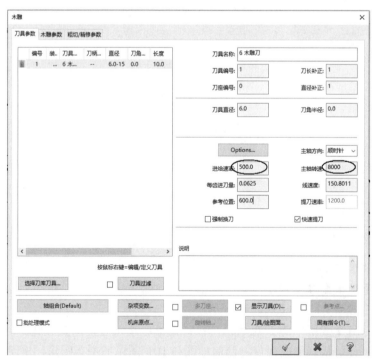

图 3.103　设置刀具参数

(5)　切换到【木雕参数】选项卡，设置木雕加工参数，如图 3.104 所示。

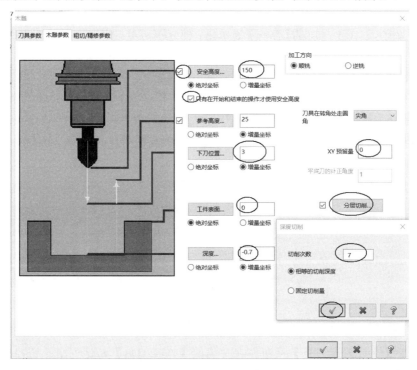

图 3.104　设置木雕参数

(6)　切换到【粗切/精修参数】选项卡，设置粗切/精修加工参数，如图 3.105 所示。单击对话框中的【确定】按钮 ，结束木雕加工参数的设置。

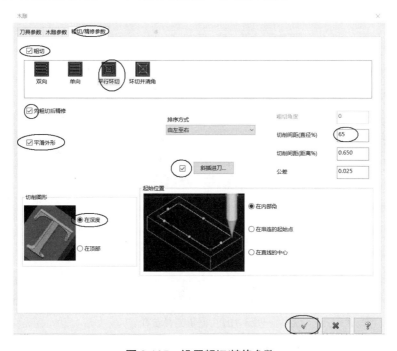

图 3.105　设置粗切/精修参数

4) 关闭第一层，打开第二层

在操作管理器中切换到【层别】选项卡，在 2 号层的【号码】处单击，使之亮显可见并同时变成当前层；在 1 号层的【高亮】处单击，使之不可见。此时绘图区的图形如图 3.106 所示。

5) 用外形铣削加工椭圆槽

(1) 执行【刀路】|【外形】命令，系统弹出【线框串连】对话框，提示选取外形串连，串连选择如图 3.106 所示的两个椭圆于点 P1、点 P2，串连方向为顺时针，单击【确定】按钮 ✓，系统弹出【2D 刀路-外形铣削】对话框，在列表框中选择【刀具】选项，在对话框右侧显示刀具参数栏。

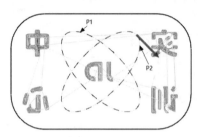

图 3.106　选取串连图素

(2) 单击【选择刀库刀具】按钮，在弹出的【选择刀具】对话框中，查找所需要的刀具，选择ϕ2 平铣刀，单击【确定】按钮 ✓。

(3) 在【2D 刀路-外形铣削】对话框的刀具参数栏中设置如图 3.107 所示的参数值。

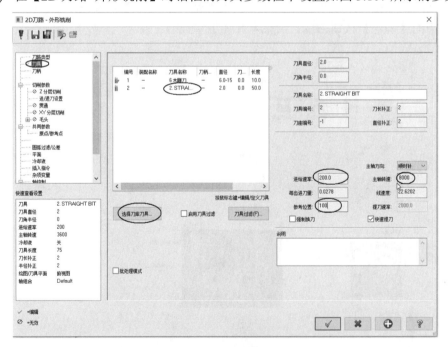

图 3.107　设置刀具参数

(4) 在列表框中选择【切削参数】选项，在对话框右侧设置参数，如图 3.108 所示。

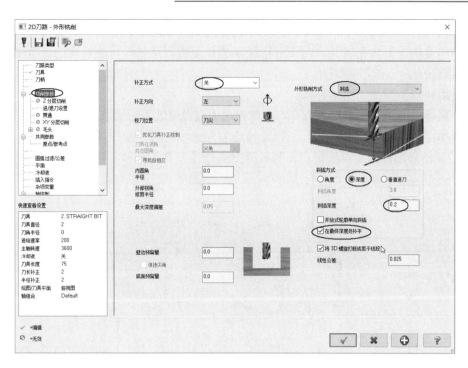

图 3.108　设置切削参数

(5) 在列表框中选择【进/退刀设置】选项，取消对话框右侧参数设置。

(6) 在列表框中选择【XY 分层切削】选项，取消对话框右侧参数设置。

(7) 在列表框中选择【共同参数】选项，在对话框右侧设置参数，如图 3.109 所示。

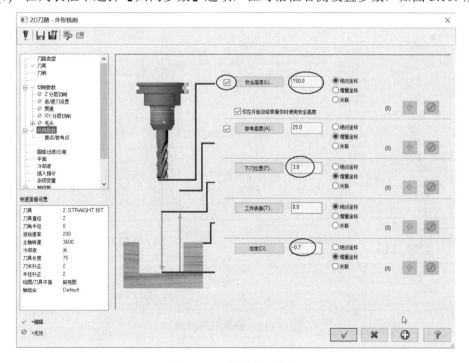

图 3.109　设置共同参数

(8) 在列表框中选择【冷却液】选项，设置 Custom option 1 为 On，打开冷却液。单击对话框中的【确定】按钮 ✅，结束外形铣削参数设置，系统即可按设置的参数生成外形铣削刀具路径。

6) 用外形铣削加工矩形外框

(1) 执行【刀路】|【外形】命令，系统弹出【线框串连】对话框，提示选取外形串连，串连选择如图 3.110 所示的矩形于点 P1，串连方向为顺时针，单击【执行】按钮，系统弹出【2D 刀路-外形铣削】对话框，在列表框中选择【刀具】选项，在对话框右侧显示刀具参数栏。

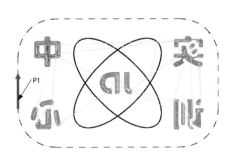

图 3.110   选取串连图素

(2) 从刀具库中选取刀具。单击【选择刀库刀具】按钮，在弹出的【选择刀具】对话框中，查找所需要的刀具，选择 ϕ10 平铣刀，单击【确定】按钮 ✅。

(3) 在【2D 刀路-外形铣削】对话框的刀具参数栏中设置如图 3.111 所示的参数值。

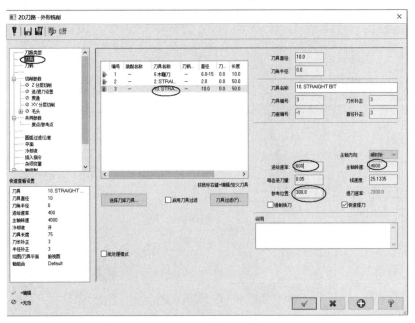

图 3.111   设置刀具参数

(4) 在列表框中选择【切削参数】选项，在对话框右侧设置参数，如图 3.112 所示。

(5) 在列表框中选择【Z 分层切削】选项，在对话框右侧设置参数，如图 3.113 所示。

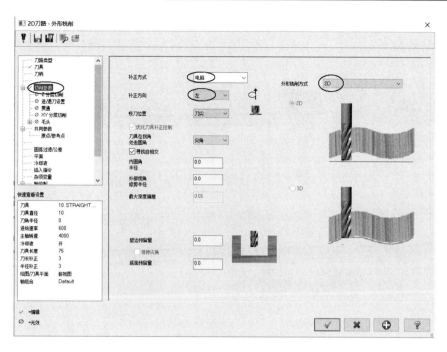

图 3.112　设置切削参数

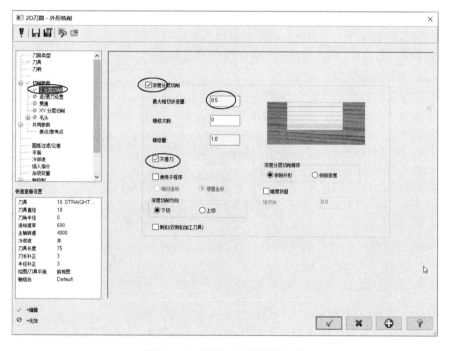

图 3.113　设置 Z 分层切削参数

（6）在列表框中选择【进/退刀设置】选项，选中【进刀】、【退刀】复选框，使用系统默认设置参数。

（7）在列表框中选择【XY 分层切削】选项，取消对话框右侧的参数设置。

（8）在列表框中选择【共同参数】选项，在对话框右侧设置参数，如图 3.114 所示。

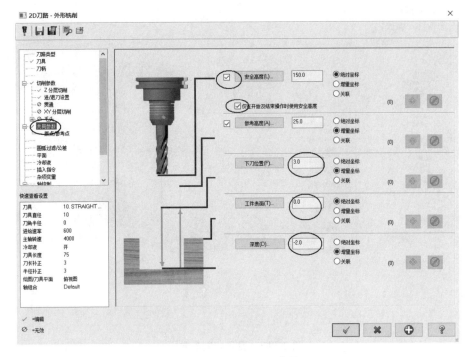

图 3.114　设置共同参数

(9)　在列表框中选择【冷却液】选项，设置 Custom option 1 为 On，打开冷却液。单击对话框中的【确定】按钮 ✓，结束外形铣削参数的设置。

7)　采用等角视图观察刀路

单击【等角视图】按钮 ⬡，生成的路径如图 3.115 所示。

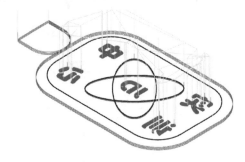

图 3.115　刀路路径

8)　设置工件毛坯材料

(1)　在操作管理器中执行【刀路】选项卡中的【属性】|【毛坯设置】命令。

(2)　系统弹出【机床群组属性】对话框，切换到【毛坯设置】选项卡，设置毛坯参数，如图 3.116 所示。单击【确定】按钮 ✓，在绘图区出现如图 3.117 所示的毛坯边界。

9)　进行实体验证

(1)　在【刀路】选项卡中单击【选择全部操作】按钮 ▶，将【1-木雕】、【2-外形铣削】和【3-外形铣削】都选中。

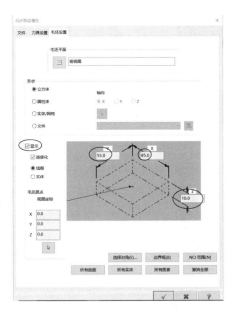

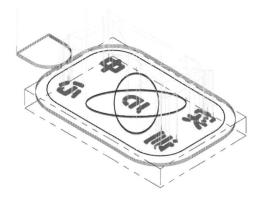

图 3.116　设置工件毛坯材料参数　　　　　图 3.117　工件毛坯边界

(2)　单击【验证已选择的操作】按钮，系统弹出【验证】对话框。单击【播放】按钮，系统将自动模拟加工过程，加工结果如图 3.118 所示。

图 3.118　加工结果

3.5　钻　孔　加　工

钻孔加工刀路主要用于钻孔、铰孔、镗孔和攻牙等加工。

3.5.1　钻孔加工点的定义及排序

通过执行【刀路】|2D|【钻孔】命令，系统弹出如图 3.119 所示的【刀路孔定义】对话框。该对话框提供了多种选取钻孔中心点的方法及排序方式，下面分别对它们进行介绍。

图 3.119　【刀路孔定义】对话框

- 【限定半径】按钮 ：单击该按钮后，在屏幕上选取一个基准圆，再在屏幕上选取所有图素，系统会根据基准圆的大小对选取的图素进行过滤，选择符合要求的圆的圆心作为钻孔的中心点。如图 3.120(a)所示，选取一个基准圆弧，在屏幕窗选图素，如图 3.120(b)所示，选取的钻孔中心点如图 3.120(c)所示。

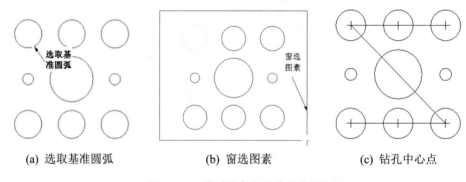

(a) 选取基准圆弧　　　　　(b) 窗选图素　　　　　(c) 钻孔中心点

图 3.120　通过限定半径选取点的路径

- 【复制之前的点】按钮 ：单击该按钮后，系统会采用上一次钻孔刀路的钻孔点及切削顺序作为钻孔刀路钻孔点的切削顺序。
- 【子程序】按钮 ：单击该按钮后，系统会弹出之前所有的钻孔加工程序，用户可以选择所需要的程序并在其基础上进行修改。
- 【反向顺序】按钮 ：单击该按钮后，将对功能表中的钻孔点排序进行反向。
- 【重置为原始顺序】按钮 ：单击该按钮后，会撤销功能表中所有钻孔点的排序操作，钻孔点将按原始选择顺序排序。
- 【更改点参数】按钮 ：在功能表中选定一个钻孔点，单击该按钮后，可以单独对该点的钻孔参数作调整。
- 【向上移动】按钮 ：在功能表中选定一个钻孔点，单击该按钮后，可将该点的顺序排序向上移动。
- 【向下移动】按钮：在功能表中选定一个钻孔点，单击该按钮后，可将该点的顺序排序向下移动。
- 【深度过滤】复选框：当选择的两个钻孔点在加工平面上的投影重合时，可使用最高 Z 深度或使用最低 Z 深度来确定其中一个钻孔点进行操作。
- 【选择的顺序】按钮：选取钻孔点后，采用排序选项设置钻孔点的切削顺序，Mastercam 提供了 17 种 2D 排序(见图 3.121(a))、12 种旋转排序(见图 3.121(b))和 16 种断面排序(见图 3.121(c))。
- 【插入点】选项组：选中【列表顶部】单选按钮，插入的钻孔点的排序位于功能表的顶部；选中【列表底部】单选按钮，插入的钻孔点的排序位于功能表的底部；选中【选择的上方】单选按钮，插入的钻孔点的排序位于功能表中所选择的钻孔点的上方。

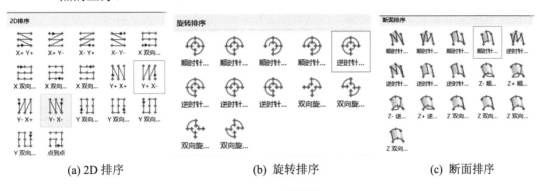

(a) 2D 排序　　　　　　(b) 旋转排序　　　　　　(c) 断面排序

图 3.121　孔的排序

3.5.2　钻孔加工参数的设置

1. 切削参数的设置

选取完钻孔点后，单击【确定】按钮，即可进入【2D 刀路-钻孔/全圆铣削 深孔钻-无啄孔】对话框，在列表框中选择【切削参数】选项，在右侧显示需要设置的参数，如图 3.122(a)所示，各主要参数的含义如下。
- 首次啄钻：设定第一次啄钻时的钻入深度。
- 副次啄钻：设定首次切量之后所有的每次啄钻量。
- 安全余隙：每次啄钻钻头快速下刀到某一深度时，这一深度与前一次钻深之间的距离。
- 回缩量：指钻头每作一次啄钻时的提刀距离。
- 暂停时间：设定钻头至孔底时，钻头在孔底的停留时间。
- 提刀偏移量：单刃镗刀在镗孔后提刀前，为避免刀具刮伤孔壁，可将刀具偏移一定距离，以离开圆孔内面后再提刀。

在【循环方式】下拉列表框中，系统提供了 8 种钻孔循环和 12 种自定义循环，如

图 3.122(b)所示。各种钻孔循环的类型及使用场合如表 3.2 所示。

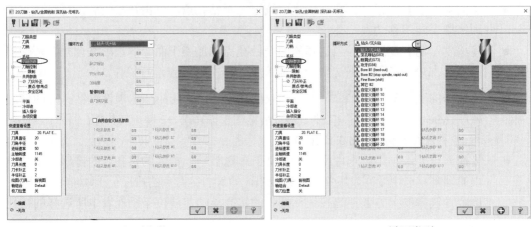

(a) 主要参数   (b) 循环类型

图 3.122　切削参数设置

表 3.2　各种钻孔循环的类型及使用场合

类　型	使用场合
钻孔/沉头孔(G81)	孔深小于 3 倍的刀具直径,在加工过程中刀具不提刀,如钻中心孔等
深孔啄钻(G83)	钻孔深度大于等于 3 倍刀具直径,在加工过程中刀具会提刀排屑,排屑时钻头会完全退回参考高度然后再下刀,一般用于难排屑加工
断屑式(G73)	钻孔深度大于等于 3 倍刀具直径,在加工过程中刀具按设定的提刀高度抬起来断屑
攻牙(G84)	攻内螺纹
Bore#1(Feed out)(G85)	用进给速率下刀及退刀的方式镗孔,可产生直且表面平滑的孔
Bore#2(Stop spindle repid out) (G85)	用进给速率下刀,加工到孔底后,主轴停止转动,后快速提刀
Fine Bore (Shift)(G76)	用进给速率下刀,加工到位后,主轴停止转动,再旋转到一定方向,镗刀刃口偏离孔壁后,快速提刀
Rigid Tapping cycle(M29)	刚性攻内螺纹,可实现二次攻牙。通常 M29 S 配合 G84 使用
自定义循环 9~20	通过【启用自定义钻孔参数】复选框设置钻孔参数进行加工

2. 共同参数的设置

在列表框中选择【共同参数】选项,在右侧显示需要设置的共同参数,如图 3.123 所示。

- 【安全高度】:数控加工中基于换刀和装夹工件设定的一个高度,通常一个工件加工完毕后刀具会停留在安全高度。当取消选中该复选框时,钻孔加工会以 G99 模式进行;当选中该复选框且取消选中【仅在开始及结束操作时使用安全高度】复选框时,钻孔加工会以 G98 模式进行。

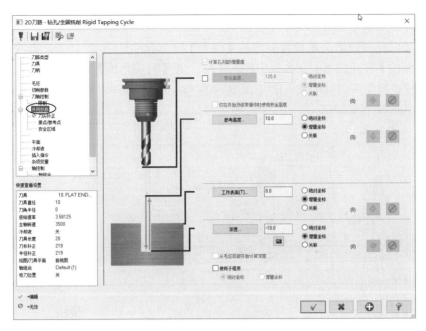

图 3.123 共同参数设置

- 【参考高度】文本框：用于设定钻孔的 R 平面。R 平面是钻头开始以 G01 的速度进给的高度，同时也是 G99 模式下，钻头在孔与孔之间移动的高度。
- 【工件表面】文本框：设定要加工的表面在 Z 轴的位置高度。
- 【深度】文本框：设定刀路最后要加工的深度。
- ▣(深度计算)：用于计算倒角刀具(如钻头、中心钻和倒角刀等)的倒角部分的长度。例如选择φ10 mm 的钻头，在【深度】文本框中输入"-10"，单击【深度计算】按钮▣，系统会弹出如图 3.124 所示的对话框。系统自动计算出倒角部分的深度为-3.004303，单击【确定】按钮，在【深度】文本框中加工深度自动变为-13.004303。
- 【使用子程序】复选框：让 NC 程序以主、子程序的方式输出。

图 3.124 【深度计算】对话框

3. 刀尖补正参数的设置

刀尖补偿功能可以控制钻头刀尖贯穿工件底部的距离。在列表框中选择【刀尖补正】

选项，在右侧显示需要设置的刀尖补正参数。

如果在【共同参数】选项设置界面的【深度】文本框中输入"-10"，在【刀尖补正】选项设置界面的【贯通距离】文本框中输入"2"，在【刀尖角度】文本框中输入"118"(见图 3.125)，则在程序中刀具的实际加工深度为(深度+贯通距离+倒角长度)-15.004。

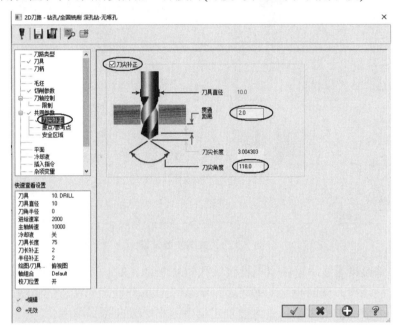

图 3.125　刀尖补正参数设置

3.5.3　范例(六)

如图 3.126 所示为零件加工图形。其中，图 3.126(a)所示为 140 mm×100 mm×30 mm 的毛坯材料，材质为 45#钢，要求使用钻孔刀路加工出如图 3.126(b)所示的零件，加工的零件图如图 3.126(c)所示。

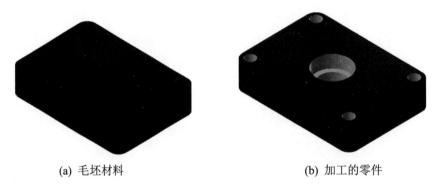

(a) 毛坯材料　　　　　　　　　　　(b) 加工的零件

图 3.126　零件加工图形

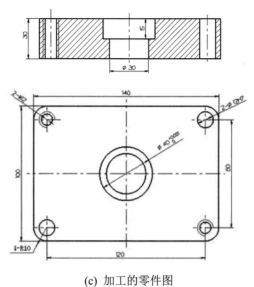

(c) 加工的零件图

图 3.126　零件加工图形(续)

操作步骤如下。

1)　制定加工工序卡

各工序及刀具的切削参数如表 3.3 所示。

表 3.3　各工序及刀具的切削参数

序　号	工序内容	刀具号	刀具类型	刀具规格	主轴转速(n) /(r/min)	进给速度(V_f) /(mm/min)	加工方式
1	钻定位孔	T1	定位钻	$\phi6$	1000	150	G81
2	钻ϕ10.4 孔	T2	钻头	ϕ10.4	1000	150	G83
3	钻ϕ11.8 孔	T3	钻头	ϕ11.8	1000	150	G81
4	钻ϕ30 孔	T4	钻头	ϕ30	200	50	G83
5	铰ϕ12 孔	T5	铰刀	ϕ12H7	150	50	G85
6	攻牙 M12	T6	丝锥	M12	60	105	G84
7	螺旋铣ϕ39 孔	T7	平铣刀	ϕ39	2000	800	螺旋铣
8	半精镗ϕ39.8 孔	T8	镗刀	ϕ39.8	2000	80	G86
9	精镗ϕ40 孔	T9	镗刀	ϕ40	3000	60	G76

2)　设置绘图平面和刀具平面均为俯视图

3)　选取图素钻定位孔

(1) 选取定位孔图素。

执行【刀路】|2D|【钻孔】命令，系统弹出如图 3.127 所示的【刀路孔定义】对话框，选取如图 3.128 所示的圆于点 P1~P5(即可选取五个圆的圆心)；单击【排序】按钮，选取【2D 排序】|【Y 双向-X+】钻孔排序方式，单击【确定】按钮。钻定位孔的排序方式如图 3.129 所示，系统弹出【2D 刀路-钻孔/全圆铣削 深孔钻-无啄孔】对话框。

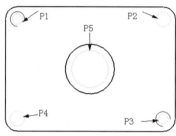

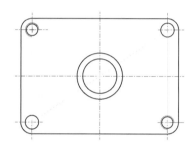

图 3.127 【刀路孔定义】对话框　　　图 3.128 选取圆　　　图 3.129 按【Y 双向-X+】钻孔排序

(2) 从刀具库中选取刀具。

在列表框中选择【刀具】选项，单击【选择刀库刀具】按钮，在弹出的【选择刀具】对话框中，取消选中【启用刀具过滤】复选框，选择 $\phi6$ 定位钻，单击【确定】按钮 ✓。在【2D 刀路-钻孔/全圆铣削 深孔钻-无啄孔】对话框的刀具参数栏中设置如图 3.130 所示的参数值。

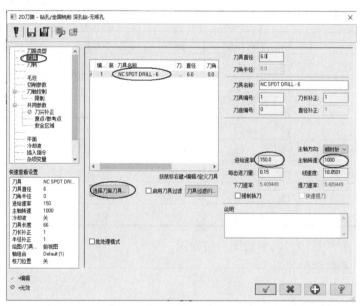

图 3.130 设置刀具参数

(3) 定义钻头/沉头钻加工。

在列表框中选择【切削参数】选项，并选择【钻头/沉头钻】加工方式，如图 3.131 所示。

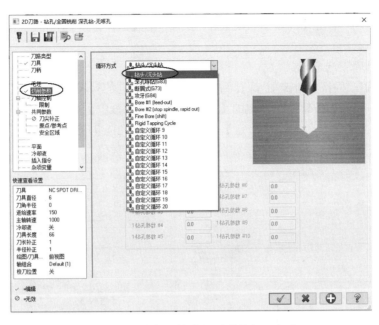

图 3.131 选择【钻头/沉头钻】加工方式

(4) 共同参数的设置。

在列表框中选择【共同参数】选项，设置共同参数，如图 3.132 所示，单击【确定】按钮，结束钻中心孔加工设置。

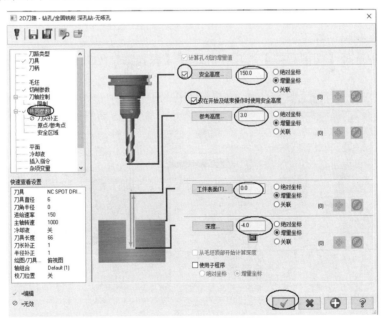

图 3.132 设置钻孔共同参数

4) 选取图素钻φ10.4 孔(M12 螺纹底孔)

(1) 选取钻孔图素。

执行【刀路】|2D|【钻孔】命令，系统弹出【刀路孔定义】对话框，选取 M12 螺纹孔

底孔(见图 3.133)，单击【确定】按钮 ⊘，系统弹出【2D 刀路-钻孔/全圆铣削 深孔钻-无啄孔】对话框。

(2) 从刀具库中选取刀具。

在【2D 刀路-钻孔/全圆铣削 深孔钻-无啄孔】对话框的列表框中选择【刀具】选项，单击【选择刀库刀具】按钮，在弹出的【选择刀具】对话框中，取消选中【启用刀具过滤】复选框，选择φ10.4 钻头，单击【确定】按钮 ✓。在【2D 刀路-钻孔/全圆铣削 深孔钻-无啄孔】对话框的刀具参数栏中设置如图 3.134 所示的参数值。

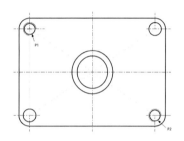

图 3.133　选取钻φ10.4 的孔

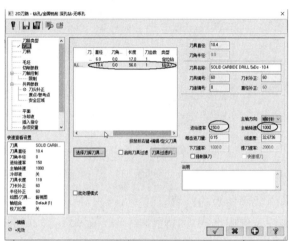

图 3.134　设置刀具参数

(3) 定义深孔啄钻加工。

在列表框中选择【切削参数】选项，并选择【深孔啄钻(G83)】加工方式，如图 3.135所示。

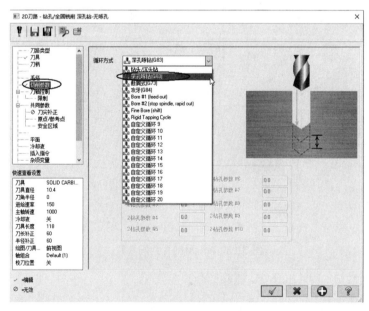

图 3.135　设置切削参数

(4) 共同参数的设置。

在列表框中选择【共同参数】选项，设置共同参数，如图 3.136 所示。单击【深度计算】按钮，参数设置如图 3.136 所示，在【深度计算】对话框中单击【确定】按钮，接受增加深度-3.124475，最后总钻深为-35.124475。再单击【确定】按钮，结束钻孔加工设置。

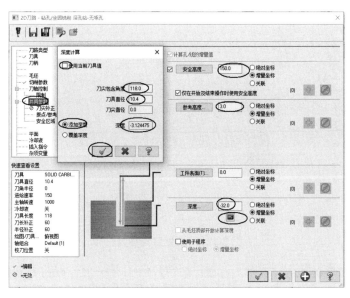

图 3.136　设置钻孔共同参数

5) 选取图素钻ϕ11.8 孔

(1) 选取钻孔图素。

执行【刀路】|2D|【钻孔】命令，系统弹出【刀路孔定义】对话框，选取如图 3.137所示的圆与点 P1、P2 和 P3，单击【确定】按钮，系统弹出【2D 刀路-钻孔/全圆铣削 深孔啄钻-完整回缩】对话框。

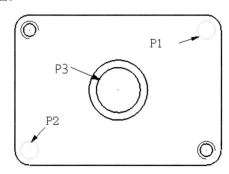

图 3.137　选取钻孔图素

(2) 从刀具库中选取刀具。

在【2D 刀路-钻孔/全圆铣削深 孔啄钻-完整回缩】对话框的列表框中选择【刀具】选项，单击【选择刀库刀具】按钮，在弹出的【选择刀具】对话框中，取消选中【启用刀具过滤】复选框，选择ϕ11.8 钻头，单击【确定】按钮。在【2D 刀路-钻孔/全圆铣削 深孔啄钻-完整回缩】对话框的刀具参数栏中设置如图 3.138 所示的参数值。

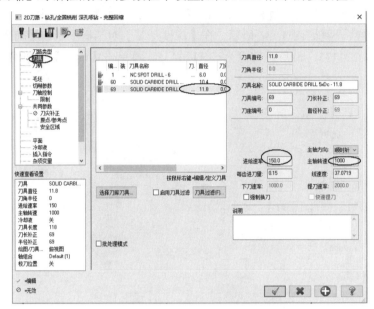

图 3.138　设置刀具参数

(3)　定义深孔啄钻加工。

在列表框中选择【切削参数】选项，并选择【深孔啄钻(G83)】加工方式。

(4)　共同参数的设置。

在列表框中选择【共同参数】选项，设置共同参数，如图 3.139 所示。单击【深度计算】按钮，在【深度计算】对话框中单击【确定】按钮，接受增加深度-3.545078，最后总钻深为-35.545078。再单击【确定】按钮，结束钻孔加工设置。

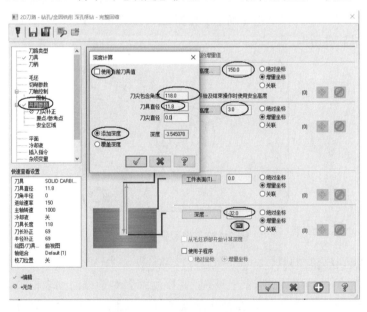

图 3.139　设置钻孔共同参数

6) 选取图素钻 ϕ 30 孔

(1) 选取钻孔图素。

执行【刀路】|2D|【钻孔】命令，系统弹出【刀路孔定义】对话框，选取如图 3.140 所示的圆于点 P1，单击【确定】按钮，系统弹出【2D 刀路-钻孔/全圆铣削 深孔啄钻-完整回缩】对话框。

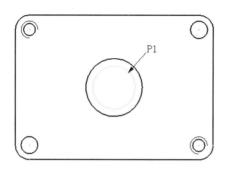

图 3.140 选取钻孔图素

(2) 从刀具库中选取刀具。

在【2D 刀路-钻孔/全圆铣削 深孔啄钻-完整回缩】对话框的列表框中选择【刀具】选项，单击【选择刀库刀具】按钮，在弹出的【选择刀具】对话框中，取消选中【启用刀具过滤】复选框，选择 ϕ 30 钻头，单击【确定】按钮。在【2D 刀路-钻孔/全圆铣削 深孔啄钻-完整回缩】对话框的刀具参数栏中设置如图 3.141 所示的参数值。

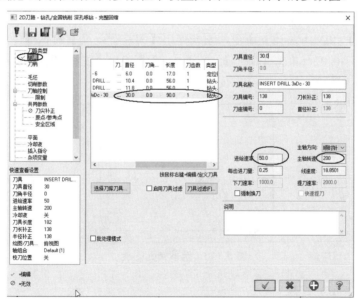

图 3.141 设置刀具参数

(3) 定义深孔啄钻加工。

在列表框中选择【切削参数】选项，并选择【深孔啄钻(G83)】加工方式。

(4) 共同参数的设置。

在列表框中选择【共同参数】选项，设置共同参数，如图 3.142 所示。单击【深度计算】按钮■，在【深度计算】对话框中单击【确定】按钮 ✓，接受增加深度-9.012909，最后总钻深为-41.012909。再单击【确定】按钮 ✓，结束钻孔加工设置。

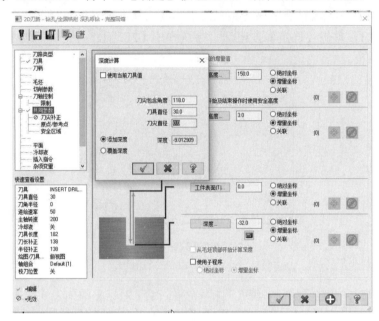

图3.142　设置共同参数

7)　选取图素铰 ϕ12H7 的孔

(1)　选取钻孔图素。

执行【刀路】|2D|【钻孔】命令，系统弹出【刀路孔定义】对话框，选取如图 3.143 所示的圆于点 P1 和 P2，单击【确定】按钮 ⊙，系统弹出【2D 刀路-钻孔/全圆铣削 深孔啄钻-完整回缩】对话框。

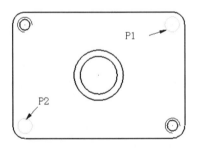

图3.143　选取钻孔图素

(2)　新建一把 ϕ12 铰刀。

在【2D 刀路-钻孔/全圆铣削 深孔啄钻-完整回缩】对话框的列表框中选择【刀具】选项，在空白位置处单击鼠标右键，在弹出的快捷菜单中选择【创建刀具】命令，在弹出的【定义刀具】对话框中选择【铰刀】选项，单击【下一步】按钮，在【定义刀具图形】选项设置界面中设置【刀齿直径】为12，单击【下一步】按钮，在【完成属性】选项设置界面中单击【完成】按钮。在【2D 刀路-钻孔/全圆铣削 深孔啄钻-完整回缩】对话框的刀具参数栏中设置如图 3.144 所示的参数值。

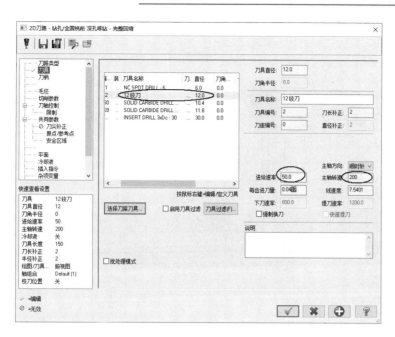

图 3.144　设置刀具参数

(3)　定义铰孔加工参数。

在列表框中选择【切削参数】，并选择 Bore#1(feed-out)加工方式，设置【暂停时间】为 0.2 s，如图 3.145 所示。

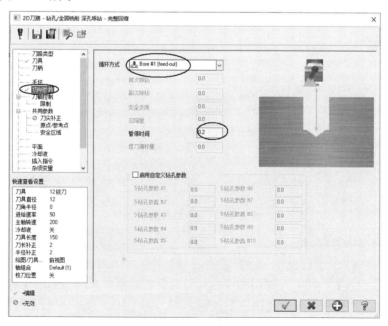

图 3.145　设置循环方式

(4)　共同参数的设置。

在列表框中选择【共同参数】选项，设置共同参数，如图 3.146 所示。再单击【确定】按钮，结束铰孔加工设置。

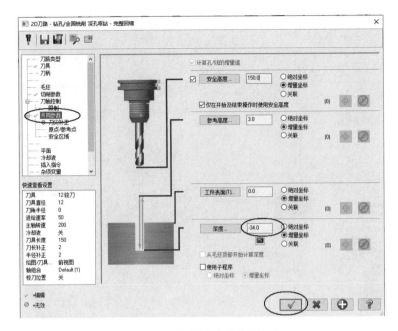

图 3.146　设置铰孔的共同参数

8)　选取图素攻 M12 螺纹孔

(1)　选取钻孔图素。

执行【刀路】|2D|【钻孔】命令，系统弹出【刀路孔定义】对话框，选取如图 3.147 所示的圆于点 P1 和 P2，单击【确定】按钮，系统弹出【2D 刀路-钻孔/全圆铣削 孔#1-进给退刀】对话框。

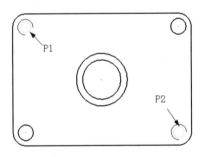

图 3.147　选取钻孔图素

(2)　从刀具库中选取刀具。

在【2D 刀路-钻孔/全圆铣削 孔#1-进给退刀】对话框的列表框中选择【刀具】选项，单击【选择刀库刀具】按钮，在弹出的【选择刀具】对话框中，取消选中【启用刀具过滤】复选框，选取φ12 右丝攻，单击【确定】按钮。在【2D 刀路-钻孔/全圆铣削 孔#1-进给退刀】对话框的刀具参数栏中设置如图 3.148 所示的参数值。

(3)　定义攻牙加工方式。

在列表框中选择【切削参数】选项，并选择【攻牙(G84)】加工方式，如图 3.149 所示。

(4)　共同参数的设置。

在列表框中选择【共同参数】选项，设置共同参数，如图 3.150 所示。再单击【确定】

按钮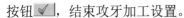，结束攻牙加工设置。

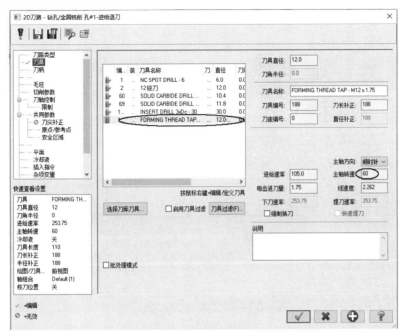

图 3.148　设置刀具参数

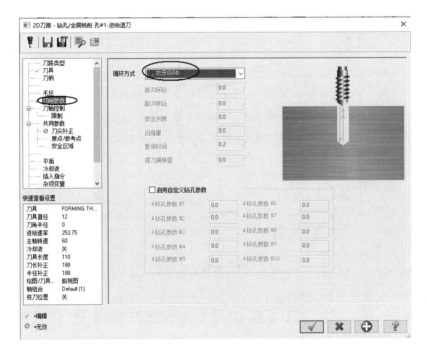

图 3.149　设置攻牙加工方式

9)　螺旋铣削 $\phi 39$ 的内孔

(1)　执行【刀路】|2D|【钻孔】命令，系统弹出【刀路孔定义】对话框，选取如图 3.151 所示的 $\phi 40$ 圆于点 P1，单击【确定】按钮，系统弹出【2D 刀路-螺旋铣孔】对话框。

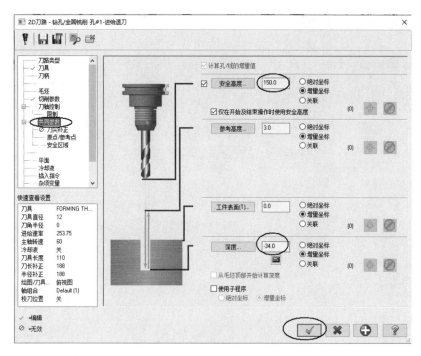

图 3.150   设置攻牙加工共同参数

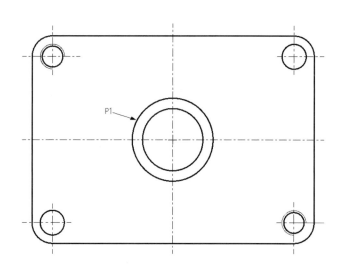

图 3.151   选取钻孔图素

(2)   选取螺旋铣孔刀路类型。

在列表框中选择【刀路类型】选项，单击【螺旋铣孔】刀路类型，如图 3.152 所示。

(3)   选取刀具并设置刀具参数。

在列表框中选择【刀具】选项，单击【选择刀库刀具】按钮，在弹出的【选择刀具】对话框中选择 ϕ20 平铣刀，单击【确定】按钮 ✓ 。在【2D 刀路-螺旋铣孔】对话框的刀具参数栏中设置如图 3.153 所示的参数值。

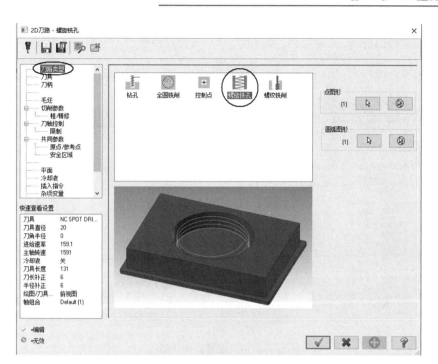

图 3.152　设置螺旋铣孔刀路类型

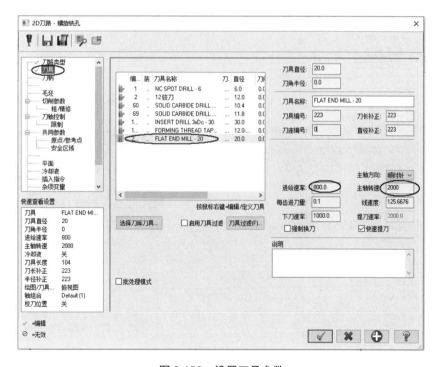

图 3.153　设置刀具参数

(4) 设置切削参数。

在列表框中选择【切削参数】选项，在对话框右侧设置参数，如图 3.154 所示。

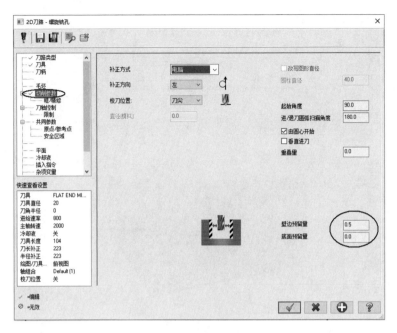

图 3.154 设置切削参数

(5) 设置粗/精修参数。

在列表框中选择【粗/精修】选项,在对话框右侧设置参数,如图 3.155 所示。

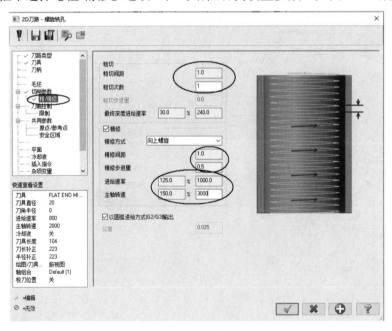

图 3.155 设置粗/精修参数

(6) 定义共同参数。

在列表框中选择【共同参数】选项,在对话框右侧设置参数,如图 3.156 所示。单击【确定】按钮 ,结束螺旋铣孔加工设置。

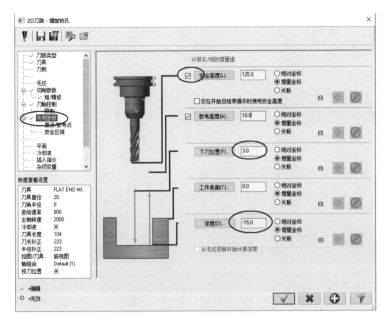

图 3.156　设置共同参数

10) 半精镗 ϕ 39.8 孔

(1) 选取镗孔图素。

执行【刀路】| 2D |【钻孔】命令，系统弹出【刀路孔定义】对话框，选取如图 3.157 所示的圆于点 P1，单击【确定】按钮 。

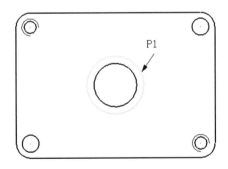

图 3.157　选取圆

(2) 新建刀具。

在【2D 刀路-钻孔/全圆铣削 攻牙-进给下刀。主轴反转-进给退刀】对话框的列表框中选择【刀具】选项，在空白位置处单击鼠标右键，在弹出的快捷菜单中选择【创建刀具】命令，系统弹出【定义刀具】对话框，如图 3.158 所示，选取【镗孔】选项，单击【下一步】按钮，在【定义刀具图形】选项设置界面中设置【刀齿直径】为 39.8，单击【下一步】按钮，在【完成属性】选项设置界面中单击【完成】按钮。在【2D 刀路-钻孔/全圆铣削 攻牙-进给下刀。主轴反转-进给退刀】对话框的刀具参数栏中设置如图 3.159 所示的参数值。

(3) 定义半精镗加工参数。

在列表框中选择【切削参数】选项，并选择 Bore#2(stop spindle,rapid out)加工方式，如

图 3.160 所示。

图 3.158 【定义刀具】对话框

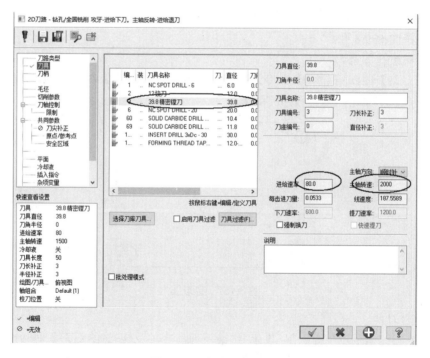

图 3.159 设置刀具参数

(4) 共同参数的设置。

在列表框中选择【共同参数】选项,设置共同参数,如图 3.161 所示。再单击【确定】按钮 ,结束半精镗孔加工设置。

11) 精镗φ40 孔

(1) 选取镗孔图素。

执行【刀路】|2D|【钻孔】命令,系统弹出【刀路孔定义】对话框,单击【选取图素】

按钮，选取如图 3.162 所示的圆于点 P1，单击【确定】按钮 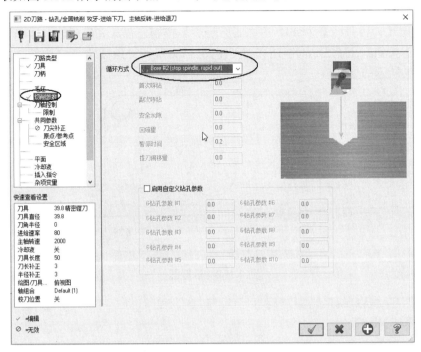。

图 3.160 设置加工类型

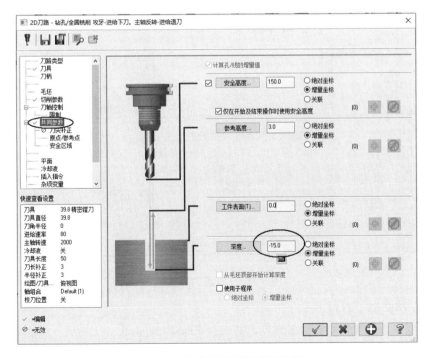

图 3.161 设置半精镗孔共同参数

(2) 新建刀具。

在【2D 刀路–钻孔/全圆铣削 Fine bore(shift)】对话框的列表框中选择【刀具】选项，

在空白位置处单击鼠标右键，在弹出的快捷菜单中选择【创建刀具】命令，系统弹出【定义刀具】对话框，选取【镗孔】选项，单击【下一步】按钮，在【定义刀具图形】选项设置界面中设置【刀齿直径】为40，单击【下一步】按钮，在【完成属性】选项设置界面中单击【完成】按钮。在【2D 刀路-钻孔/全圆铣削 Fine bore(shift)】对话框的刀具参数栏中设置如图 3.163 所示的参数值。

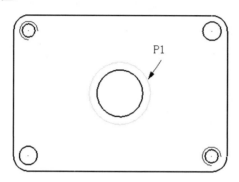

图 3.162　选取圆

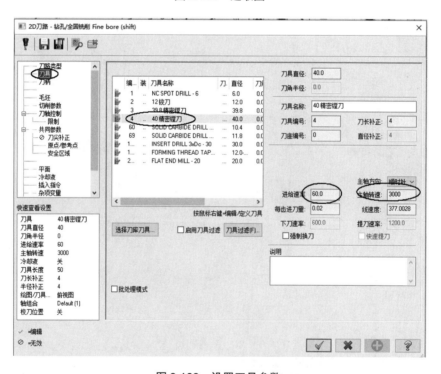

图 3.163　设置刀具参数

(3) 定义精镗加工参数。

在列表框中选择【切削参数】选项，并选择 Fine Bore(shift)加工方式，如图 3.164 所示。

(4) 共同参数的设置。

在列表框中选择【共同参数】选项，设置共同参数，如图 3.165 所示。再单击【确定】按钮 ✓ ，结束精镗孔加工设置。

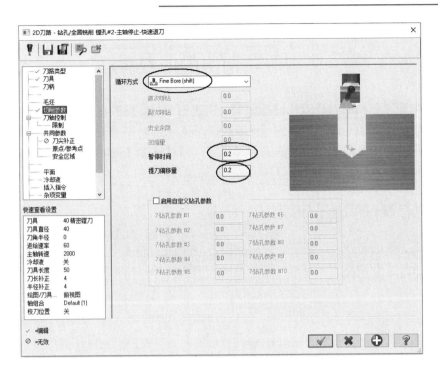

图 3.164　设置加工类型

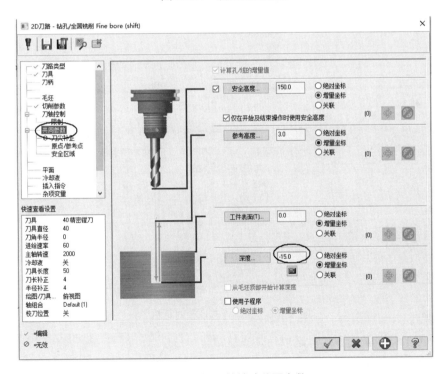

图 3.165　设置精镗孔共同参数

3.6　动态铣削(高速刀路)

动态铣削是完全利用刀具刃长进行切削，快速加工封闭型腔、开放凸台或先前操作剩余的残料区域。所谓的动态是指创建一个从外部切入内部的平滑受控运动，主要可以在刀具上保持恒定的切削负载以及最小的进刀和退刀。通过执行【刀路】|2D|【动态铣削】命令即可进入动态铣削加工操作。

3.6.1　动态铣削串连图形定义

在执行动态铣削命令时，系统会弹出如图 3.166 所示的【串连选项】对话框。串连图形的方式有五种，分别是加工范围、避让范围、空切区域、控制区域和进入串连。它们的含义如下。

图 3.166　【串连选项】对话框

- 【加工范围】选项组：选取待加工区域。
- 【避让范围】选项组：选取加工过程中应避让的区域。可以选择多个避让区域。
- 【空切区域】选项组：选取不含任何材料的区域，在加工时允许刀具通过。
- 【控制区域】选项组：选取控制刀具运动的区域。
- 【进入串连】选项组：通过选择串连图形让刀具能以自定义的位置和进入方式来加工零件。

区域选择策略不同和加工区域策略不同都会形成不同的刀具路径,最终会造成生成的零件各异,如图3.167所示。图3.167(a)设置矩形为加工范围,十字形为避让范围,采用了开放加工区域策略,可以看到刀路溢出了矩形加工范围,十字形范围因为避让被保留;图3.167(b)设置加工范围、避让范围与图3.167(a)相同,但采用了封闭加工区域策略,可以看到刀路被限制在矩形范围内,十字形范围被保留;图3.167(c)设置大矩形加工范围,因小矩形为已经存在的通孔,不需要进行加工,所以设置小矩形为空切区域,可以看到刀路穿过空切区域,不需要进行避让或抬刀,由于是封闭加工区域策略,刀路被限制在大矩形范围内;图3.167(d)设置大矩形为加工范围,十字形为避让范围,小矩形为控制区域,可以看到刀路被限制在除去避让范围的加工范围和控制区域的交集中;图3.167(e)设置十字形为加工范围,直线为进入串连,可以看到刀路按自定义的位置方式进入加工。

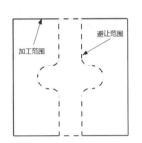 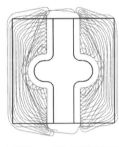 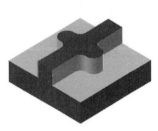

(a) 设置加工范围、避让范围和开放加工区域

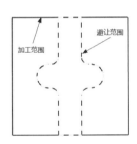 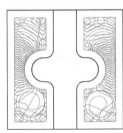 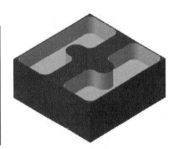

(b) 设置加工范围、避让范围和封闭加工区域

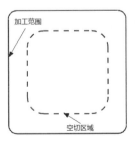 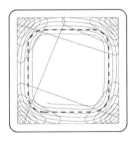 

(c) 设置加工范围、空切区域和封闭加工区域

图3.167 区域选择策略不同和加工区域策略不同对加工路径的影响

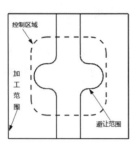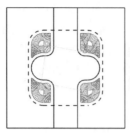

(d) 设置加工范围、避让范围和控制区域

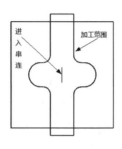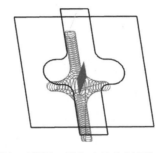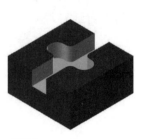

(e) 设置加工范围、进入串连和封闭加工区域

图 3.167　区域选择策略不同和加工区域策略不同对加工路径的影响(续)

3.6.2　动态铣削参数的设置

选择完要加工的区域后，就可进入【2D 高速刀路-动态铣削】对话框。其中的许多参数设置与 3.3 节介绍的挖槽加工参数的设置方式基本相同。下面仅介绍动态铣削特有的参数。

在列表框中选择【切削参数】选项，在右侧显示需要设置的切削参数，如图 3.168 所示。

- 【进刀引线长度】文本框：设置刀路首次切削前增加的距离，让刀具的下刀位置更加安全。
- 【第一刀补正】文本框：设置第一刀补正值，以减少不规则毛坯对刀具的影响。
- 【减少第一路径进给】文本框：设置第一刀进给与切削加工进给的百分比值。实际是减小进给速度，让第一刀切入更安全。
- 【步进量】文本框：设置 X 轴和 Y 轴上每次切削过程之间的距离。
- 【最小刀路半径】文本框：设置刀路之间连接的最小半径值，Mastercam 将此半径与【微量提刀距离】和【提刀进给速率】参数结合使用，以计算切削路径之间的三维圆弧运动。
- 【壁边预留量】文本框：设置在垂直的模型上留下的毛坯余料。
- 【底面预留量】文本框：设置在水平的模型上留下的毛坯余料。

微量提刀是刀具在完成切削后退出切削范围，并移动到下一个切削区域之间的刀路，可以设置一个微量提刀高度，这样刀具会在加工表面进行微小的提刀，既方便排屑，又可以释放刀具底部的热量。

- 【微量提刀距离】文本框：设置微量提刀的高度。
- 【提刀进给速率】文本框：设置微量提刀的移动速度。

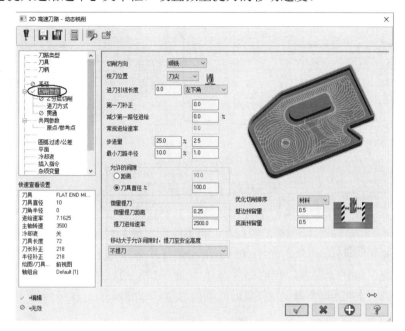

图 3.168　切削参数设置

3.6.3　范例(七)

如图 3.169 所示为零件加工图形。其中，图 3.169(a)所示为 85 mm×85 mm×35 mm 的长方体毛坯材料，材质为合金铝材，要求使用动态铣削和动态外形刀具路径加工出如图 3.169(b) 所示的零件，加工的零件图如图 3.169(c)所示。

操作步骤如下。

(1)　绘制如图 3.169(c)所示的实体图形。

(2)　设置绘图平面、刀具平面为俯视图。

(3)　进入动态铣削粗加工。

①　执行【机床】|【铣床】|【默认】命令。

②　执行【刀路】|2D|【动态铣削】命令。

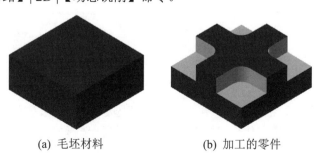

(a) 毛坯材料　　　　　(b) 加工的零件

图 3.169　零件加工图形

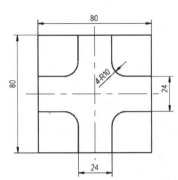

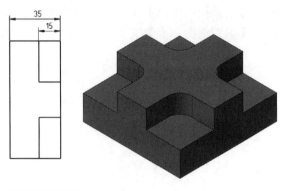

(c) 加工的零件图

图 3.169　零件加工图形(续)

③　系统弹出如图 3.170 所示的【串连选项】对话框，单击【加工范围】选项组中的【选取】按钮 🡒，系统弹出如图 3.171 所示的【线框串连】对话框，单击【模式】选项组中的【实体】按钮 ◻ ，再单击如图 3.172 所示的【实体串连】对话框中【选择方式】选项组中的【串连】按钮 ◻ ，在绘图区选择如图 3.173 所示的矩形，单击【实体串连】对话框中的【确定】按钮 ✓ ，结束加工范围的选取；设置【加工区域策略】为【开放】。

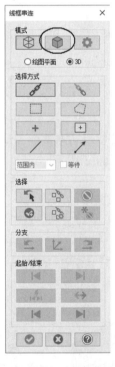

图 3.170　【串连选项】对话框　　图 3.171　【线框串连】对话框　　图 3.172　【实体串连】对话框

④　在【串连选项】对话框中，单击【避让范围】选项组中的【选取】按钮 🡒，系统弹出如图 3.172 所示的【实体串连】对话框，在绘图区选择如图 3.174 所示的十字线框，单击【实体串连】对话框中的【确定】按钮 ✓ ，结束避让范围的选取。再单击【串连选项】对话框中的【确定】按钮 ✓ 。

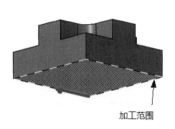

图 3.173 选取加工范围

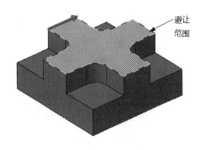

图 3.174 选取避让范围

⑤ 系统弹出【2D 高速刀路-动态铣削】对话框，选择【刀具】选项，单击【选择刀库刀具】按钮，系统弹出【选择刀具】对话框，通过对话框右边的滑块来查找所需要的刀具，选择 ϕ16 的平刀，设置【进给速率】为 1800，【主轴转速】为 3600，【下刀速率】为 800。

⑥ 在【切削参数】选项设置界面中设置切削参数，如图 3.175 所示。

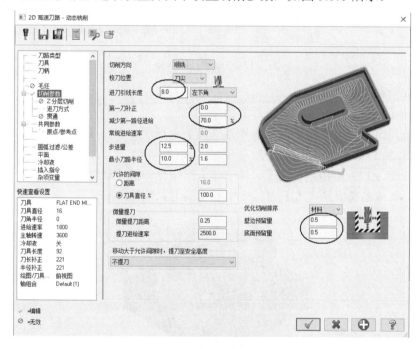

图 3.175 设置切削参数

⑦ 在【进刀方式】选项设置界面中设置下刀方式为【单一螺旋】。

⑧ 在【共同参数】选项设置界面中设置【工件表面】为 0，采用【绝对坐标】，设置【深度】为-15，采用【绝对坐标】，如图 3.176 所示。其他参数不再调整，按系统默认设置，单击【确定】按钮 ，完成动态铣削所有参数的设置。

💡 注意： 【共同参数】选项设置界面中【深度】参数的设置，如果在实体材料上表面选择线框作为加工范围，线框所在的 Z 坐标值的属性会被系统自动保留。本例中加工范围的绝对坐标深度值系统默认为-35，相对坐标值为 0，而实际上要加工的绝对坐标深度值为-15，一定要记得修改，否则会造成加工失败。

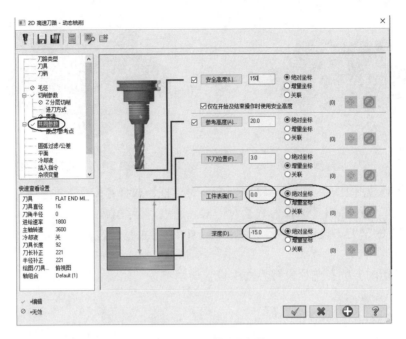

图 3.176　设置共同参数

（4）　进入动态外形精加工。

①　执行【刀路】| 2D |【动态外形】命令。

②　系统弹出如图 3.170 所示的【串连选项】对话框，单击【加工范围】选项组中的【选取】按钮 ，系统弹出如图 3.172 所示的【实体串连】对话框，在绘图区顺时针选取十字线框，如图 3.177 所示，单击【实体串连】对话框中的【确定】按钮 ，结束加工范围的选取。再单击【串连选项】对话框中的【确定】按钮 。

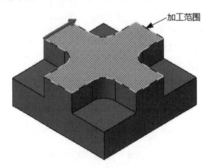

图 3.177　选取加工范围

③　系统弹出【2D 高速刀路-动态外形】对话框，选择 $\phi 16$ 的平刀，设置【进给速率】为 1500，【主轴转速】为 4000，【下刀速率】为 800。

④　在【切削参数】选项设置界面中设置切削参数，如图 3.178 所示。

⑤　在【精修】选项设置界面中设置精修参数，如图 3.179 所示。

⑥　在【共同参数】选项设置界面中设置【工件表面】为 0，采用【绝对坐标】，设置【深度】为-15，采用【绝对坐标】，如图 3.176 所示。其他参数不再调整，按系统默认设置，单击【确定】按钮 完成动态外形精加工所有参数的设置。

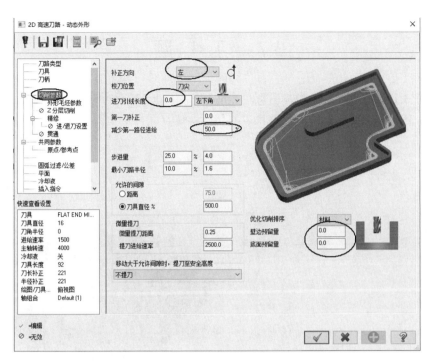

图 3.178　设置切削参数

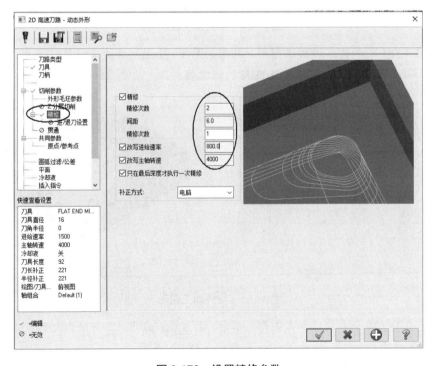

图 3.179　设置精修参数

(5) 设置工件毛坯材料并进行实体验证。

实体验证加工完成结果如图 3.169(b)所示。

3.7 习　题

1. 如图 3.180 所示为零件加工图形。其中，图 3.180(a)所示为链轮齿槽轮廓图形，已知链轮齿宽为 19 mm，要求采用外形铣削刀路进行加工；实体验证结果如图 3.180(b)所示。

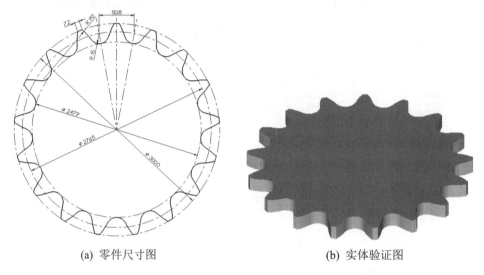

(a) 零件尺寸图　　　　　　　　　　(b) 实体验证图

图 3.180　零件加工图形

2. 如图 3.181 所示为零件加工图形。其中，图 3.181(a)所示为工件尺寸图形，毛坯材料为 100 mm× 80 mm×20 mm，要求采用挖槽模组进行加工，实体验证结果如图 3.181(b)所示。

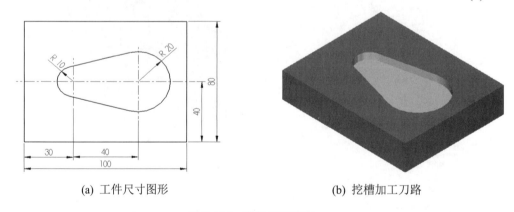

(a) 工件尺寸图形　　　　　　　　　　(b) 挖槽加工刀路

图 3.181　零件加工图形

3. 如图 3.182 所示为零件加工图形。其中，图 3.182(a)所示工件的内槽需要加工，要求采用适当的刀路进行加工，实体验证结果如图 3.182(b)所示。

提示：用合适直径的平铣刀进行挖槽加工，再用 $\phi 4$ 的球刀进行外形铣削，或采用牛鼻刀进行挖槽加工。

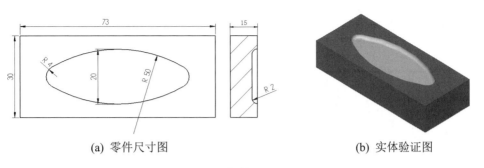

(a) 零件尺寸图　　　　　　　　　　　　　(b) 实体验证图

图 3.182　零件加工图形

4. 如图 3.183 所示为文字图形。其中，图 3.183(a)所示的文字图形需要加工，毛坯材料为 150 mm×60 mm×20 mm，其中文字高为 40 mm，字体为华文彩云(文字经过处理后再进行镜像操作)。要求采用木雕刀路加工深度为 0.7 mm 的文字，实体验证结果如图 3.183(b)和图 3.183(c)所示。

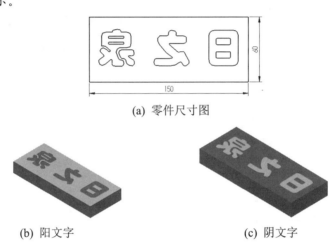

(a) 零件尺寸图

(b) 阳文字　　　　　　　　　　　　(c) 阴文字

图 3.183　文字图形

5. 如图 3.184 所示为零件加工图形。其中，图 3.184(a)所示的工件图形需要加工上端平面和凹槽，要求采用适当的刀路进行加工，实体验证结果如图 3.184(b)所示。

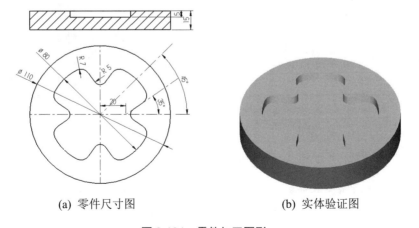

(a) 零件尺寸图　　　　　　　　　　　　(b) 实体验证图

图 3.184　零件加工图形

6. 如图 3.185 所示为零件加工图形。其中，图 3.185(a)所示的工件图形需要加工，要求采用适当的刀路进行加工，实体验证结果如图 3.185(b)所示。

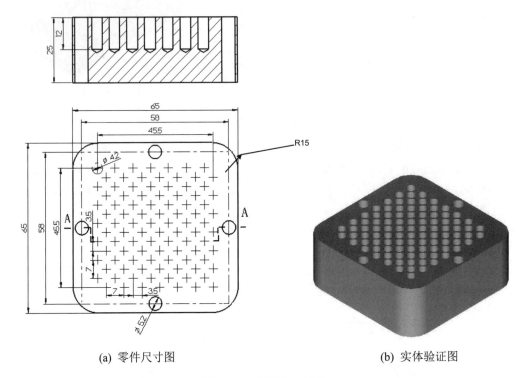

(a) 零件尺寸图　　　　　　　　　　(b) 实体验证图

图 3.185　零件加工图形

7. 如图 3.186 所示为零件加工图形。其中，图 3.186(a)所示的工件图形需要加工，要求采用适当的刀路进行加工，实体验证结果如图 3.186(b)所示。

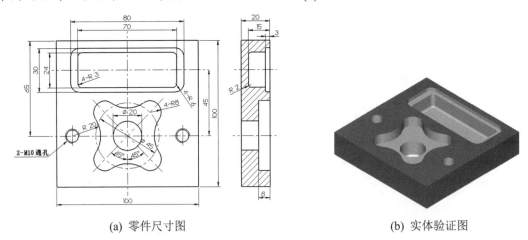

(a) 零件尺寸图　　　　　　　　　　(b) 实体验证图

图 3.186　零件加工图形

8. 如图 3.187 所示为零件加工图形。其中，图 3.187(a)所示的工件图形需要加工，要求采用适当的动态刀路进行加工，实体验证结果如图 3.187(b)所示。

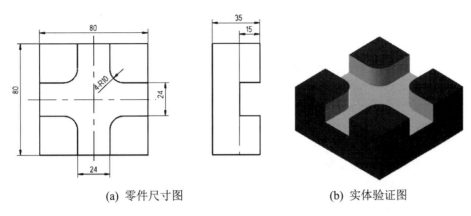

(a) 零件尺寸图　　　　　　　　(b) 实体验证图

图 3.187　零件加工图形

9. 如图 3.188 所示为零件加工图形。其中，图 3.188(a)所示的工件图形需要加工，要求采用适当的动态刀路进行加工，实体验证结果如图 3.188(b)所示。

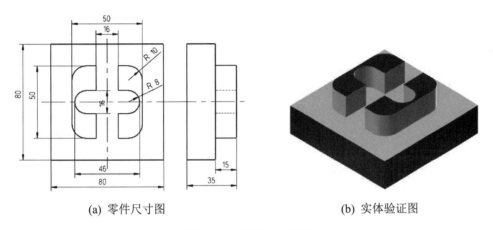

(a) 零件尺寸图　　　　　　　　(b) 实体验证图

图 3.188　零件加工图形

第4章　三维线框及曲面的绘制

Mastercam 不仅具有强大的二维绘图功能，还具有同样强大的三维绘图功能，利用其三维绘图功能可以绘制各种三维的曲线、曲面及实体等，同时还可以编辑三维对象。本章将介绍绘制及编辑三维对象。Mastercam 中的三维模型可以分为线框模型、曲面模型以及实体模型，这三种模型从不同角度来描述一个物体，各有侧重、各具特色，用户可以根据不同的需要进行选择，如图 4.1 所示。

|(a) 线框模型|(b) 曲面模型|(c) 实体模型|

图 4.1　三维模型

4.1　三维线框的绘制

线框用来描述三维对象的轮廓，主要由点、线、曲线等组成，不具有面和体的特征，不能进行消隐、渲染，也不能直接用于产生三维曲面刀具路径，但三维曲面和实体必须在三维线框的基础上生成，所以下面就来介绍三维线框的绘制。

4.1.1　三维线框构图的基本概念

1. 视角的设定

通过设置不同的视角来观察所绘制的三维图形，随时查看绘图效果，以便及时进行修改和调整。在【视图】选项卡的【屏幕视图】工具栏(见图 4.2)中和在绘图区单击鼠标右键弹出的快捷菜单(见图 4.3)中有多个用于改变视角的命令按钮，下面将分别介绍。

- 【俯视图】按钮📦：单击此按钮，系统将当前视角设置为俯视视角。
- 【等视图】按钮📦：单击此按钮，系统将当前视角设置为等角视角。
- 【右视图】按钮📦：单击此按钮，系统将当前视角设置为右视视角。
- 【前视图】按钮📦：单击此按钮，系统将当前视角设置为前视视角。

- 【左视图】按钮：单击此按钮，系统将当前视角设置为左视视角。
- 【后视图】按钮：单击此按钮，系统将当前视角设置为后视视角。
- 【仰视图】按钮：单击此按钮，系统将当前视角设置为仰视视角。
- 【旋转】按钮：单击此按钮，在绘图区选取一点后，通过移动光标可以动态地改变当前的视角。

图 4.2　【屏幕视图】工具栏　　　　图 4.3　快捷菜单

2. 绘图平面的设定

在绘制几何图形之前，必须先指定绘图平面，几何图形要绘制在所指定的平面上。在 Mastercam 状态栏的【绘图平面】菜单(见图 4.4(a))和操作管理器的【平面】选项卡(见图 4.4(b))中有多个用于改变绘图平面的选项。

(a)【绘图平面】菜单　　　　(b)【平面】选项卡

图 4.4　绘图平面设置

1) 常见绘图平面

- 【俯视图】：选择此命令，系统将当前绘图平面设置为俯视绘图平面。
- 【前视图】：选择此命令，系统将当前绘图平面设置为前视绘图平面。
- 【后视图】：选择此命令，系统将当前绘图平面设置为后视绘图平面。
- 【仰视图】：选择此命令，系统将当前绘图平面设置为仰视绘图平面。
- 【右视图】：选择此命令，系统将当前绘图平面设置为右视绘图平面。
- 【左视图】：选择此命令，系统将当前绘图平面设置为左视绘图平面。
- 【等视图】：选择此命令，系统将当前绘图平面设置为等角视绘图平面。
- 【反向等视图】：选择此命令，系统将当前绘图平面设置为从反面投影的等角视绘图平面。
- 【不等角视图】：选择此命令，系统将当前绘图平面设置为不等角视绘图平面。

2) 创建新平面

当一些常见绘图平面不能满足用户需求时，用户还可以通过单击操作管理器【平面】选项卡中的【创建新平面】下拉按钮✚ ˙(见图 4.5)，来寻找需要的创建平面功能。

图 4.5　创建新平面功能

- 【依照图形】按钮：单击此按钮，用户通过选取所需面(如 2 条线、3 个点)来定义当前绘图平面。
- 【依照实体面】按钮：单击此按钮，系统将用户选择的实体面作为当前的绘图平面。
- 【依照屏幕视图】按钮：单击此按钮，系统将当前视角设置为当前绘图平面。
- 【依照图素法向】按钮：单击此按钮，通过选取一条直线来定义绘图平面，绘图平面法线方向与选取的直线平行。

- 【相对于 WCS】：相对于当前 WCS 平面，创建一个相对的标准构图平面。
- 【动态】按钮👆：单击此按钮，在绘图区选择定面图素并调整动态坐标指针定义绘图平面。也可单击绘图区左下方的 WCS 坐标指针，软件同样也会弹出动态指针进行确定绘图平面的操作。
- 【快捷绘图平面】按钮👆：通过选取实体面快速创建绘图平面，此功能仅针对实体定面绘图，刀具平面不会跟随变化。

3. Z(深度)的设定

设置完绘图平面后，需进行 Z 深度的设置，同一个绘图平面，由于绘图平面 Z 深度的不同，所绘制的几何图形所处的空间位置也不相同。如图 4.6 所示的状态栏中有 Z 的数值显示，为 0.0，它所表达的意义为当前所绘制的几何图素距当前基准绘图平面的垂直距离为 0。这时的 Z 并不代表 Z 坐标，而是代表当前绘制的图素与当前基准面的垂直距离。

图 4.6　设置绘图平面 Z

图 4.7 所示为等角视图，绘图平面为前视绘图平面，在图上画有两个圆，它们都在同一个绘图平面上，但前面(左边)的圆所在的绘图平面 Z 深度为 5，后面(右边)的圆所在的绘图平面 Z 深度为-5。

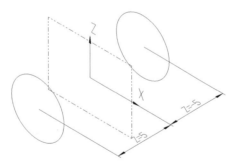

图 4.7　前视绘图平面上 Z 值的设定

图 4.8 所示为等角视图，绘图平面为右视绘图平面，在图上画有两个圆，它们都在同一个绘图平面上，但右边的圆所在的绘图平面 Z 深度为 5，左边的圆所在的绘图平面 Z 深度为-5。

图 4.9 所示为等角视图，绘图平面为俯视绘图平面，在图上画有两个圆，它们都在同一个绘图平面上，但上面的圆所在的绘图平面 Z 深度为 5，下面的圆所在的绘图平面 Z 深度为-5。

4. 绘图平面 2D/3D

在如图 4.10 所示的状态栏中有一个 2D/3D 切换按钮，在 2D 模式下，所有图形都绘制在当前绘图平面上，绘图深度由系统设置的 Z(深度)决定；在 3D 模式下，所绘制的图形不受当前系统 Z(深度)和绘图平面设置约束，它由所捕捉的点位置决定。如图 4.11(a)所示系统设置绘图平面为俯视图，绘图深度为 25，绘图模式为 2D 模式，在绘图区捕捉点 P1 和点 P2，结果绘制的直线位于深度为 25 的俯视图上；如图 4.11(b)所示系统设置绘图平面为俯视图，绘图深度为 25，绘图模式为 3D 模式，在绘图区捕捉点 P1 和点 P2，结果绘制的直线为一条空间斜线。

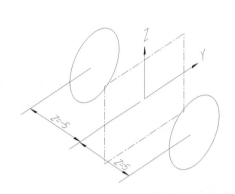

图 4.8　右视绘图平面上 Z 值的设定

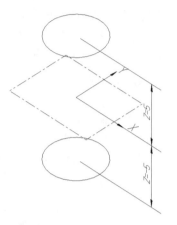

图 4.9　俯视绘图平面上 Z 值的设定

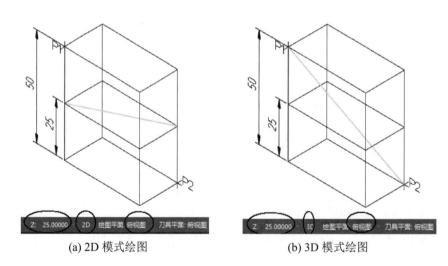

图 4.10　2D/3D 切换按钮

(a) 2D 模式绘图　　　　　　　(b) 3D 模式绘图

图 4.11　2D/3D 模式绘图

4.1.2　范例(八)

例 4.1　绘制如图 4.12 所示的图形。

操作步骤如下。

(1) 在俯视绘图平面上绘制一个矩形,并用它生成立方体。

① 切换到【线框】选项卡,单击工具栏中的【矩形】按钮□,系统弹出【矩形】对话框,如图 4.13 所示。先选中【矩形中心点】复选框,再在【宽度】下拉列表框中输入"60"、【高度】下拉列表框中输入"50",单击【原点】按钮⊥,确认矩形的中心点,然后再单击对话框中的【确定】按钮✅。

② 切换到【转换】选项卡,单击【平移】按钮🖊。在绘图区窗选绘制的矩形,按 Enter 键确定。在【平移】

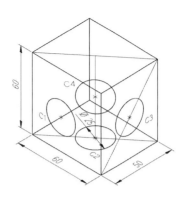

图 4.12 线形构架

对话框中选中【连接】单选按钮,输入 Z 方向的移动距离为 60,如图 4.14 所示,单击对话框中的【确定】按钮✅。在绘图区单击鼠标右键,在弹出的快捷菜单中单击【等视图】按钮📦,结果如图 4.15 所示。

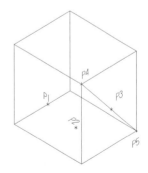

图 4.13 【矩形】对话框　　　　图 4.14 【平移】对话框　　　　图 4.15 绘制长方体

(2) 绘制位于前视绘图平面上的圆弧 C1。

① 单击状态栏中的【绘图平面】下拉按钮,选择前视图,设定 Z 深度为 0,绘图模式为 3D 模式。

② 切换到【线框】选项卡,单击【已知点画圆】按钮⊙,系统弹出【已知点画圆】对话框。在绘图区捕捉直线的中点于 P1(见图 4.15),确定圆心位置,在【已知点画圆】对

话框中输入直径"25"，并单击锁住按钮 🔒，将直径锁定。单击【应用】按钮 ⚙，结果如图 4.16 所示。

(3) 绘制位于俯视绘图平面上的圆弧 C2。

单击状态栏中的【绘图平面】下拉按钮，选择俯视图，设定 Z 深度为 0。在绘图区捕捉原点于 P2(见图 4.15)，单击【应用】按钮 ⚙，结果如图 4.16 所示。

(4) 绘制位于右视绘图平面上的圆弧 C3。

单击状态栏中的【绘图平面】下拉按钮，选择左视图，在状态栏中输入 Z 深度为 −30(或者直接捕捉点 P4)，确定绘图深度 Z 值，如图 4.15 所示。在【已知点画圆】对话框中单击【重新选择】按钮，输入坐标值(0, 30)确定点 P3(见图 4.15)绘制圆弧(或单击绘图区目标选取工具条中【光标】下拉列表中的【两点中心】按钮 ✐，选取点 P4 和点 P5，系统会自动捕捉到两点的中心点 P3)，单击【确定】按钮 ⚙。结果如图 4.16 所示。

(5) 绘制 3 条直线。

① 单击【线框】选项卡中的【连续线】按钮 ✐。指定第一个端点，捕捉直线的端点于点 P1；指定第二个端点，捕捉直线的端点于点 P2(见图 4.16)，单击【应用】按钮 ⚙，结果如图 4.17 所示。

② 在绘图区捕捉点 P3(见图 4.16)，再捕捉点 P4(见图 4.16)，绘制直线 L2，单击【应用】按钮 ⚙，结果如图 4.17 所示。

③ 在绘图区捕捉点 P5(见图 4.16)，再捕捉点 P6(见图 4.16)，绘制直线 L3，单击【确定】按钮 ⚙，结果如图 4.17 所示。

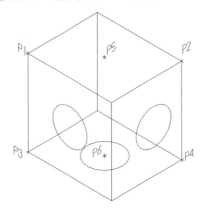

图 4.16　在不同的绘图平面上绘制圆弧

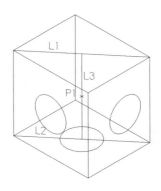

图 4.17　绘制空间直线

(6) 用图素定面绘制圆弧。

① 切换到操作管理器中的【平面】选项卡，单击【创建新平面】下拉按钮 ✚，单击【依照图形】按钮 📦(见图 4.18)，选取直线 L1，再选取直线 L3(见图 4.17)，系统弹出如图 4.19 所示的【选择平面】对话框，单击【确定】按钮 ☑，系统继续弹出如图 4.20 所示的【新建平面】对话框，单击【确定】按钮 ⚙。

② 切换到操作管理器中的【平面】选项卡，单击【平面】栏中的 C 单元格(见图 4.21)，设置绘图平面为新建的平面。

③ 切换到【线框】选项卡，单击【已知点画圆】按钮 ⊙，在绘图区捕捉直线 L3 的

中点 P1(见图 4.17)，确定圆心位置，单击【确定】按钮，结果如图 4.22 所示。

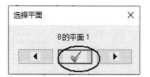

图 4.18　【平面】选项卡　　图 4.19　【选择平面】对话框　　图 4.20　【新建平面】对话框

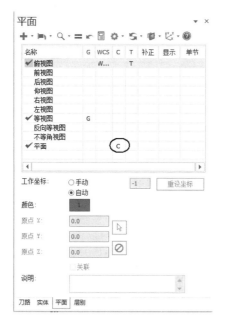

图 4.21　设置新建的平面为绘图平面

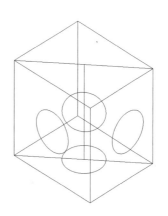

图 4.22　在新建平面上绘制圆弧

4.1.3 习题

绘制如图 4.23 所示的图形(图形的左下角为图形的原点)，并填写表 4.1。

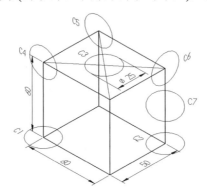

图 4.23 绘制图形

表 4.1 绘制图 4.23 所示的图形所需的数据

圆 弧	视 角	构 图 面	Z 深度	圆心坐标
C1				
C2				
C3				
C4				
C5				
C6				
C7				

4.2 曲面的绘制

4.2.1 基本曲面

曲面是工程对象中大量存在的一种几何型面，例如汽车的外形、模具的型腔、叶片的外形等都是曲面。在 Mastercam 中，曲面是一个非常重要的内容，是把线框进一步处理之后所得到的结果。可以定义曲面的形状，还可以定义曲面的边界。曲面还可以直接用来生成加工刀具路径。曲面能提供比线架更多的资料，并且能够被编辑和渲染。【曲面】选项卡如图 4.24 所示。

Mastercam 提供了圆柱体、立方体、球体、圆锥体及圆环体 5 种形状的基本曲面。这些基本曲面的创建已模块化，通过选择或输入 5 种基本曲面的特征参数，系统将自动生成唯一相应的曲面体。同时，系统还支持用光标在绘图区直接动态绘制基本曲面体，应用起来很方便。

图 4.24 【曲面】选项卡

1. 圆柱体

单击【圆柱】按钮，打开【基本 圆柱体】对话框，从上到下依次设置半径、高度、扫描起始角度和结束角度、轴向以及圆柱体轴的定位，其中圆柱体轴可分别使用坐标轴、直线和两点定位。

构建圆柱体面的操作步骤如下。

(1) 单击【圆柱】按钮，在弹出的【基本 圆柱体】对话框中设置参数，如图 4.25 所示。

(2) 单击【原点】按钮，确认圆柱体的基准点，单击对话框中的【确定】按钮。

(3) 右键单击，单击快捷菜单中的【等视图】按钮，结果如图 4.26 所示。

图 4.25 【基本 圆柱体】对话框

2. 立方体

单击【立方体】按钮，打开【基本 立方体】对话框，如图 4.27 所示。创建立方体需要定义的参数有长度、宽度、高度、轴向、立方体的旋转角度、基准点(固定的位置)等。在默认状态下，长度与 X 轴对应，宽度与 Y 轴对应，高度与 Z 轴对应，如图 4.28 所示。

3. 球体

球体的构建比较简单，两个特征参数就可唯一确定一个球体，即球体的半径和球心的位置，而扫描角度决定球体的完整性。构建标准球体(见图 4.29)的方法与构建圆柱体的方法相同，操作步骤与构建圆柱体的操作步骤类似。

4. 圆锥体

圆锥体造型用于构建标准的圆台。构建标准圆台的操作步骤与构建圆柱体的操作步骤类似，区别是要输入圆锥角度或圆锥顶部半径(见图 4.30)，因此可参照圆柱体的构建方法去构建圆台。

5. 圆环体

圆环体的构建主要是确定圆环的半径和圆管的半径，如图 4.31 所示。其他参数的意义和前面几个基本曲面相同，可参照进行操作。

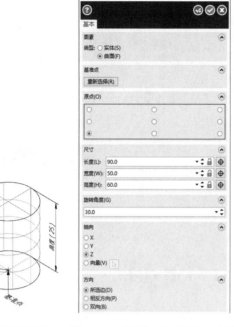

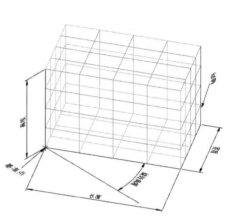

图 4.26　绘制圆柱体　　图 4.27　【基本 立方体】对话框　　图 4.28　立方体的参数示意

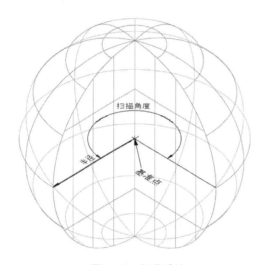

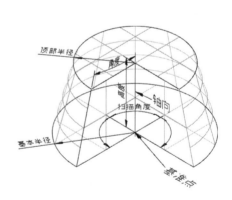

图 4.29　标准球体

图 4.30　圆台体

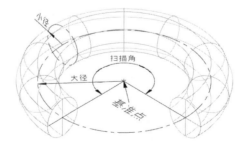

图 4.31　圆环体

4.2.2　举升

举升曲面是在两个或两个以上的线段或曲线之间生成曲面。切换到【曲面】选项卡,单击【举升】按钮▓,系统要求选取构造曲面图素并弹出如图 4.32 所示的【直纹/举升曲面】对话框。

在生成直纹曲面和举升曲面时应注意以下几点。

(1) 选取的每一个截面外形的起始点的位置要一致,否则会产生扭曲的曲面,如图 4.33 所示。

图 4.32　【直纹/举升曲面】对话框

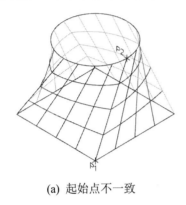

(a) 起始点不一致

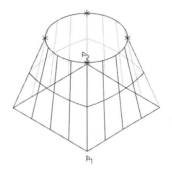

(b) 起始点一致

图 4.33　选取截面外形的起始点

(2) 有时为了能使几个截面图素对应一致,需要将一个图素打断成几个图素。如图 4.34 所示,矩形由 4 段图素组成,圆为一个图素,为了使矩形和圆弧的图形一致,必须将圆形打断成 4 段。

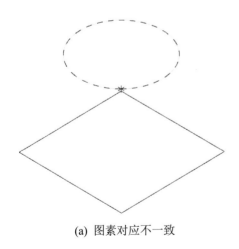

(a) 图素对应不一致

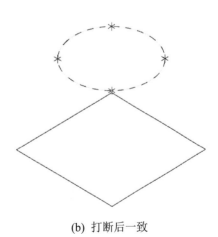

(b) 打断后一致

图 4.34　用打断的方法让起始点一致

(3) 所有截面外形的串接方向应相同,如果将某一个截面外形的串接方向逆转,将会得出错误的图形,如图 4.35 和图 4.36 所示。

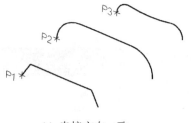

(a) 串接方向一致

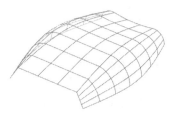

(b) 正确的曲面图形

图 4.35　截面外形串接方向一致

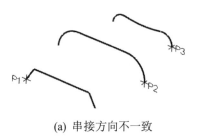

(a) 串接方向不一致　　　　　　　　　　　(b) 扭曲的曲面图形

图 4.36　截面外形串接方向不一致

(4) 外形必须依次选取，如果没有依次选取，可能会产生非预期的曲面形状，如图 4.37 和图 4.38 所示。

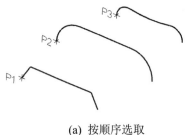

(a) 按顺序选取

(b) 正确的曲面图形

图 4.37　按顺序正确选取截面外形

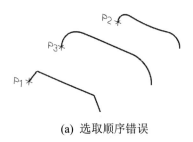

(a) 选取顺序错误

(b) 扭曲的曲面图形

图 4.38　乱序选取截面外形

(5) 当外形的数量很多时，可以采用俯视视角选取外形。如果采用等视图来选取外形，可能会使外形看起来混淆不清，如图 4.39 所示。

(a) 等视图不易选取

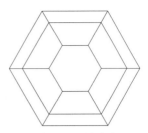

(b) 俯视图更易选取

图 4.39　采用俯视图选取截面外形更容易

在【直纹/举升曲面】对话框中有【直纹】、【举升】两种曲面类型，直纹曲面是在选取的图素之间拉直线，举升曲面是在选取的图素之间拉曲线。如图 4.40(a)所示图形为直纹曲面，图 4.40(b)所示图形为举升曲面。

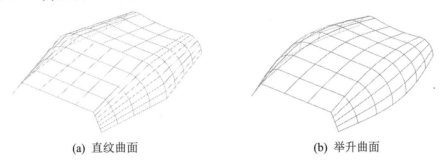

(a) 直纹曲面　　　　　　　　　　　　　　　(b) 举升曲面

图 4.40　直纹曲面与举升曲面

4.2.3　范例(九)

例 4.2　绘制如图 4.41 所示的线形构架，并生成直纹曲面。

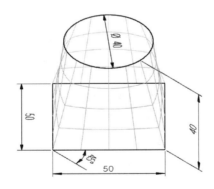

图 4.41　线形构架及曲面

操作步骤如下。

1)　在俯视绘图平面上绘制矩形和圆弧

(1)　设置屏幕视图为【俯视图】，在状态栏中设置绘图平面为【俯视图】，设定 Z 深度为 0，如图 4.42 所示。

图 4.42　设置屏幕视角、绘图平面及绘图深度

（2）切换到【线框】选项卡，单击【矩形】下拉按钮，再单击【圆角矩形】按钮□。

（3）单击【原点】按钮捕捉原点作为定位基准点，在【矩形形状】对话框中设置矩形的宽为 50、高为 50、旋转角度为 45°、固定位置点为中心点，单击【确定】按钮，完成矩形的绘制。

（4）单击状态栏中的 Z 文本框，输入绘图深度为 40，设置绘图模式为 2D。

（5）切换到【线框】选项卡，单击【已知点画圆】按钮⊙，系统弹出【已知点画圆】对话框，在绘图区单击【原点】按钮，确认圆心点在原点，在【已知点画圆】对话框中输入直径"40"，单击【确定】按钮，结果如图 4.43 所示。

2）将圆打断成 4 等分

（1）切换到【线框】选项卡，单击【两点打断】下拉按钮，再单击【打断成多段】按钮※。

（2）在绘图区选取圆，单击【结束选择】按钮，在弹出的【打断成若干断】对话框中进行设置，如图 4.44 所示，单击【确定】按钮，结果如图 4.45 所示。

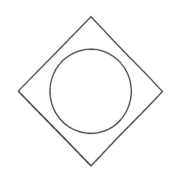

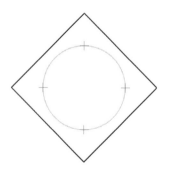

图 4.43　绘制矩形和圆　　图 4.44　【打断成若干断】对话框　　图 4.45　将圆打断成 4 段

3)　生成直纹曲面

(1)　切换到【层别】选项卡，单击【添加新层别】按钮 **＋**，就可设置当前层为 2 号层，将 2 号层的名称改为"直纹曲面"，如图 4.46 所示。

(2)　切换到【曲面】选项卡，单击【举升】按钮 ，系统弹出如图 4.47 所示的【线框串连】对话框，单击【串连】按钮 ，在绘图区选取圆于点 P1，选取矩形于点 P2(见图 4.48)，注意选取方向要一致，单击【线框串连】对话框中的【确定】按钮 。在弹出的【直纹/举升曲面】对话框中单击【确定】按钮，在快捷菜单中设置屏幕视图为【等视图】，结果如图 4.49 所示。

图 4.46　【层别】选项卡

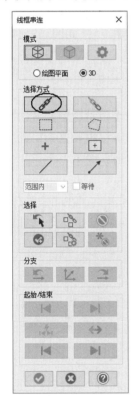

图 4.47　【线框串连】对话框

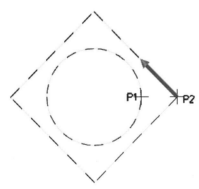

图 4.48　选取串连外形

图 4.49　直纹曲面

例 4.3　绘制如图 4.50 所示的线形构架，并生成直纹曲面，如图 4.51 所示。

注：在作图之前先认定图形的中心(即两中心线的交点)所在的坐标为原点(0,0)。

1)　在俯视绘图平面上绘制两个辅助矩形

(1)　在快捷菜单中设置屏幕视图为【俯视图】，在状态栏中设置绘图平面为【俯视图】，设定 Z 深度为 0。

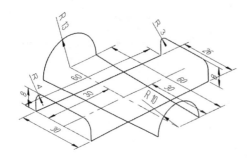

图 4.50　线形构架

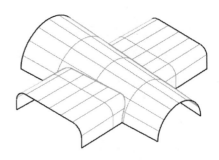

图 4.51　直纹曲面

（2）切换到【线框】选项卡，单击【矩形】按钮□。先选中【矩形】对话框中的【矩形中心点】复选框，单击【原点】按钮，确认矩形的中心点，再在【宽度】文本框中输入"60"、【高度】文本框中输入"20"，单击【应用】按钮，绘制完成第一个矩形。

（3）绘制第二个矩形。单击【原点】按钮，确认矩形的中心点，再在【宽度】文本框中输入"20"、【高度】文本框中输入"60"，单击【确定】按钮，结果如图 4.52 所示。

2）在前视绘图平面上绘制两个矩形

（1）在快捷菜单中设置屏幕视图为【等视图】，在状态栏中设置绘图平面为【前视图】，设定 Z 深度为 0、绘图模式为 3D。

（2）切换到【线框】选项卡，单击【矩形】下拉按钮，再单击【圆角矩形】按钮□。在绘图区捕捉直线的中点 P1 作为定位基准点，在【矩形形状】对话框中设置矩形的宽为 30、高为 8，固定位置点为下边线中点，单击【应用】按钮。绘制完成第一个矩形，如图 4.53 所示。

（3）绘制第二个矩形。在绘图区捕捉直线的中点 P2 作为定位基准点，在【矩形形状】对话框中设置矩形的宽为 26、高为 8，固定位置点为下边线中点，单击【确定】按钮，结果如图 4.53 所示。

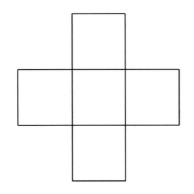

图 4.52　绘制两个辅助矩形

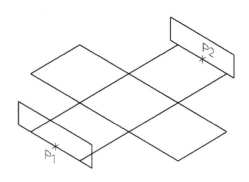

图 4.53　绘制两个矩形

3）在右视绘图平面上绘制两个圆弧

（1）在快捷菜单中设置屏幕视图为【等视图】，在状态栏中设置绘图平面为【右视图】，设定 Z 深度为 0、绘图模式为 3D。

（2）　单击【极坐标画弧】按钮，如图 4.54 所示在绘图区选择直线的中点 P1 作为圆心定位点，选择直线的端点 P2 作为圆弧的起始角度点，选择直线的端点 P3 作为终止角度点，在【极坐标画弧】对话框的【半径】文本框中输入"13"。单击【应用】按钮，绘制完成第一个圆弧。

（3）　如图 4.54 所示在绘图区选择直线的中点 P4 作为圆心定位点，选择直线的端点 P5 作为圆弧的起始角度点，选择直线的端点 P6 作为终止角度点，在【极坐标画弧】对话框的【半径】文本框中输入"10"。单击【确定】按钮结束极坐标圆弧绘制。

4）　删除多余的图素

在绘图区选取要删除的两个辅助矩形和多余的直线，按键盘上的 Delete 键，结果如图 4.55 所示。

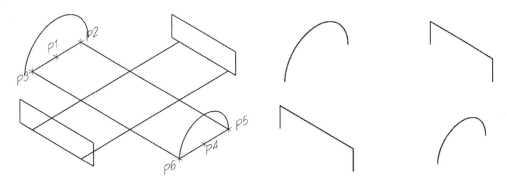

图 4.54　绘制两个圆弧　　　　　　　　　图 4.55　删除多余的图素

5）　绘制 4 条直线，并对矩形倒圆角

（1）　单击【线框】选项卡中的【连续线】按钮，在绘图区捕捉直线的端点进行连线，绘制 4 条直线，单击【确定】按钮，结果如图 4.56 所示。

（2）　单击【修剪】工具栏中的【图素倒圆角】按钮，系统弹出【图素倒圆角】对话框。在对话框的【半径】文本框中输入"4"，并选中【修剪图素】复选框。在绘图区选取第一个图素于点 P1(见图 4.57)，选取另一个图素于点 P2；再选取第一个图素于点 P3，选取另一个图素于点 P4。单击【应用】按钮。

（3）　在对话框的【半径】文本框中输入"3"，在绘图区选取第一个图素于点 P5，选取另一个图素于点 P6；再选取第一个图素于点 P7，选取另一个图素于点 P8。单击【确定】按钮。

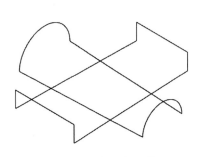

图 4.56　绘制 4 条直线

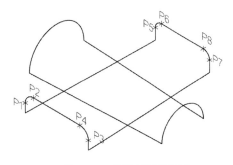

图 4.57　选取图素倒圆角

6) 生成直纹曲面

(1) 切换到操作管理器中的【层别】选项卡，单击【添加新层别】按钮➕，就可设置当前层为 2 号层，将 2 号层的名称改为"直纹曲面"。

(2) 切换到【曲面】选项卡，单击【举升】按钮▦，系统弹出【线框串连】对话框，单击【单体】按钮▱，在绘图区选取大圆弧于点 P1，选取小圆弧于点 P2 (见图 4.58)，注意选取方向要一致，单击【线框串连】对话框中的【确定】按钮✔。在弹出的【直纹/举升曲面】对话框中单击【应用】按钮，生成的直纹曲面如图 4.59 所示。

(3) 在系统弹出的【线框串连】对话框中单击【部分串连】按钮✂，在绘图区选取直线下端部分于点 P1(见图 4.59)，使箭头【朝上】(如果箭头【朝下】，单击【换向】按钮↔，将它反向)，选择最后图素于点 P2；选取直线下端部分于点 P3，使箭头【朝上】，选取最后图素于点 P4，单击【线框串连】对话框中的【确定】按钮✔，在【直纹/举升曲面】对话框中单击【确定】按钮⊘。

(4) 切换到【视图】选项卡，单击【线框】下拉按钮，再单击【移除隐藏线】按钮⊕，结果如图 4.51 所示。

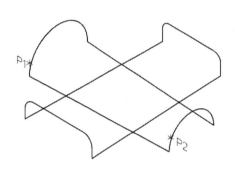

图 4.58 选取图素

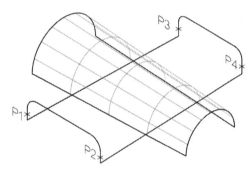

图 4.59 生成圆锥形直纹曲面

例 4.4 绘制如图 4.60 所示的线形构架，并生成如图 4.61 所示的直纹曲面。

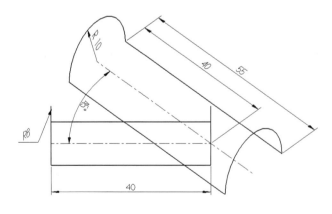

图 4.60 线形构架

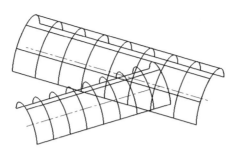

图 4.61　直纹曲面

操作步骤如下。

1)　在俯视绘图平面上绘制两个矩形

(1)　在快捷菜单中设置屏幕视图为【俯视图】，在状态栏中设置绘图平面为【俯视图】，设定 Z 深度为 0。

(2)　切换到【线框】选项卡，单击【矩形】下拉按钮，再单击【圆角矩形】按钮▢。单击【原点】按钮⊥，确认矩形的中心点，在【矩形形状】对话框中设置矩形的宽为 55、高为 20、固定位置点为"左边线中点"。单击【应用】按钮，绘制完成第一个矩形。

(3)　在选择基准点的提示下输入定位点坐标(40, 0)；在【矩形形状】对话框中进行参数设置，如图 4.62 所示，矩形的宽为 40、高为 16、旋转角度为 45°、固定位置点为"右边线中点"，单击【确定】按钮，结果如图 4.63 所示。

图 4.62　【矩形形状】对话框

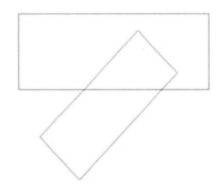

图 4.63　绘制两个矩形

2)　在右视绘图平面上绘制两个圆弧

(1)　在快捷菜单中设置屏幕视图为【等视图】，在状态栏中设置绘图平面为【右视图】，设定 Z 深度为 0，绘图模式为 3D。

(2)　切换到【线框】选项卡，单击【两点画弧】按钮。输入第一点时，选取点 P1 (见图 4.64)；输入第二点时，选取点 P2(见图 4.64)；在【半径】文本框中输入"10"，在绘图区选择上半部分圆弧作为保留部分，单击【应用】按钮。

(3) 捕捉第一端点于点 P3(见图 4.64),捕捉第二端点于点 P4,在【半径】文本框中输入"10",在绘图区选择上半部分圆弧作为保留部分,单击【确定】按钮◎,结果如图 4.64 所示。

3) 在法线绘图平面上绘制两个圆弧

(1) 切换到操作管理器中的【平面】选项卡,单击【创建新平面】下拉按钮✚·,再单击【依照图素法向】按钮◪,选取直线 L1 作为法向图素(见图 4.65),系统弹出【选择平面】对话框,单击【确定】按钮✓,系统继续弹出【新建平面】对话框,单击【确定】按钮◎。

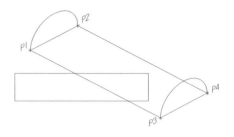

图 4.64   绘制两个圆弧

(2) 切换到操作管理器中的【平面】选项卡,单击【平面】栏中的 C 单元格(见图 4.66),设置绘图平面为新建的平面。

(3) 切换到【线框】选项卡,单击【两点画弧】按钮⤵。输入第一点,选取点 P1 (见图 4.65);输入第二点,选取点 P2(见图 4.65);在【半径】文本框中输入"8",在绘图区选择上半部分圆弧作为保留部分,单击【应用】按钮◎。

(4) 捕捉第一端点于 P3(见图 4.65),捕捉第二端点于 P4(见图 4.65),在【半径】文本框中输入"10",在绘图区选择上半部分圆弧作为保留部分,单击【确定】按钮◎。

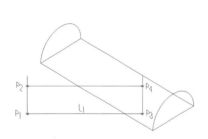

图 4.65   选取法线

图 4.66   设置绘图平面为新建平面

4) 删除多余的直线

在绘图区按住鼠标中键将图形动态旋转至如图 4.67 所示位置,在绘图区选取要删除的直线 L1、L2、L3 和 L4(见图 4.67),单击【主页】选项卡中的【删除图素】按钮✖。

5) 生成直纹曲面

(1) 切换到操作管理器中的【层别】选项卡,单击【添加新层别】按钮✚,设置当前层为 2 号层,将 2 号层的名称改为"直纹曲面"。

(2) 切换到【曲面】选项卡,单击【举升】按钮▤,系统弹出【线框串连】对话框,单击【单体】按钮▱,在绘图区选取圆弧 C1 于点 P1(见图 4.68),选取圆弧 C2 于点 P2,

注意选取方向要一致，单击【线框串连】对话框中的【确定】按钮 ✔️。在弹出的【直纹/举升曲面】对话框中单击【应用】按钮 🔄。

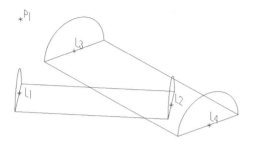

图 4.67　删除多余的直线

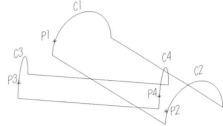

图 4.68　选取图素生成直纹曲面

（3）在绘图区选取圆弧 C3 于点 P3(见图 4.68)，选取圆弧 C4 于点 P4，单击【线框串连】对话框中的【确定】按钮 ✔️，在弹出的【直纹/举升曲面】对话框中单击【确定】按钮 ✅，产生的直纹曲面如图 4.61 所示。

4.2.4　旋转曲面

旋转曲面是将一个或多个几何图素围绕某一轴旋转而生成的曲面。切换到【曲面】选项卡，单击【旋转曲面】按钮 ⛰️，选取完构造曲面图素后，系统弹出如图 4.69 所示的【旋转曲面】对话框。

图 4.69　【旋转曲面】对话框

在绘制旋转曲面的过程中，可以选取多个几何图素，所生成的曲面数量等于所选取的几何图素的数量。旋转的角度可以通过【起始】和【结束】下拉列表框进行设置，旋转的方向可以通过【方向 1】、【方向 2】单选按钮进行切换。

4.2.5　范例(十)

例 4.5　绘制如图 4.70 所示的图形，并生成如图 4.71 所示的旋转曲面。

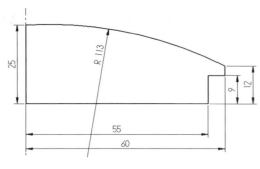

图 4.70　线形构架　　　　　　　　　　图 4.71　旋转曲面

操作步骤如下。

1)　在前视绘图平面上绘制一个矩形

(1)　在快捷菜单中设置屏幕视图为【前视图】，在状态栏中设置绘图平面为【前视图】，设定 Z 深度为 0，设置绘图模式为 2D。

(2)　切换到【线框】选项卡，单击【矩形】下拉按钮，再单击【圆角矩形】按钮▭。单击【原点】按钮⌐，确认矩形的中心点，在【矩形形状】对话框中设置矩形的宽为 60、高为 25、固定位置点为"左下角点"，单击【确定】按钮✅，结果如图 4.72 所示。

2)　绘制两条水平线、一条垂直线和圆弧

(1)　切换到【线框】选项卡，单击【连续线】按钮╱，选择直线类型为【水平线】、绘图方式为【两端点】，如图 4.72 所示，在绘图区大概的位置拾取点 P1 和 P2，在【轴向偏移】文本框中输入"9"，单击【应用】按钮🔵。

(2)　在绘图区大概的位置拾取点 P3 和 P4，在【轴向偏移】文本框中输入"12"，单击【应用】按钮🔵。

(3)　在对话框中选择直线类型为【垂直线】，在绘图区大概的位置拾取点 P5 和 P6，在【轴向偏移】文本框中输入"55"，单击【确定】按钮✅。

(4)　切换到【线框】选项卡，单击【两点画弧】按钮↷。输入第一点时，选取点 P1 (见图 4.73)；输入第二点时，选取点 P2(见图 4.73)；并在绘图区适当的位置拾取点 P3，在【半径】文本框中输入"113"，单击【确定】按钮✅。

　　　　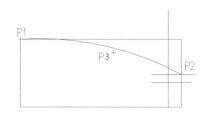

图 4.72　绘制一个矩形　　　　　　　　图 4.73　绘制线架

3)　修剪多余的线段

切换到【线框】选项卡，单击【分割】按钮✂，在绘图区选取多余的图素进行修剪，结果如图 4.74 所示。

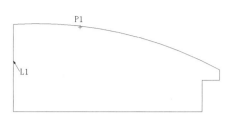

图 4.74　选取图素并修剪

4)　绘制旋转曲面

(1)　切换到操作管理器中的【层别】选项卡，单击【添加新层别】按钮╋，就可设置当前层为 2 号层，将 2 号层的名称改为"旋转曲面"。

(2)　切换到【曲面】选项卡，单击【旋转曲面】按钮🟠，系统弹出【线框串连】对话框，单击【串连】按钮🔗，在绘图区选取封闭框于点 P1(见图 4.74)；单击【线框串连】对话框中的【确定】按钮✅，选取直线 L1 作为旋转轴。在旋转曲面工具条中设置起始角度为 0°，终止角度为 360°，单击【确定】按钮✅，结果如图 4.71 所示。

4.2.6　扫描曲面

扫描曲面是由截面外形沿着引导曲线平移或旋转而生成的曲面。

切换到【曲面】选项卡，单击【扫描】按钮✎，选取完构造曲面图素后，系统弹出如图 4.75 所示的【扫描曲面】对话框。

图 4.75　【扫描曲面】对话框

Mastercam 提供了多种形式的扫描曲面，分别如下。

- 一个截断外形，一个引导方向外形(旋转方式)：将截断外形沿引导方向外形旋转，如图 4.76(a)所示。用于生成需保持截断外形不变，且始终与引导方向的法线方向平行的曲面。
- 一个截断外形，一个引导方向外形(转换方式)：将截断外形沿引导方向外形转换，如图 4.76(b)所示。用于生成需保持截断外形不变，且始终沿着引导方向平移的曲面。
- 一个截断外形，两个引导方向外形：截断外形随着两个引导方向外形进行放大或缩小，如图 4.76(c)所示。用于生成截断外形需要随着两个引导方向外形缩放形状的曲面。
- 两个或多个截断外形，两个引导方向外形：在两个或多个截断外形之间，沿着两个引导方向外形进行线性熔接，如图 4.76(d)所示。用于生成截断外形是以线性方式沿着两个引导方向外形缩放的曲面。

当然扫描曲面也可以由多个截断外形和一个引导方向外形生成。

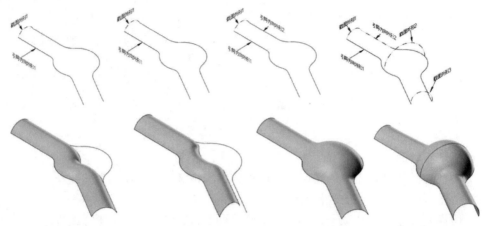

(a) 一个截断外形和一个引导　(b) 一个截断外形和一个引导　(c) 一个截断外形和两个　(d) 两个或多个截断外形
　　方向外形　旋转方式　　　　　方向外形　转换方式　　　　引导方向外形　　　　和两个引导方向外形

图 4.76　多种形式的扫描曲面

4.2.7　范例(十一)

例 4.6　绘制如图 4.77 所示的线形构架，并生成如图 4.78 所示的扫描曲面。

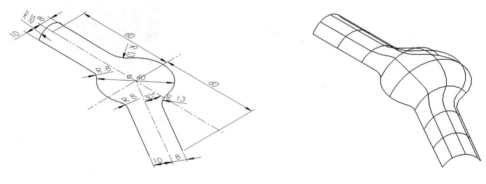

图 4.77　线形构架　　　　　　　　　图 4.78　扫描曲面

操作步骤如下。

1)　在俯视绘图平面绘制 1 个圆和 8 条直线

(1)　在快捷菜单中设置屏幕视图为【俯视图】，在状态栏中设置绘图平面为【俯视图】，设定 Z 深度为 0。

(2)　单击【线框】选项卡中的【已知点画圆】按钮⊙，再单击【原点】按钮，选择原点作为圆心点，在【已知点画圆】对话框的【半径】文本框中输入半径"40"，单击【确定】按钮。

(3)　单击【线框】选项卡中的【连续线】按钮，设置直线类型为【水平线】，绘图方式为【两端点】，在如图 4.79 所示的绘图区大概的位置拾取点 P1 和 P2，在【轴向偏移】文本框中输入"0"，单击【应用】按钮，绘制直线 L1。

(4)　在绘图区大概的位置拾取点 P3 和 P4，在【轴向偏移】文本框中输入"8"，单击

【应用】按钮，绘制直线 L2。

(5) 在绘图区大概的位置拾取点 P5 和 P6，在【轴向偏移】文本框中输入"8"，单击【应用】按钮，绘制直线 L3。

(6) 在绘图区大概的位置拾取点 P7 和 P8，在【轴向偏移】文本框中输入"-10"，单击【应用】按钮，绘制直线 L4。

(7) 在绘图区大概的位置拾取点 P9 和 P10，在【轴向偏移】文本框中输入"-10"，单击【应用】按钮，绘制直线 L5。

(8) 在对话框中设置直线类型为【垂直线】，在绘图区大概的位置拾取点 P11 和 P12，在【轴向偏移】文本框中输入"0"，单击【应用】按钮，绘制直线 L6。

(9) 在绘图区大概的位置拾取点 P13 和 P14，在【轴向偏移】文本框中输入"-60"，单击【应用】按钮，绘制直线 L7。

(10) 在绘图区大概的位置拾取点 P15 和 P16，在【轴向偏移】文本框中输入"60"，单击【确定】按钮，绘制直线 L8。

绘制结果如图 4.79 所示。

2) 旋转 3 条水平线并绘制 1 条法线

(1) 切换到【转换】选项卡，单击【旋转】按钮，系统弹出【旋转】对话框，选取直线 L1、L3、L4(见图 4.79)作为旋转的图素，按 Enter 键确认。在【旋转】对话框中设置如图 4.80 所示的参数，设置【方式】为【移动】、【编号(N)】为 1 次、旋转角度为-30°，系统默认的旋转中心在原点，单击对话框中的【确定】按钮。

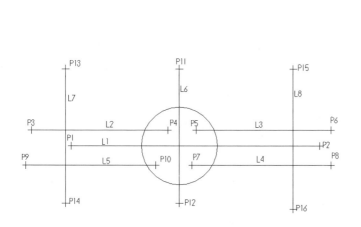

图 4.79　绘制线架

图 4.80　【旋转】对话框

(2) 单击【线框】选项卡中的【垂直正交线】按钮，选择直线 L1(见图 4.81)作相垂直的直线，捕捉直线 L9 与直线 L1 的交点作为起始点，在【垂直正交线】对话框的【长度】文本框中输入"30"，选择法线的下半部分作为保留的线段，单击对话框中的【确定】按钮，结果如图 4.81 所示。

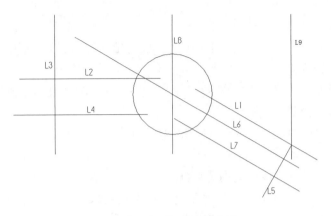

图 4.81　选取图素进行修剪

3)　对多条直线进行修剪

切换到【线框】选项卡，单击【分割】按钮✕，在绘图区选取多余的图素进行修剪。修剪后的结果如图 4.82 所示。

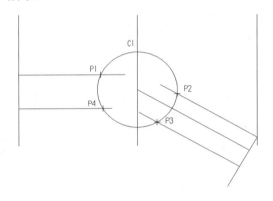

图 4.82　修剪直线并打断圆

4)　将圆打断为 4 个部分

(1)　切换到【线框】选项卡，单击【两点打断】下拉按钮，再单击【打断成两段】按钮✕，选取圆 C1(见图 4.82)，捕捉交点 P1 作为打断位置。

(2)　选取圆 C1，捕捉交点 P2 作为打断位置。

(3)　选取圆 C1，捕捉交点 P3 作为打断位置。

(4)　选取圆 C1，捕捉交点 P4 作为打断位置，单击对话框中的【确定】按钮◉。

5)　绘制圆弧与直线之间的倒圆角

(1)　单击【修剪】工具栏中的【图素倒圆角】按钮⌒，系统弹出【图素倒圆角】对话框。在对话框的【半径】文本框中输入"13"，并选中【修剪图素】复选框。在绘图区选取图素于点 P1(见图 4.83)，再选取另一个图素于点 P2；选取图素于点 P3，再选取另一个图素于点 P4。单击【应用】按钮◉。

(2)　在对话框的【半径】文本框中输入"8"，并选中【修剪图素】复选框。选取图素于点 P5(见图 4.83)，再选取另一个图素于点 P6；选取图素于点 P7，再选取另一个图素于点 P8。单击对话框中的【确定】按钮◉。

6)　删除不需要的直线和圆弧

在绘图区选取要删除的直线 L1、L2、L3、L4、L5 和圆弧 C1、C2(见图 4.83)，单击【主页】选项卡中的【删除图素】按钮✕。

7)　在右视绘图平面上绘制截断方向外形圆弧

(1)　在快捷菜单中设置屏幕视图为【等视图】；在状态栏中设置绘图平面为【右视图】，设定 Z 深度为-60，绘图模式为 2D。

(2)　切换到【线框】选项卡，单击【两点画弧】按钮↰。捕捉第一端点 P1(见图 4.84)，捕捉第二端点 P2，并在绘图区适当的位置拾取点 P3，在【半径】文本框中输入"10"，单击【确定】按钮◉。

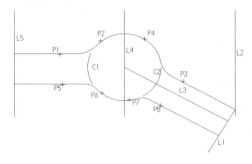

图 4.83　倒圆角　　　　　　　图 4.84　绘制截断方向圆弧

8)　绘制扫描曲面

(1)　切换到【曲面】选项卡，单击【扫描】按钮🏷，系统弹出【线框串连】对话框，单击【单体】按钮╱，选取截断方向外形圆弧于点 P1(见图 4.85)，单击【线框串连】对话框中的【确定】按钮◉。

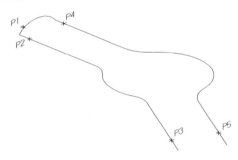

图 4.85　选取扫描图素

(2)　系统弹出【线框串连】对话框，单击【部分串连】按钮✎，定义引导方向外形 1，选取串连图素的起始部分于点 P2，选取串连图素的终止部分于点 P3；定义引导方向外形 2，选取串连图素的起始部分于点 P4，选取串连图素的终止部分于点 P5，单击【线框串连】对话框中的【确定】按钮◉。

(3)　在【扫描曲面】对话框中，单击【两条导轨线】按钮，再单击【确定】按钮◉，结果如图 4.78 所示。

例 4.7　绘制如图 4.86 所示的线形构架，并生成如图 4.87 所示的扫描曲面。

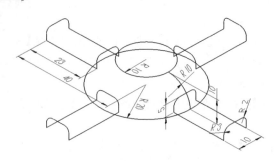

图 4.86　线形构架

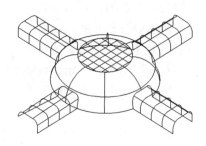

图 4.87　扫描曲面

操作步骤如下。

1)　在俯视绘图平面上绘制两个圆和两个矩形

(1)　在快捷菜单中设置屏幕视图为【俯视图】，在状态栏中设置绘图平面为【俯视图】，设定 Z 深度为 0。

(2)　切换到【线框】选项卡，单击【已知点画圆】按钮⊙，系统弹出【已知点画圆】对话框，单击绘图区目标选取工具条中的【光标】下拉按钮，再单击【原点】按钮，确定圆心位置，在【已知点画圆】对话框中输入半径"20"，单击【确定】按钮。

(3)　单击【形状】工具栏中的【圆角矩形】按钮▢，在弹出的【矩形形状】对话框中，设置矩形的宽为 40、高为 20，选择定位点的位置为"右边的中点"，捕捉原点坐标，最后单击【应用】按钮。

(4)　在【矩形形状】对话框中设置矩形的宽为 23、高为 10，选择定位点的位置为"左边的中点"，捕捉中点 P1(见图 4.88)，单击【确定】按钮。

(5)　在状态栏中输入 Z 深度为 10，设置绘图模式为 2D。

(6)　切换到【线框】选项卡，单击【已知点画圆】按钮⊙，系统弹出【已知点画圆】对话框，单击【原点】按钮，确定圆心位置，在【已知点画圆】对话框中输入半径"10"，单击【确定】按钮。

2)　删除辅助矩形

在绘图区选取大的矩形(辅助矩形)，单击【主页】选项卡中的【删除图素】按钮✕，结果如图 4.89 所示。

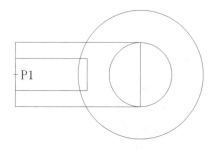

图 4.88　绘制线形构架

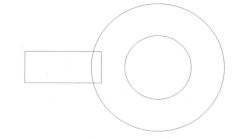

图 4.89　修剪后的图形

3)　在前视绘图平面上绘制圆弧

(1)　在快捷菜单中设置屏幕视图为【等视图】，在状态栏中设置绘图平面为【前视图】，设定 Z 深度为 0。

(2)　切换到【线框】选项卡，单击【两点画弧】按钮。输入第一点时，选取点 P1 (见图 4.90)；输入第二点时，选取点 P2(见图 4.90)；并在绘图区适当的位置拾取点 P3，在【半径】文本框中输入"10"，单击【确定】按钮。

4)　在俯视绘图平面上平移矩形，生成长方体

(1)　在状态栏中设置绘图平面为【俯视图】。

(2)　在绘图区串连选取矩形框于点 P3(见图 4.90)，切换到【转换】选项卡，单击【平移】按钮。在【平移】对话框中设置复制次数为 1 次，Z 方向的距离为 5，单击【确定】按钮，结果如图 4.91 所示。

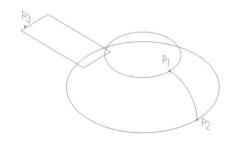

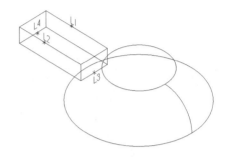

图 4.90　在前视图上绘制圆弧　　　　　图 4.91　生成长方体

5)　删除多余的直线

在绘图区选取直线 L1、L2、L3 和 L4(见图 4.91)，单击【主页】选项卡中的【删除图素】按钮×。

6)　倒圆角并绘制一条直线

(1)　单击【修剪】工具栏中的【图素倒圆角】按钮，系统弹出【图素倒圆角】对话框。在对话框的【半径】文本框中输入 3，并选中【修剪图素】复选框。在绘图区选取图素于点 P1(见图 4.92)，再选取另一个图素于点 P2；选取图素于点 P5，再选取另一个图素于点 P6。最后单击【应用】按钮。

(2)　在对话框的【半径】文本框中输入 2，选取图素于点 P3(见图 4.92)，再选取另一个图素于点 P4；选取图素于点 P7，再选取另一个图素于点 P8。最后单击【确定】按钮。

(3)　单击【连续线】按钮，捕捉圆心点 P1(见图 4.93)，捕捉端点 P2，单击【确定】按钮。

7)　用扫描曲面功能绘制两曲面

(1)　切换到【曲面】选项卡，单击【扫描】按钮，系统弹出【线框串连】对话框，单击【部分串连】按钮，选取截断方向外形，选取串连图素的起始部分于直线的下端点 P1(见图 4.94)，选取串连图素的终止部分于直线的下端点 P2，单击【线框串连】对话框中的【确定】按钮。

(2)　系统弹出【线框串连】对话框，单击【单体】按钮，定义引导方向外形，选取直线于点 P3，单击【线框串连】对话框中的【确定】按钮。单击【扫描曲面】对话框中的【应用】按钮。

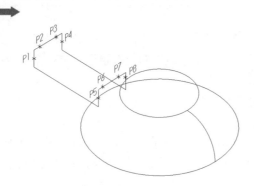

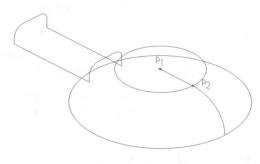

图 4.92　选取图素倒圆角　　　　　　图 4.93　修剪图素

　　(3)　系统弹出【线框串连】对话框，单击【部分串连】按钮，选取截断方向外形，选取串连图素的起始部分于直线的左端点 P4(见图 4.94)，选取串连图素的终止部分于圆弧的下端点 P5，单击【线框串连】对话框中的【确定】按钮。

　　(4)　系统弹出【线框串连】对话框，单击【单体】按钮，定义引导方向外形，选取圆弧于点 P6，单击【线框串连】对话框中的【确定】按钮。

　　(5)　在【扫描曲面】对话框中设置扫描方式为【旋转】，单击【扫描曲面】对话框中的【确定】按钮，结果如图 4.95 所示。

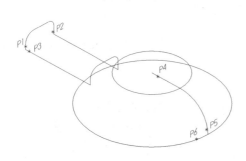

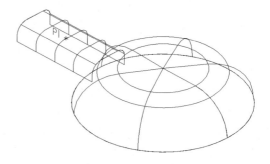

图 4.94　选取图素作扫描曲面　　　　图 4.95　生成扫描曲面

　　8)　在俯视绘图平面上用旋转功能再绘制三个相同的图形曲面

　　切换到【转换】选项卡，单击【旋转】按钮，系统弹出【旋转】对话框，选取曲面于点 P1(见图 4.95)作为旋转的图素，按 Enter 键确定，在【旋转】对话框中设置处理方式为【复制】，次数为 3 次，设置旋转角度为 90°，单击对话框中的【确定】按钮，结果如图 4.87 所示。

4.2.8　网格曲面

　　网格曲面是由一系列由引导方向(横向)和截断方向(纵向)曲线组成的网格状线架生成的曲面，如图 4.96 所示。横向和纵向曲线在三维空间可以不相交，各曲线的端点也可以不相交，如图 4.97 所示。

　　切换到【曲面】选项卡，单击【网格曲面】按钮，选取完构造曲面图素后，系统弹出如图 4.98 所示的【平面修剪】对话框。

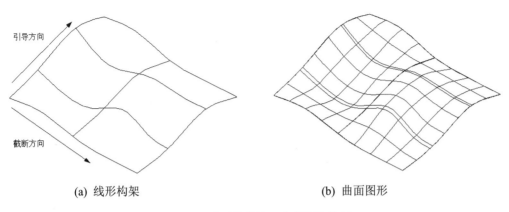

(a) 线形构架   (b) 曲面图形

图 4.96 由网格状线架生成网格曲面

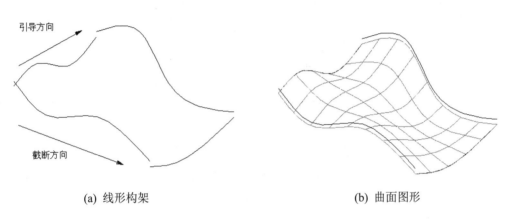

(a) 线形构架   (b) 曲面图形

图 4.97 不相交曲线生成网格曲面

当构成网格曲面的线架在三维空间不相交时(见图 4.99(a)),网格曲面深度控制有【引导方向】、【截断方向】、【平均】三种方式,具体如图 4.99 所示。

- 引导方向:曲面深度由横向方向曲线控制。曲面与引导方向曲线相重合,与截断方向曲线相平行, 如图 4.99(b)所示。
- 截断方向:曲面深度由纵向方向曲线控制。曲面与截断方向曲线相重合,与引导方向曲线相平行, 如图 4.99(c)所示。

图 4.98 【平面修剪】对话框

- 平均:曲面深度由横向和纵向方向曲线共同控制,取其深度平均值。曲面与引导方向、截断方向曲线相平行,如图 4.99(d)所示。

网格曲面引导方向和截断方向的曲线组成可以通过如图 4.100 所示的【线框串连】对话框来定义。曲线选取可采用以下两种方式。

1. 自动方式

通过单击【线框串连】对话框中的【窗选】按钮 ▢ 或【多边形】按钮 ⬡ 等,可以一次性选择所有线架图素,并输入一个"搜寻点",系统自动定义引导方向和截断方向的所有曲线，一般用于构造相对简单并且串连图素定义无歧义的情况，如图 4.101 所示。

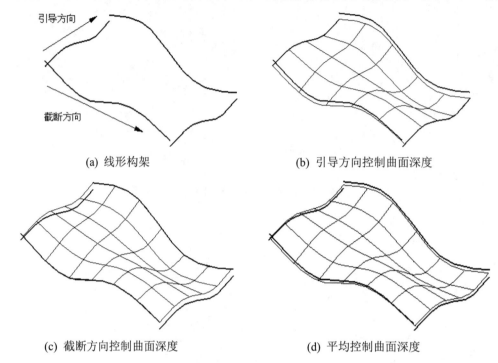

(a) 线形构架

(b) 引导方向控制曲面深度

(c) 截断方向控制曲面深度

(d) 平均控制曲面深度

图 4.99　网格曲面深度控制方式

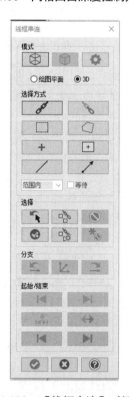

图 4.100　【线框串连】对话框

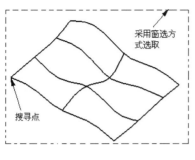

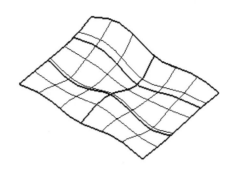

(a) 窗选方式选取线形构架　　　　　　(b) 网格曲面

图 4.101　用窗选方式创建网格曲面

2. 手动方式

并不是所有曲面都可以用窗选方式自动选取，有时对于一些复杂的曲面就会出现"断面曲线超出序列"的提示，这时可以考虑用手动选取的方式来解决。

手动方式的功能相当强大，大部分曲面都可采用这种方式生成。网格曲面手动选取线架的过程与网格曲面的引导、截断方向定义相关，对于开放式边界，其引导方向与截断方向定义如图 4.102(a)所示(注：这两个方向可以互换)。对于封闭式边界，其引导方向与截断方向定义如图 4.102(b)所示(注：这两个方向可以互换)。在选取外形时，一般可以通过单击【线框串连】对话框中的【部分串连】按钮 　　　 和选中【等待】复选框来选取定义引导、截断方向，注意每一个串连图素应选取一个完整的引导(或截断)方向外形，然后再选取下一个完整的引导(或截断)方向外形，直到所有的引导(或截断)方向外形选完为止。

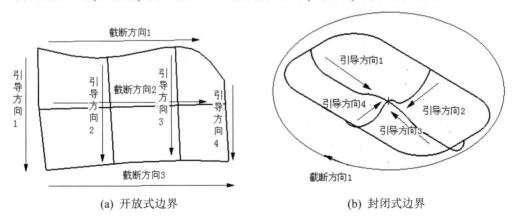

(a) 开放式边界　　　　　　　　　(b) 封闭式边界

图 4.102　引导方向和截断方向的定义

4.2.9　范例(十二)

例 4.8　绘制如图 4.103 所示的图形，并生成如图 4.104 所示的网格曲面。

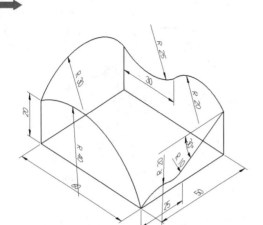

图 4.103 线形构架

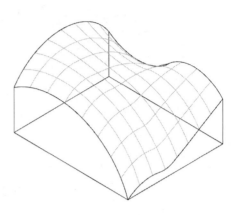

图 4.104 网格曲面

操作步骤如下。

1) 在俯视绘图平面上绘制一个矩形并往上平移，生成长方体

(1) 在快捷菜单中设置屏幕视图为【俯视图】，在状态栏中设置绘图平面为【俯视图】，设定 Z 深度为 0。

(2) 切换到【线框】选项卡，单击【矩形】按钮□，系统弹出【矩形形状】对话框，先选中【矩形中心点】复选框，再在【宽度】文本框中输入"60"、【高度】文本框中输入 50，单击【原点】按钮，确认矩形的中心点，最后再单击对话框中的【确定】按钮。

(3) 在绘图区用窗选方式选取绘制的矩形，切换到【转换】选项卡，单击【平移】按钮。如图 4.105 所示，在【平移】对话框中选中【连接】单选按钮，设置复制次数为 1 次，Z 方向的距离为 20，单击【确定】按钮，结果如图 4.106 所示。

图 4.105 【平移】对话框

2) 在前视绘图平面上绘制 3 个圆弧

(1) 在快捷菜单中设置屏幕视图为【等视图】，在状态栏中设置绘图平面为【前视图】，设定 Z 深度为 0，设置绘图模式为 2D。

(2) 切换到【线框】选项卡，单击【两点画弧】按钮。输入第一点时，选取点 P1（见图 4.106）；输入第二点时，选取点 P2；在【半径】文本框中输入"40"，在绘图区从上往下数选取"第二个圆弧"，单击【应用】按钮。

(3) 在状态栏中选择 Z，用鼠标在绘图区捕捉端点 P3(Z=-25)；设置绘图模式为 2D。

(4) 系统提示输入第一点时，捕捉端点 P3(见图 4.106)；系统提示输入第二点时，捕捉直线中点 P4；输入半径"25"，从上往下数选取"第三个圆弧"，单击【应用】按钮。

(5) 系统提示输入第一点时，捕捉直线中点 P4(见图 4.106)；系统提示输入第二点时，捕捉端点 P5；输入半径"20"，提示选择圆弧时，从上往下数选取"第二个圆弧"，单击【确定】按钮⊘，结果如图 4.107 所示。

3)　在右视绘图平面上绘制两个圆弧

(1)　在快捷菜单中设置屏幕视图为【等视图】，在状态栏中设置绘图平面为【右视图】，设定 Z 深度为-30 或单击 Z 后在绘图区捕捉图 4.106 上的 P3 点，设置绘图模式为 2D。

(2)　单击【两点画弧】按钮↷。输入第一点时，选取点 P1(见图 4.107)；输入第二点时，选取点 P2；在【半径】文本框中输入"30"，在绘图区从上往下数选取"第二个圆弧"，单击【应用】按钮⊘。

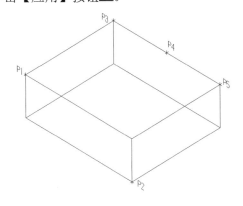

图 4.106　绘制长方体

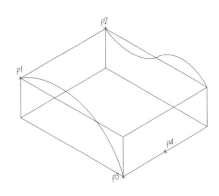

图 4.107　在前视图上绘制圆弧

(3)　选择 Z，用鼠标在绘图区捕捉图 4.107 上的点 P3(Z= 30)。

(4)　系统提示输入第一点时，捕捉端点 P3；系统提示输入第二点时，捕捉中点 P4；输入半径"20"，从上往下数选取"第二个圆弧"，单击【确定】按钮⊘，结果如图 4.108 所示。

4)　在右视绘图平面上用旋转功能将直线向下旋转

切换到【转换】选项卡，单击【旋转】按钮↷，系统弹出【旋转】对话框，选取直线 L1(见图 4.108)，按 Enter 键确认。在【旋转中心点】选项栏中单击【重新选择】按钮，在绘图区捕捉端点 P(见图 4.108)，在对话框中设置处理方式为【移动】，次数为 1 次，设置旋转角度为 30°，单击对话框中的【确定】按钮⊘，结果如图 4.109 所示。

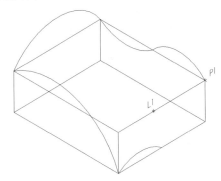

图 4.108　在右视构图上绘制圆弧

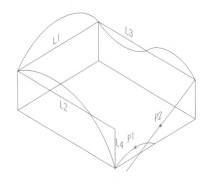

图 4.109　生成 30°夹角的直线

5) 在直线和圆弧之间倒圆角并删除多余的线段

(1) 单击【修剪】工具栏中的【图素倒圆角】按钮⌒，系统弹出【图素倒圆角】对话框。在对话框的【半径】文本框中输入"10"，在绘图区选取点 P1 和点 P2(见图 4.109)，单击【确定】按钮✅。

(2) 在绘图区选取要删除的直线 L1、L2、L3、L4(见图 4.109)，单击【主页】选项卡中的【删除图素】按钮✖，结果如图 4.110 所示。

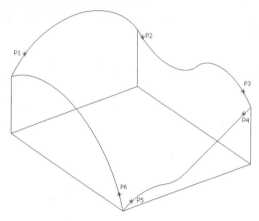

图 4.110　编辑图素

6) 生成网格曲面

(1) 切换到【曲面】选项卡，单击【网格曲面】按钮▦，系统弹出【线框串连】对话框，单击【单体】按钮／，选取圆弧于点 P1，如图 4.110 所示。

(2) 单击【线框串连】对话框中的【部分串连】按钮✂，选取第一个图素，选取圆弧于点 P2，如图 4.110 所示；选取最后一个图素，选取圆弧于点 P3，如图 4.110 所示。

(3) 选取第一个图素，选取圆弧于点 P4，如图 4.110 所示；选取最后一个图素，选取圆弧于点 P5，如图 4.110 所示。

(4) 单击【线框串连】对话框中的【单体】按钮／，选取圆弧于点 P6，如图 4.110 所示。

(5) 单击【线框串连】对话框中的【确定】按钮✔。系统弹出【警告】对话框，由于该警告不影响结果，单击【确定】按钮即可，结果如图 4.104 所示。

例 4.9　绘制如图 4.111 所示的图形，并延伸生成如图 4.112 所示的网格曲面。

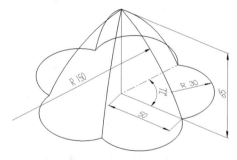

图 4.111　线形构架

图 4.112　网格曲面

操作步骤如下。

1)　在俯视绘图平面绘制一个圆,并将它五等分

(1)　在快捷菜单中设置屏幕视图为【俯视图】,在状态栏中设置绘图平面为【俯视图】,设定 Z 深度为 0。

(2)　切换到【线框】选项卡,单击【已知点画圆】按钮⊙,系统弹出【已知点画圆】对话框,单击【原点】按钮▲,确定圆心位置,在【已知点画圆】对话框中输入半径"50",单击【确定】按钮✅。

(3)　切换到【线框】选项卡,单击【两点打断】下拉按钮,再单击【打断成多段】按钮▒。在绘图区选取圆,单击【结束选择】按钮,在弹出的【打断成若干断】对话框中进行参数设置,如图 4.113 所示,单击【确定】按钮✅,结果如图 4.114 所示。

图 4.113　【打断成若干断】对话框

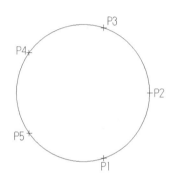

图 4.114　五等分圆

2)　在俯视图上绘制五段圆弧

单击工具栏上的【两点画弧】按钮↷。系统提示输入第一点时,捕捉端点 P1(见图 4.114);系统提示输入第二点时,捕捉端点 P2;输入半径"30",并单击右侧的【锁定】按钮🔒,将半径值锁定,系统提示选择任意圆弧,从上往下数选取"第二个圆弧",单击【应用】按钮✅。然后依次选取点 P2、P3,P3、P4,P4、P5,P5、P1 绘制其他四段圆弧。结果如图 4.115 所示。

3)　在前视图上绘制直线和圆弧

(1)　在快捷菜单中设置屏幕视图为【等视图】,在状态栏中设置绘图平面为【前视图】,设定 Z 深度为 0,设置绘图模式为 2D。

(2)　单击【线框】选项卡中的【连续线】按钮╱,设置直线类型为【任意线】,设置绘图方式为【两端点】,指定第一个端点,捕捉圆的圆心于点 P1(见图 4.116),指定第二个端点,输入线长为 65、角度为 90°,单击【确定】按钮✅。

(3)　单击工具栏上的【两点画弧】按钮↷。系统提示输入第一点,捕捉端点 P2(见图 4.116);系统提示输入第二点,捕捉端点 P3;输入半径"150",从上往下数选取"第一个圆弧",单击【确定】按钮✅。

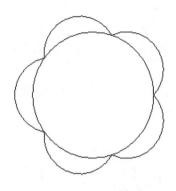

图 4.115　绘制五段圆弧

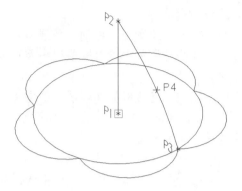

图 4.116　在前视图上绘制图形

4)　在俯视绘图平面上用旋转功能复制其他 4 个圆弧

(1)　在状态栏中设置绘图平面为【俯视图】。

(2)　切换到【转换】选项卡，单击【旋转】按钮，系统弹出【旋转】对话框，选取圆弧于点 P4(见图 4.116)，按 Enter 键，在【旋转】对话框中进行参数设置，如图 4.117 所示，设置处理方式为【复制】，设置次数为 4 次，设置旋转角度为 72°，系统默认旋转中心点为原点，单击对话框中的【确定】按钮，结果如图 4.118 所示。

图 4.117　【旋转】对话框

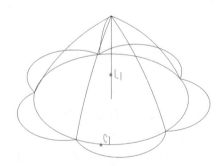

图 4.118　旋转复制其他圆弧

5)　删除多余的直线和圆弧

选取直线 L1 和圆 C1(见图 4.118)，单击【主页】选项卡中的【删除图素】按钮✕，结果如图 4.119 所示。

6)　生成网格曲面

(1)　切换到【曲面】选项卡，单击【网格曲面】按钮▦，系统弹出【线框串连】对话框，单击【部分串连】按钮✎，选中【等待】复选框，然后依次选取下面五段圆弧于点 P1 至点 P5，将五段圆弧连接成一个串连图素(见图 4.119)，单击【应用】按钮◉。

(2)　单击【线框串连】对话框中的【单体】按钮╱，选取圆弧于点 P6 至点 P10 (见图 4.119)；单击【线框串连】对话框中的【确定】按钮✓。系统弹出【警告】对话框，由于该警告不影响结果，单击【确定】按钮即可。结果如图 4.112 所示。

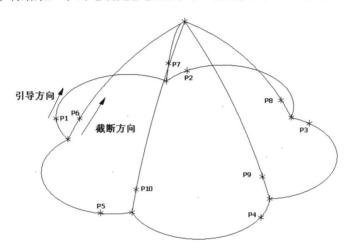

图 4.119　选取网格曲面的外形

4.2.10　拔模曲面

拔模曲面的形状是由断面外形和一条直线决定的。用于拔模的断面外形可以由直线、圆弧、样条曲线或高阶曲线组成，拔模曲面的数量等于断面外形所串连图素的数量。拔模曲面的方向是由拔模角度决定的，通常情况下，拔模方向是垂直于当前绘图平面的方向，有时根据需要，可以通过改变绘图平面来改变拔模方向，也可以通过改变角度来改变拔模方向，拔模的角度可正可负。拔模长度表示拔模曲面要在拔模方向上的延伸长度。拔模的长度可以为负值，意思是沿拔模方向的反向拉升。

如图 4.120 所示，曲线所在的绘图平面都是俯视图，现在将它们沿不同的方向和不同的长度拔模。

(a)　拔模长度为正　　(b)　拔模角度为正　　(c)　拔模长度为负　　(d)　视角改变

图 4.120　拔模参数决定拔模曲面

(1)　视角不改变(俯视)，拔模长度为 15，拔模角度为 0°，得到的拔模曲面如图 4.120(a)

所示。

(2) 视角不改变(俯视),拔模长度为15,拔模角度为15°,得到的拔模曲面如图4.120(b)所示。

(3) 视角不改变(俯视),拔模长度为-15,拔模角度为0°,得到的拔模曲面如图4.120(c)所示。

(4) 视角变为前视,拔模长度为-15,拔模角度为0°,得到的拔模曲面如图 4.120(d)所示。

4.2.11 范例(十三)

例4.10 绘制如图 4.121 所示的线形构架,并生成如图 4.122 所示的拔模曲面。

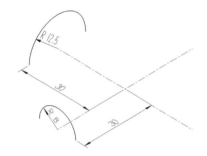

图 4.121 线形构架

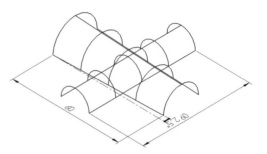

图 4.122 拔模曲面

1) 绘制两个圆弧

(1) 在快捷菜单中设置屏幕视图为【等视图】,在状态栏中设置绘图平面为【前视图】,设定 Z 深度为30,设置绘图模式为2D。

(2) 单击【极坐标画弧】按钮，再单击【原点】按钮确认圆心点,在如图 4.123 所示的【极坐标画弧】对话框中,输入圆弧半径为"8",输入起始角度为0°,输入结束角度为180°。单击【应用】按钮，绘制完成第一个圆弧。

(3) 在状态栏中设置绘图平面为【右视图】,设定 Z 深度为-30,设置绘图模式为2D。

图 4.123 【极坐标画弧】对话框

(4) 单击【极坐标画弧】按钮，再单击【原点】按钮确认圆心点,在【极坐标画弧】对话框中输入圆弧半径为"12.5",输入起始角度为0°,输入结束角度为180°。单击【确定】按钮，结果如图 4.124 所示。

2) 绘制拔模曲面

(1) 在状态栏中设置绘图平面为【前视图】。

(2) 切换到【曲面】选项卡,单击【拔模曲面】按钮，系统弹出【线框串连】对话框,单击【单体】按钮，选取 R8 圆弧 C1(见图4.124),单击【确定】按钮。系统弹出【牵引曲面】对话框(见图4.125)，设置长度为-60，角度为0°，若方向相反则选中对话框中的【相反方向】单选按钮，最后单击【确定】按钮✓。

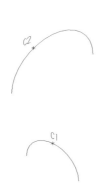

图 4.124 绘制圆弧

图 4.125 【牵引曲面】对话框

(3) 在状态栏中设置绘图平面为【右视图】。

(4) 单击【拔模曲面】按钮◈，系统弹出【线框串连】对话框，单击【单体】按钮╱，选取 R12.5 圆弧 C2(见图 4.124)，单击【确定】按钮✓。系统弹出【牵引曲面】对话框，设置长度为 60，角度为 2.5°，若方向相反则选中对话框中的【相反方向】单选按钮，最后单击【确定】按钮✓。结果如图 4.122 所示。

4.2.12 习题

1. 绘制如图 4.126(a)所示的线形构架，两圆柱曲面用直纹曲面(或拔模曲面，或网格曲面)生成，如图 4.126(b)所示。

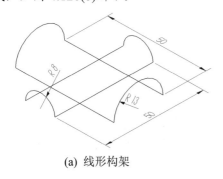

(a) 线形构架   (b) 曲面图形

图 4.126 三维模型

2. 绘制如图 4.127(a)所示的线形构架，两圆柱曲面用直纹曲面生成，如图 4.127(b)所示。

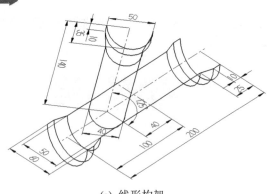

(a) 线形构架   (b) 直纹曲面

图4.127 三维模型

3. 绘制如图 4.128(a)所示的线形构架，用举升曲面或者网格曲面中的自动串接或手动串接功能生成如图 4.128(b)所示的曲面图形。

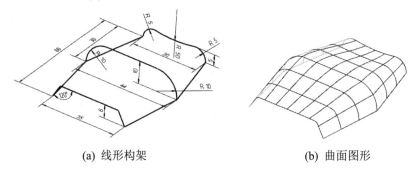

(a) 线形构架   (b) 曲面图形

图4.128 三维模型

4. 绘制如图 4.129(a)所示的线形构架，底部和 4 个侧面用直纹曲面或平面修剪生成，顶部用网格曲面生成，如图 4.129(b)所示。

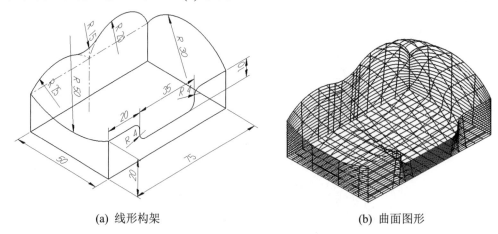

(a) 线形构架   (b) 曲面图形

图4.129 三维模型

5. 绘制如图 4.130(a)所示的线形构架，用网格曲面生成如图 4.130(b)所示的曲面。

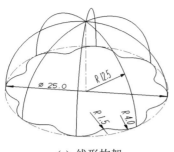

(a) 线形构架

(b) 曲面图形

图 4.130　三维模型

6. 绘制如图 4.131(a)所示的线形构架,用旋转曲面生成如图 4.131(b)所示的曲面图形。

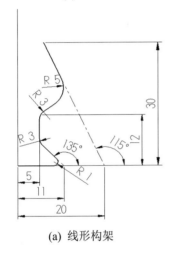

(a) 线形构架

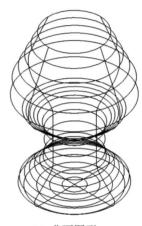

(b) 曲面图形

图 4.131　三维模型

7. 绘制如图 4.132(a)所示的线形构架,生成如图 4.132(b)所示的曲面图形。其中,底部用直纹曲面或平面修剪生成,侧面用举升或网格曲面生成,边缘用扫描曲面生成。

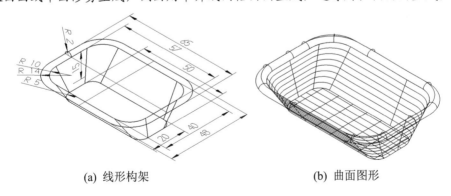

(a) 线形构架　　　　　　　　　　　　　(b) 曲面图形

图 4.132　三维模型

8. 绘制如图 4.133(a)所示的线形构架,用直纹曲面或平面修剪生成如图 4.133(b)所示的曲面。

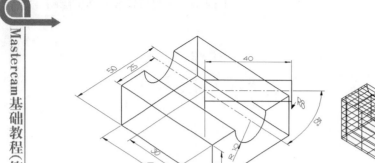

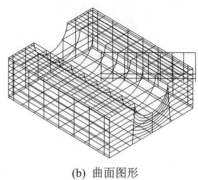

(a) 线形构架　　　　　　　　　　　(b) 曲面图形

图 4.133　三维模型

9. 绘制如图 4.134(a)所示的吹风机的线形构架，出风口和把手用直纹曲面或网格曲面生成，顶部用平面修剪生成，本体用扫描曲面或旋转曲面生成，如图 4.134(b)所示。

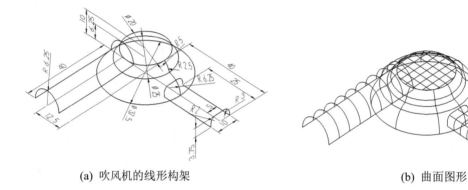

(a) 吹风机的线形构架　　　　　　　　　　(b) 曲面图形

图 4.134　三维模型

10. 绘制如图 4.135(a)所示的线形构架，并生成直纹曲面、举升曲面(注意圆和倒圆角矩形组成的图素个数要一致)，也可以生成扫描曲面，试比较它们之间的不同。其结果如图 4.135(b)~图 4.135(d)所示。

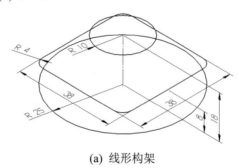

(a) 线形构架

图 4.135　绘制曲面图形

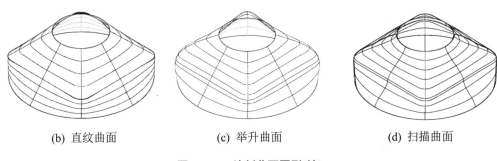

(b) 直纹曲面　　　　　(c) 举升曲面　　　　　(d) 扫描曲面

图 4.135　绘制曲面图形(续)

4.3　曲面的编辑

曲面的编辑是指对已经存在的曲面进行编辑操作，得到一个新的曲面。Mastercam 提供了多种曲面编辑操作功能，如图 4.136 所示，有修剪到曲线、填补内孔、延伸、圆角到曲面、两曲面熔接、恢复修剪、分割曲面和编辑曲面等。其中，圆角到曲面和修剪到曲线是最常用的曲面编辑功能，下面就这两个功能操作进行详细的介绍。

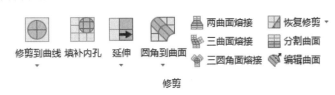

图 4.136　【修剪】工具栏

4.3.1　曲面倒圆角

圆角到曲面用于在两个相交曲面之间建立一个圆角过渡或者在物体的端平面上的边缘产生一个过渡圆角。切换到【曲面】选项卡，单击【修剪】工具栏中的【圆角到曲面】按钮即可进入倒圆角功能。Mastercam 提供了 3 种曲面倒圆角的方法：圆角到曲面、圆角到平面以及圆角到曲线。

1. 圆角到曲面

圆角到曲面是在两个或多个曲面之间产生曲面倒圆角。单击工具栏中的【圆角到曲面】按钮，系统要求选择两组曲面，并弹出如图 4.137 所示的【曲面圆角到曲面】对话框，对话框中各参数的含义如下。

● 【第一组曲面】/【第二组曲面】：曲面倒圆角需要在两组曲面之间进行，一个曲面组可以是一个曲面也可以是多个曲面。如图 4.138 所示，曲面 1 和曲面 2 同时与曲面 3 倒圆角，这时在选取第一组曲面时可将曲面 1 和曲面 2 选取后再单击【结束选择】按钮，然后再选取曲面 3 作为第二组曲面。

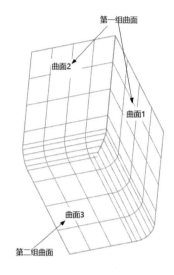

图 4.137 【曲面圆角到曲面】对话框　　　图 4.138 选取第一组曲面和第二组曲面

- 【修改】：在 Mastercam 中，曲面是有方向的，方向是由其法线的朝向来决定的。可以通过单击【法向】栏中的【修改】按钮来改变曲面的方向。在倒圆角时出现如图 4.139 所示的【警告】对话框时，可通过修改曲面的法线方向实现倒圆角。两个曲面间倒圆角对法线方向没做要求，但在多个曲面间倒圆角时，要求所有曲面的法线方向指向圆角的圆心。如图 4.140(a)所示曲面的法线方向不一致，会导致出现报警提示，图 4.140(b)通过修改使法线方向统一指向倒圆角的圆心方向。

- 【可变圆角】：选中此复选框，可以在曲面之间进行变径倒圆角。变径值由【默认】微调框中的数值决定。

  - 【中点】按钮：选择两顶点连线的中点改变倒圆角半径值，如图 4.141(a)所示。

  - 【动态】按钮：在动态光标位置处改变倒圆角半径值，如图 4.141(b)所示。

  - 【修改】按钮：在选取顶点位置处改变倒圆角半径值，如图 4.141(c)所示。

  - 【移除顶点】：删除变化半径的顶点，以减少倒圆角半径的变化，如图 4.141(d)所示。

  - 【循环】：通过循环顶点的方式，来改变各顶点位置处的半径值，如图 4.141(e)所示。

- 【修剪曲面】：选中此复选框，系统不仅可以产生一组圆角曲面，还可以对原始曲面进行修剪。

  - 【删除】：在创建圆角曲面后，删除原始曲面。

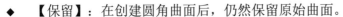

- ◆ 【保留】：在创建圆角曲面后，仍然保留原始曲面。
- ◆ 【两组】：对两组曲面都进行修剪。
- ◆ 【第一组】：仅对第一组曲面进行修剪。
- ◆ 【第二组】：仅对第二组曲面进行修剪。

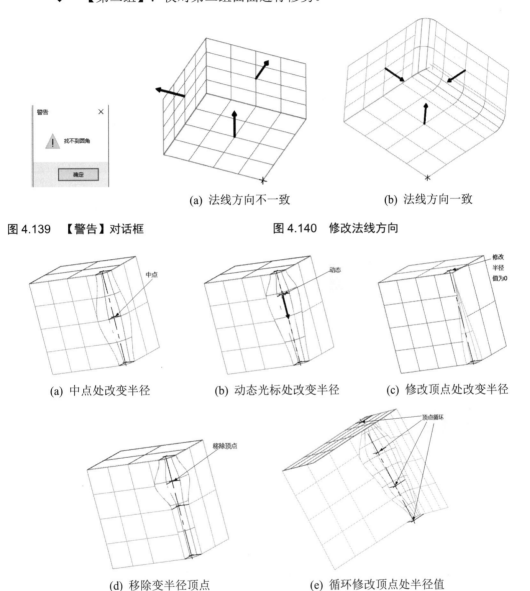

图 4.139　【警告】对话框

(a) 法线方向不一致　　　　(b) 法线方向一致

图 4.140　修改法线方向

(a) 中点处改变半径　　　(b) 动态光标处改变半径　　　(c) 修改顶点处改变半径

(d) 移除变半径顶点　　　(e) 循环修改顶点处半径值

图 4.141　曲面与曲面变径倒圆角

2. 圆角到平面

圆角到平面是在平面和曲面之间产生一个曲面倒圆角。单击【圆角到平面】按钮 ，
系统要求选择一组曲面，并弹出如图 4.142 所示的【曲面圆角到平面】对话框，Mastercam
提供了多种定义平面的方法(见图 4.143)。

- X 文本框 ![X 0.0]：定义一个平行于绘图平面上的 YZ 平面且 X 轴向距离等于常数的平面。
- Y 文本框 ![Y 0.0]：定义一个平行于绘图平面上的 XZ 平面且 Y 轴向距离等于常数的平面。
- Z 文本框 ![Z]：定义一个平行于绘图平面上的 XY 平面且 Z 轴向距离等于常数的平面。
- 【动态】按钮 ：用动态的方式确定平面。
- 【选择直线】按钮 ：定义一个包含已存在直线且垂直于当前绘图平面的平面。
- 【三个光标点】按钮 ：定义一个由三个不共线的点确定的平面。
- 【图素定面】按钮 ：定义一个由图素(圆弧、样条曲线、两个不平行直线和三个不共线点)确定的平面。
- 【选择法向】按钮 ：选择一个由已存在直线作为法线且过直线端点的平面。
- 【选择视图】按钮 ：选择一个已存在的视图平面。
- 【方向切换】按钮 ：用来切换平面的法线方向。

图 4.142　【曲面圆角到平面】对话框

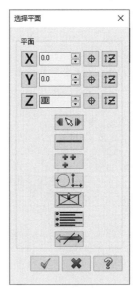

图 4.143　【选择平面】对话框

在定义 XY、XZ、YZ 平面时，它们的方位与当前绘图平面有关，一般情况下先设置绘图平面作为空间绘图平面，再来选择平面。

3. 圆角到曲线

圆角到曲线是在曲线和曲面之间产生一个圆角曲面。切换到【曲面】选项卡，在【修剪】工具栏中单击【圆角到曲线】按钮 即可进入倒圆角功能，一般情况下，倒圆角的半径值必须大于曲线与曲面之间最长的距离，否则会生成间断的圆角曲面。

4.3.2 范例(十四)

例 4.11 按如图 4.144 所示的尺寸要求，绘制如图 4.145(a)所示的线框，并生成如图 4.145(b)所示的曲面图形，然后对曲面图形进行倒圆角处理，结果如图 4.146 所示。

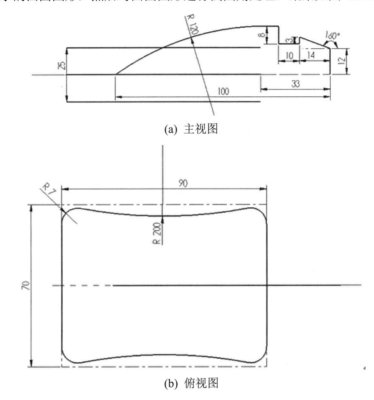

(a) 主视图

(b) 俯视图

图 4.144 图形尺寸

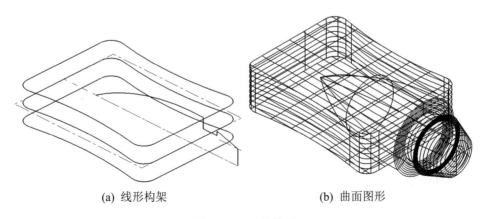

(a) 线形构架   (b) 曲面图形

图 4.145 三维模型

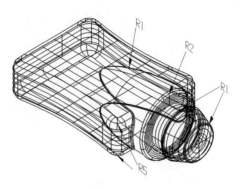

图 4.146　对曲面倒圆角

操作步骤如下。

1)　在俯视绘图平面上绘制一个矩形

(1)　在快捷菜单中设置屏幕视图为【俯视图】，在状态栏中设置绘图平面为【俯视图】，设定 Z 深度为 0，设置绘图模式为 2D。

(2)　切换到【线框】选项卡，单击【矩形】按钮□。先选中【矩形形状】对话框中的【矩形中心点】复选框，再单击【原点】按钮确认矩形的中心点，然后在【宽度】文本框中输入"90"、【高度】文本框中输入"70"，最后单击【确定】按钮。

2)　绘制两圆弧并删除多余的图素

(1)　切换到【线框】选项卡，单击【两点画弧】按钮。输入第一点，选取点 P1(见图 4.147)；输入第二点，选取点 P2；在【半径】文本框中输入"200"，画弧 C1，然后单击【应用】按钮。捕捉点 P3、P4，设置输入半径为"200"，画弧 C2，然后单击【确定】按钮。

(2)　在绘图区选取矩形的上下两条直线，单击【主页】选项卡中的【删除图素】按钮✖，结果如图 4.148 所示。

图 4.147　绘制矩形

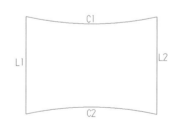

图 4.148　绘制两圆弧

3)　对图形进行倒圆角

单击【修剪】工具栏中的【串连倒圆角】按钮，单击【串连】按钮，将图素 L1、C1、L2、C2 全部串连，单击【线框串连】对话框中的【确定】按钮，在【串连倒圆角】对话框的【半径】文本框中输入"7"，单击【确定】按钮，结果如图 4.149 所示。

4)　将图中所示图形进行平移复制

(1)　切换到【转换】选项卡，单击【平移】按钮。窗选图 4.149 所示的图素，按 Enter 键确定，在【平移】对话框中设置复制次数为 1 次，Z 方向的距离为 12.5，单击【应用】

按钮。用同样的方法，再将图 4.149 所示的图素向下平移，向量 Z 为-12.5。

(2) 在快捷菜单中设置屏幕视图为【前视图】，结果如图 4.150 所示。

图 4.149　对图素串连倒圆角　　　　　　图 4.150　进行平移复制

5) 在前视图上绘制若干图素

(1) 在快捷菜单中设置屏幕视图为【前视图】，在状态栏中设置绘图平面为【前视图】，设定 Z 深度为 0，设置绘图模式为 2D。

(2) 单击【线框】选项卡中的【连续线】按钮，设置直线类型为【水平线】，绘图方式为【两端点】，捕捉点 P1(见图 4.150)，在【长度】文本框中输入"33"，单击【应用】按钮。

(3) 设置直线类型为【垂直线】，捕捉点 P1(见图 4.151)，设置【长度】为 12，单击【应用】按钮。

图 4.151　绘制任意直线

(4) 设置直线类型为【任意线】，捕捉点 P2(作直线 L1)，设置长度为 20(任意长度)，设置角度为 160°，单击【应用】按钮。

(5) 指定起始位置点，捕捉点 P2(作辅助线 L3)，设置长度为 14，设置角度为 180°，单击【应用】按钮。

(6) 指定起始位置点，捕捉点 P3(作辅助线 L2)，设置长度为 20(任意长度)，设置角度为 90°，单击【确定】按钮。

6) 对图形进行修剪延伸，并删除辅助线

切换到【线框】选项卡，单击【分割】按钮，在绘图区选取多余的图素进行修剪，结果如图 4.152 所示。

图 4.152　对图形进行修剪

7) 继续绘制若干直线

(1) 单击【线框】选项卡中的【连续线】按钮╱，设置直线类型为【任意线】，绘图方式为【两端点】，捕捉点 P1(见图 4.152)，设置长度为 100，设置角度为 180°，单击【应用】按钮 ⓥ。

(2) 捕捉点 P2，设置长度为 3，设置角度为-90°，单击【应用】按钮 ⓥ。

(3) 捕捉点 P1(见图 4.153)，设置长度为 10，设置角度为 180°，单击【应用】按钮 ⓥ。

(4) 捕捉点 P2，设置长度为 8，设置角度为 90°，单击【确定】按钮 ⓥ，结果如图 4.153 所示。

8) 绘制圆弧

切换到【线框】选项卡，单击【两点画弧】按钮 ⌒。捕捉端点 P3、端点 P4(见图 4.153)，设置半径为"120"，选取适合圆弧，单击【确定】按钮 ⓥ ，结果如图 4.153 所示。

9) 绘制瓶体上下平面

(1) 在快捷菜单中设置屏幕视图为【等视图】，在状态栏中设置绘图平面为【俯视图】，设定 Z 深度为 0，设置绘图模式为 3D，结果如图 4.154 所示。

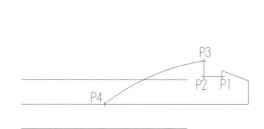

图 4.153　绘制直线和圆弧

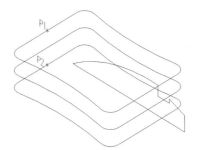

图 4.154　用等视图观看

(2) 切换到操作管理器中的【层别】选项卡，单击【添加新层别】按钮 ✚，就可设置当前层为 2 号层，将 2 号层的名称改为"平面修剪"。

(3) 切换到【曲面】选项卡，单击【平面修剪】按钮 ▣，系统弹出【线框串连】对话框，单击【串连】按钮 ⟋，选取图素于点 P1(见图 4.154)，单击【线框串连】对话框中的【确定】按钮 ✓，再单击【平面修剪】对话框中的【应用】按钮 ⓥ。

(4) 选取图素于点 P2 (见图 4.154)，单击【线框串连】对话框中的【确定】按钮 ✓，再单击【平面修剪】对话框中的【确定】按钮 ⓥ，结果如图 4.155 所示。

10) 用直纹曲面操作生成瓶体四侧曲面

(1) 切换到操作管理器中的【层别】选项卡，单击【添加新层别】按钮 ✚，就可设置当前层为 3 号层，将 3 号层的名称改为"直纹曲面"。再取消选中 2 号层的【高亮】复选框，使得 2 号层不可见。

(2) 切换到【曲面】选项卡，单击【举升】按钮 ▦，系统弹出【线框串连】对话框，单击

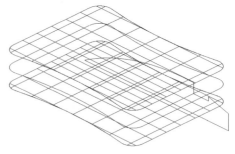

图 4.155　绘制平面

【串连】按钮 ⭢，在绘图区依次选取点 P1 和 P2(见图 4.156)，注意选取方向要一致，起点一致，单击【线框串连】对话框中的【确定】按钮 ☑。在弹出的【直纹/举升曲面】对话框中单击【应用】按钮 ⭕，产生直纹曲面，如图 4.157 所示。

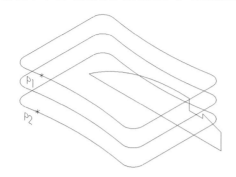

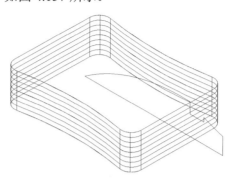

图 4.156　选取图素作为直纹曲面　　　　图 4.157　生成瓶体四侧曲面

11) 用旋转曲面作为瓶口

(1) 切换到操作管理器中的【层别】选项卡，单击【添加新层别】按钮 ➕，就可设置当前层为 4 号层，将 4 号层的名称改为"旋转曲面"。再取消选中 3 号层的【高亮】复选框，使得 3 号层不可见。结果如图 4.158 所示。

(2) 切换到【曲面】选项卡，单击【旋转曲面】按钮 ⬒，系统弹出【线框串连】对话框，单击【串连】按钮 ⭢，在绘图区选取圆弧点 P1(见图 4.158)，单击【线框串连】对话框中的【确定】按钮 ☑，选取直线 L1 作为旋转轴。在旋转曲面工具条中设置起始角度为 0°、结束角度为 360°，单击【确定】按钮 ⭕，结果如图 4.159 所示。

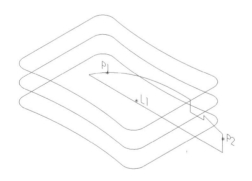

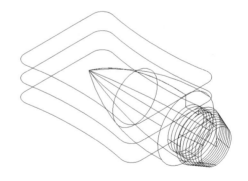

图 4.158　关闭 2、3 号层后的图形　　　　图 4.159　生成瓶口曲面

12) 对瓶口曲面进行倒圆角

(1) 切换到操作管理器中的【层别】选项卡，单击【添加新层别】按钮 ➕，就可设置当前层为 5 号层，将 5 号层的名称改为"瓶口倒圆角曲面"。再取消选中 1 号层的【高亮】复选框，使得 1 号层不可见。结果如图 4.160 所示。

(2) 单击工具栏中的【圆角到曲面】按钮 ⬚，选取曲面 1(见图 4.160)，按键盘上的 Enter 键结束第一组曲面的选取；选取曲面 2(图 4.160)，按键盘上的 Enter 键结束第二组曲面的选取；在【曲面圆角到曲面】对话框中设置【半径】为"1"，并选中【修剪曲面】复选框，如图 4.161 所示。单击【应用】按钮 ⭕。

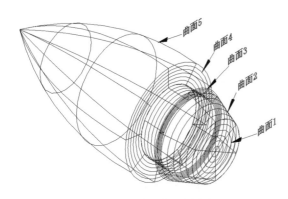

图 4.160　选取曲面倒圆角　　　　　图 4.161　【曲面圆角到曲面】对话框

(3)　选取曲面 2(见图 4.160)，按键盘上的 Enter 键结束第一组曲面的选取；选取曲面 3(见图 4.160)，按键盘上的 Enter 键结束第二组曲面的选取；在【曲面圆角到曲面】对话框中设置【半径】为"1"。单击【应用】按钮  。

(4)　选取曲面 4(见图 4.160)，按键盘上的 Enter 键结束第一组曲面的选取；选取曲面 5(见图 4.160)，按键盘上的 Enter 键结束第二组曲面的选取；在【曲面圆角到曲面】对话框中设置【半径】为"2"。单击【确定】按钮 ，结果如图 4.162 所示。

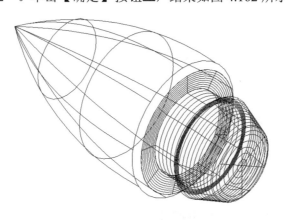

图 4.162　瓶口倒圆角

13)　对瓶体进行倒圆角

(1)　切换到操作管理器中的【层别】选项卡，单击【添加新层别】按钮 ✚，就可设置当前层为 6 号层，将 6 号层的名称改为"瓶体倒圆角曲面"。再取消选中 4、5 号层的【高亮】复选框，使得 4、5 号层不可见。再选中 2、3 号层的【高亮】复选框，使得 2、3 号层可见。

(2)　单击【圆角到曲面】按钮💠，选取曲面 1(见图 4.163)，按键盘上的 Enter 键结束第一组曲面的选取；选取曲面 2(上顶面)、曲面 3(下底面)(见图 4.163)，按键盘上的 Enter 键结束第二组曲面的选取；在【曲面圆角到曲面】对话框中设置【半径】为 "5"，再单击【法向】栏中的【修改】按钮，在绘图区单击法线方向箭头，调整曲面的法线方向，使得三个曲面的法线方向都朝向瓶体内部。单击【确定】按钮💠，结果如图 4.164 所示。

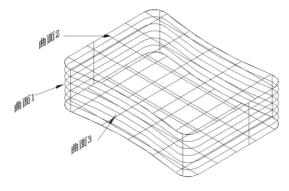

图 4.163　选取曲面倒圆角　　　　　　　　　　图 4.164　瓶体倒圆角

14)　对瓶体与瓶口曲面再进行倒圆角修剪

(1)　切换到操作管理器中的【层别】选项卡，单击【添加新层别】按钮✚，就可设置当前层为 7 号层，将 7 号层的名称改为 "整体倒圆角曲面"。再选中 4、5 号层的【高亮】复选框，使得 4、5 号层可见。此时使 2、3、4、5 号层均可见。

(2)　单击【圆角到曲面】按钮💠，选取曲面 1(上顶面)、曲面 2(上圆角曲面)、曲面 3(侧面)、曲面 4(下圆角曲面)和曲面 5(下底面)，如图 4.165 所示，按键盘上的 Enter 键结束第一组曲面的选取；选取曲面 6(瓶口锥面)(见图 4.165)，按键盘上的 Enter 键结束第二组曲面的选取；在【曲面圆角到曲面】对话框中设置【半径】为 "1"，再单击【法向】栏中的【修改】按钮，在绘图区单击法线方向箭头，调整曲面的法线方向，将所有曲面的法线方向都朝向瓶体的外部。此时，系统会在六曲面之间倒圆角，并对六曲面进行修剪(如果不容易选取曲面或不好确定方向时，可以通过动态旋转来进行观看，还可对曲面进行着色处理来进行观看)。单击【确定】按钮💠，结果如图 4.146 所示。

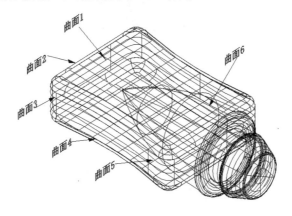

图 4.165　选取曲面倒圆角

4.3.3 曲面修剪

曲面修剪是指将已存在的曲面根据另一个已存在的曲面、曲线、平面形成的边界进行修剪。

1. 修剪到曲线

修剪到曲线是指将曲面修剪到指定的曲线。将图 4.166(a)所示的曲面修剪成图 4.166(b)所示的曲面，操作步骤如下。

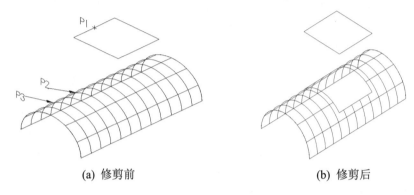

(a) 修剪前   (b) 修剪后

图 4.166   修剪到曲线

(1) 切换到【曲面】选项卡，单击工具栏中的【修剪到曲线】按钮 ⊕。

(2) 选取曲面：选择圆柱曲面，按 Enter 键。

(3) 选取曲线：系统弹出【线框串连】对话框，单击【串连】按钮 ✐，如图 4.166(a)所示选取矩形于点 P1，单击【确定】按钮 ✓。

(4) 指出保留区域：选取曲面去修剪，选取曲面于点 P2，将箭头移至修剪后要保留的位置，放置于点 P3，单击对话框中的【确定】按钮 ⊘，结果如图 4.166(b)所示。

单击如图 4.167 所示【修剪到曲线】对话框中相应的按钮可重新设置修剪参数。

图 4.167   【修剪到曲线】对话框

2. 修剪到曲面

修剪到曲面是指将曲面修剪到指定的曲面。将如图 4.168(a)所示的曲面修剪成如图 4.168(b)所示的曲面，其操作步骤如下。

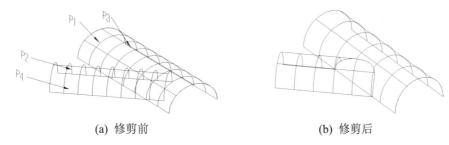

(a) 修剪前　　　　　　　　　　　　(b) 修剪后

图 4.168　修剪到曲面

(1) 切换到【曲面】选项卡，单击工具栏中的【修剪到曲面】按钮。
(2) 选取第一组曲面：选取圆柱曲面于点 P1(见图 4.168(a))，按 Enter 键。
(3) 选取第二组曲面：选取另一圆柱曲面于点 P2(见图 4.168(a))，按 Enter 键。
(4) 在【修剪到曲面】对话框中设置修剪曲面为【两者】。
(5) 指定要保留的位置：选取曲面于点 P1，如图 4.168(a)所示。
(6) 将箭头移至修剪后要保留的位置：放置于点 P3，如图 4.168(a)所示。
(7) 指定要保留的位置：选取曲面于点 P2，如图 4.168(a)所示。
(8) 将箭头移至修剪后要保留的位置：放置于点 P4，如图 4.168(a)所示。
(9) 单击对话框中的【确定】按钮，结果如图 4.168(b)所示。

3. 修剪到平面

修剪到平面是指将曲面修剪到指定的平面。将如图 4.169(a)所示的曲面修剪成如图 4.169(b)所示的平面，其操作步骤如下。

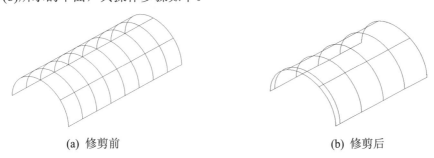

(a) 修剪前　　　　　　　　　　　　(b) 修剪后

图 4.169　修剪到平面

(1) 在快捷菜单中设置屏幕视图为【等视图】，设置绘图平面为【前视图】。
(2) 切换到【曲面】选项卡，单击工具栏中的【修剪到平面】按钮。
(3) 选取曲面：选取圆柱曲面，按 Enter 键。
(4) 选取平面：选取 Z，并在文本框中设置 Z 值为 30。
(5) 平面的法向：【向右】，单击【确定】按钮。(法向方向决定了曲面的保留方向)

(6) 单击【修剪到平面】对话框中的【确定】按钮 ，结果如图 4.169(b)所示。

4. 分割曲面

分割曲面(打断曲面)是指将一曲面沿一个固定的方向分割为两个曲面。分割后的曲面多了一条分割线，用删除功能就可以看出曲面打断前后的区别。将图 4.170(a)所示的曲面分割成图 4.170(b)所示的曲面，操作步骤如下。

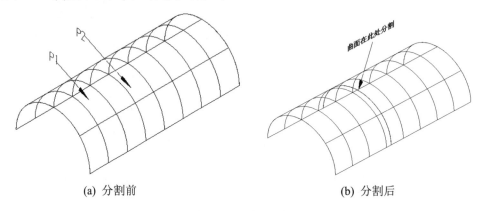

(a) 分割前   (b) 分割后

图 4.170　曲面分割

(1) 切换到【曲面】选项卡，单击工具栏中的【分割曲面】按钮 。
(2) 选取欲分割的曲面：选取曲面于点 P1。
(3) 将光标移至欲分割的位置：将光标置于点 P2。
(4) 选择分割方向：通过 U 单选按钮或 V 单选按钮来选择分割方向。单击【确定】按钮 ，结果如图 4.170(b)所示。

5. 恢复修剪

恢复修剪是指恢复修剪过的曲面。切换到【曲面】选项卡，单击工具栏中的【恢复修剪】按钮 ，将如图 4.171(a)所示的图形恢复修剪成如图 4.171(b)所示的图形。

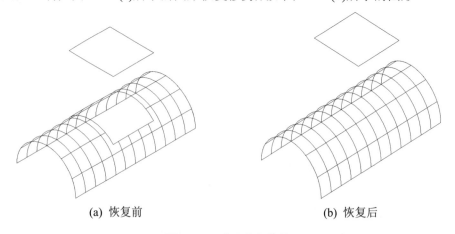

(a) 恢复前   (b) 恢复后

图 4.171　曲面恢复修剪

6. 恢复到修剪边界

恢复到修剪边界是指将修剪过的曲面沿所选边界恢复。切换到【曲面】选项卡，单击工具栏中的【恢复到修剪边界】按钮，如图 4.172(a)所示，将光标置于"曲线 C1"处，让曲线 C1 作为边界来恢复曲面，系统出现提示"是否恢复所有的边界？"，单击【否】按钮，结果如图 4.172(b)所示。

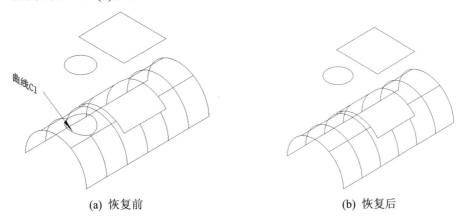

(a) 恢复前　　　　　　　　　　　　　　(b) 恢复后

图 4.172　曲面恢复到修剪边界

7. 曲面延伸

曲面延伸是指将曲面沿指定的边缘延伸指定的长度或延伸到指定的平面。切换到【曲面】选项卡，单击工具栏中的【延伸】按钮。当延伸方式为【依照距离】时，图 4.173(a)所示的曲面延伸长度由【依照距离】文本框中的数值决定；当延伸方式为【至平面】时，图 4.173(b)所示的曲面延伸到指定的平面。

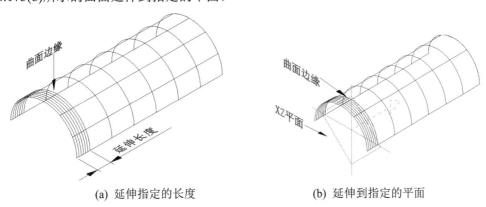

(a) 延伸指定的长度　　　　　　　　　　(b) 延伸到指定的平面

图 4.173　曲面延伸

4.3.4　范例(十五)

例 4.12　按图 4.174(a)所示的尺寸要求，绘制出马鞍形线框，并生成如图 4.174(b)所示的曲面图形。

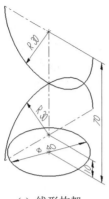

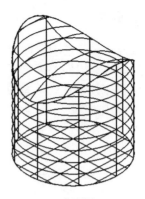

(a) 线形构架   (b) 曲面图形

图 4.174　三维模型

操作步骤如下。

1)　在前视图上绘制圆弧

(1)　在快捷菜单中设置屏幕视图为【前视图】，在状态栏中设置绘图平面为【前视图】，设定 Z 深度为 0，设置绘图模式为 2D。

(2)　单击【极坐标画弧】按钮，系统提示输入圆心点，在键盘上输入(0, 70)，在【极坐标画弧】对话框中设置半径为 30，设置起始角度为 180°，设置结束角度为 360°，如图 4.175 所示，单击【确定】按钮，结果如图 4.176 所示。

图 4.175　【极坐标画弧】对话框

2)　在右视图上绘制另一个圆弧

(1)　在快捷菜单中设置屏幕视图为【右视图】，在状态栏中设置绘图平面为【右视图】，设定 Z 深度为 0，设置绘图模式为 2D。

(2)　单击【极坐标画弧】按钮，系统提示输入圆心点，在键盘上输入(0, 10)，在【极坐标画弧】对话框中设置半径为 30，设置起始角度为 0°，设置结束角度为 180°，单击【确定】按钮，结果如图 4.177 所示。

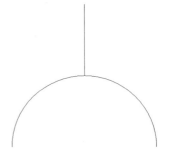

图 4.176　在前视图上绘制一个圆弧　　　　图 4.177　在右视图上绘制一个圆弧

3)　在俯视图上绘制圆弧

(1)　在快捷菜单中设置屏幕视图为【俯视图】，在状态栏中设置绘图平面为【俯视图】，设定 Z 深度为 0，设置绘图模式为 2D。

(2)　切换到【线框】选项卡，单击【已知点画圆】按钮⊙，系统弹出【已知点画圆】对话框，在绘图区单击【原点】按钮，确认圆心点在原点，在【已知点画圆】对话框中输入直径"40"，单击【确定】按钮。

(3)　在快捷菜单中设置屏幕视图为【等视图】，结果如图 4.178 所示。

4)　将圆弧 C1 打断为两段

切换到【线框】选项卡，单击【两点打断】按钮✕，选择要打断的图素 C1(见图 4.178)，指定打断位置，捕捉中点 P1。

5)　用扫描曲面功能生成马鞍形曲面

(1)　切换到操作管理器中的【层别】选项卡，单击【添加新层别】按钮➕，就可设置当前层为 2 号层。

(2)　切换到【曲面】选项卡，单击工具栏中的【扫描】按钮，系统弹出【线框串连】对话框，单击【单体】按钮，选取截断方向外形，选取圆弧 C1 于点 P1(见图 4.179)，单击【线框串连】对话框中的【确定】按钮。

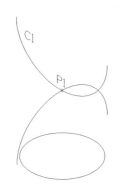

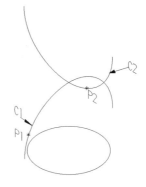

图 4.178　选择要打断的图素 C1　　　　图 4.179　选取图素作为扫描曲面

(3)　系统弹出【线框串连】对话框，单击【单体】按钮，定义引导方向外形，选取圆弧 C2 于点 P2(见图 4.179)，单击【线框串连】对话框中的【确定】按钮。单击【扫描曲面】对话框中的【应用】按钮，结果如图 4.180 所示。

(4) 用同样的方法绘制第二个扫描曲面。单击【单体】按钮，选取截断方向外形，选取圆弧 C1 于点 P1(见图 4.180)；单击【线框串连】对话框中的【确定】按钮。

(5) 单击【单体】按钮，定义引导方向外形，选取圆弧 C2 于点 P2(见图 4.180)，单击【线框串连】对话框中的【确定】按钮。单击【扫描曲面】对话框中的【应用】按钮，结果如图 4.181 所示。

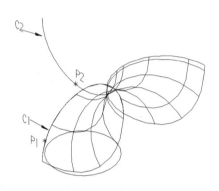

图 4.180　扫描曲面(1)

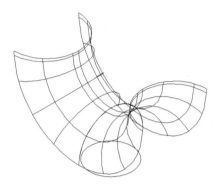

图 4.181　扫描曲面(2)

6) 用拔模曲面功能生成圆柱曲面

(1) 切换到操作管理器中的【层别】选项卡，单击【添加新层别】按钮，就可设置当前层为 3 号层。取消选中 2 号层的【高亮】复选框，使得 2 号层不可见，结果如图 4.182 所示。

(2) 单击顶部工具栏中的【拔模】按钮，系统弹出【线框串连】对话框，单击【单体】按钮，选取圆弧 C1，按 Enter 键，系统弹出【牵引曲面】对话框(见图 4.183)，在【长度】下拉列表框中输入 60，在【角度】下拉列表框中输入 0，单击【确定】按钮，结果如图 4.184 所示。

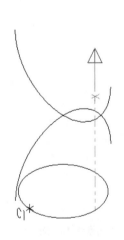

图 4.182　选取图素作为拔模曲面

图 4.183　【牵引曲面】对话框

图 4.184　生成圆柱曲面

7) 用平面修剪功能生成底平面

(1) 切换到操作管理器中的【层别】选项卡，单击【添加新层别】按钮，就可设置当前层为 4 号层。取消选中 3 号层的【高亮】复选框，使得 3 号层不可见，结果如图 4.185 所示。

(2) 切换到【曲面】选项卡，单击工具栏中的【平面修剪】按钮 ，系统弹出【线框串连】对话框，单击【串连】按钮 ，选取圆弧 C1(见图 4.185)，单击【线框串连】对话框中的【确定】按钮 ，再单击【平面修剪】对话框中的【确定】按钮 ，结果如图 4.186 所示。

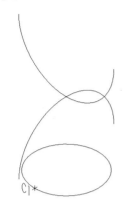

图 4.185 选取平面修剪图素

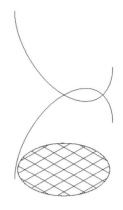

图 4.186 生成底平面

8) 用曲面修剪功能修剪曲面

(1) 选中 2、3 号层的【高亮】复选框，使得 2、3 号层可见。

(2) 切换到【曲面】选项卡，单击工具栏中的【修剪到曲面】按钮 。选取第一组曲面：选取圆柱曲面于点 P1(见图 4.187)，按 Enter 键。

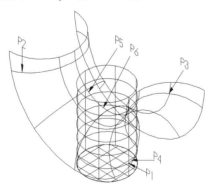

图 4.187 选取曲面进行修剪

(3) 选取第二组曲面：选取左边马鞍形曲面于点 P2，选取右边马鞍形曲面于点 P3，按 Enter 键，指定保留区域，选取曲面于点 P1，将箭头移至修剪后要保留的位置，放置于点 P4，指定保留区域，选取曲面于点 P5，将箭头移至修剪后要保留的位置，放置于点 P6(必要时可用动态旋转来进行保留曲面的选取)，最后单击【确定】按钮 。结果如图 4.174(b) 所示。

4.3.5　习题

1. 将如图 4.188(a)所示的曲面进行曲面倒圆角，圆角半径为 5，倒出圆角曲面的结果如图 4.188(b)所示，具体尺寸如图 4.60 所示。

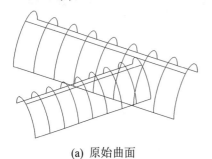

(a) 原始曲面　　　　　　　　　　(b) 曲面倒圆角

图 4.188　曲面倒圆角

2. 将如图 4.189(a)所示的曲面进行曲面倒圆角，圆角半径为 5，倒出圆角曲面的结果如图 4.189(b)所示，具体尺寸如图 4.127(a)所示。

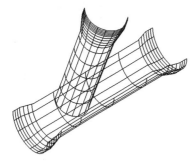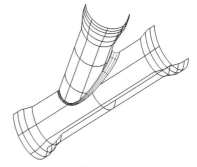

(a) 原始曲面　　　　　　　　　　(b) 曲面倒圆角

图 4.189　曲面倒圆角

3. 将如图 4.190(a)所示的曲面进行曲面修剪，修剪后的曲面结果如图 4.190(b)所示。具体尺寸如图 4.133(a)所示。

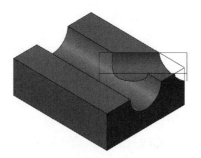

(a) 原始曲面　　　　　　　　　　(b) 修剪后的曲面

图 4.190　曲面修剪

4.4　曲面与曲线

在 Mastercam 中绘制曲线的方法比较简单，在前面介绍绘制直线、圆弧的操作中，选取空间绘图平面上的点，或采用空间坐标方式输入坐标，即可绘制三维曲线。同时，Mastercam 还提供了单独的曲线(具体见 2.1.7 节)功能和在曲面或实体上绘制三维曲线的功能。

4.4.1　曲线功能

【线框】选项卡中的【曲线】工具栏中有 9 个功能选项，如图 4.191 所示。下面分别介绍各种功能。

图 4.191　【曲线】工具栏

1. 单一边界线

使用【单一边界线】功能可以绘制曲面、实体或实体表面的一条边线。如图 4.192(a) 所示，选取曲面图形，并将光标移至点 P1 处，系统会自动绘制出所选边缘的边界曲线，如图 4.192(b)所示。

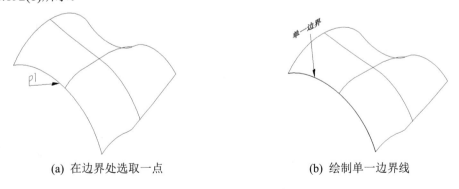

(a) 在边界处选取一点　　　　　　　　(b) 绘制单一边界线

图 4.192　生成曲面的单一边界曲线

2. 所有曲线边界

使用【所有曲线边界】功能可以绘制曲面、实体或实体表面的所有边线。如图 4.193(a)

所示，选取曲面图形于点 P1，按 Enter 键，系统会自动绘制出曲面的所有边界曲线，如图 4.193(b)所示。

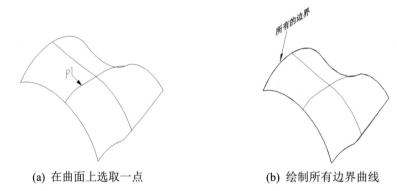

(a) 在曲面上选取一点　　　　　　　(b) 绘制所有边界曲线

图 4.193　生成曲面的所有边界曲线

3. 剖切线

使用【剖切线】功能可以绘制曲面或实体表面与平面的交线。在如图 4.194(a)所示的曲面图形上绘制出如图 4.194(b)所示的剖切线。

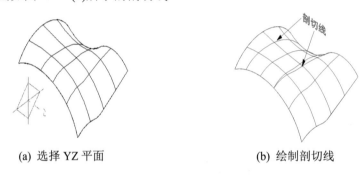

(a) 选择 YZ 平面　　　　　　　(b) 绘制剖切线

图 4.194　绘制曲面与平面相交的曲线

其操作步骤如下。

(1)　在快捷菜单中设置屏幕视图为【等视图】，在绘图区设置绘图平面为【俯视图】。

(2)　切换到【线框】选项卡，单击【曲线】工具栏中的【剖切线】按钮 。

(3)　在绘图区选取图中曲面(见图 4.194(a))，按键盘上的 Enter 键确认选取。

(4)　在【剖切线】对话框中单击【重新选择】按钮，如图 4.195 所示。

(5)　在【选择平面】对话框中单击 X 按钮 X (即为 YZ 平面)，设置 YZ 平面的 X 坐标为 10(见图 4.196)，单击【确定】按钮 。

(6)　将剖切【间距】设置为 25，再单击【剖切线】对话框中的【确定】按钮 ，结果如图 4.194(b)所示。

4. 曲面交线

使用【曲面交线】功能可以绘制两组曲面的交线。如图 4.197(a)所示，选择曲面 1 作为第一组曲面，曲面 2 作为第二组曲面，则会在两曲面之间生成交线，如图 4.197(b)所示。

图 4.195　【剖切线】对话框　　　　　图 4.196　【选择平面】对话框

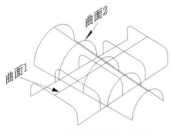

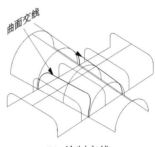

(a) 选取两相交曲面　　　　　　　(b) 绘制交线

图 4.197　绘制曲面与曲面的相交曲线

5. 流线曲线

使用【流线曲线】功能可以在曲面或实体的表面同时绘制多条曲面的方向曲线，如图 4.198 所示。曲线的多少由曲线数目参数决定，可以对该参数进行修改。

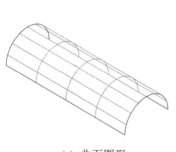

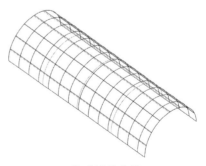

(a) 曲面图形　　　　　　　　　　(b) 生成流线曲线

图 4.198　绘制多条曲面方向曲线

6. 绘制指定位置曲面曲线

使用【绘制指定位置曲面曲线】功能可以在选取的曲面位置处沿曲面的截断方向或引导方向创建曲线，如图 4.199 所示。

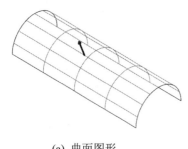

(a) 曲面图形

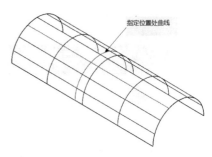

指定位置处曲线

(b) 生成指定位置曲线

图 4.199　绘制指定位置曲面曲线

7. 分模线

使用【分模线】功能可以绘制曲面、实体或实体表面的分割线。将如图 4.200(a)所示的曲面进行分模线处理，生成如图 4.200(b)所示的曲面，其操作步骤如下。

(1) 在快捷菜单中设置屏幕视图为【等视图】。

(2) 切换到【线框】选项卡，单击【曲线】工具栏中的【分模线】按钮⌣。

(3) 在绘图区状态栏中设置绘图平面为【右视图】。

(4) 窗选绘图区所有曲面(见图 4.200(a))，按键盘上的 Enter 键结束选取。

(5) 单击【分模线】对话框中的【确定】按钮◎，结果如图 4.200(b)所示。

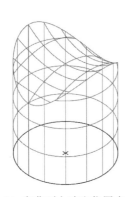

(a) 在曲面上选取位置点

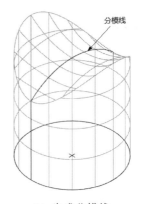

分模线

(b) 生成分模线

图 4.200　绘制分模曲线

8. 曲面曲线

使用【曲面曲线】功能可以绘制曲线在曲面或实体表面的投影曲线。如图 4.201(a)所示，将曲线向曲面进行投影，这时绘图平面应设置为【俯视图】，投影方式设置为 V，则得到的投影结果如图 4.201(b)所示。

9. 动态曲线

使用【动态曲线】功能可以通过在曲面或实体的表面动态地选取曲线要通过的点，使用这些点和设置的参数来绘制动态曲线。在图 4.202(a)上选取点 P1、P2、P3、P4 来绘制如图 4.202(b)所示的曲线，用的就是动态绘制曲线的方法。

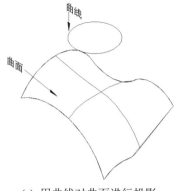
(a) 用曲线对曲面进行投影

(b) 生成投影曲线

图 4.201　绘制投影曲线

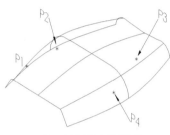
(a) 在曲面上选取点

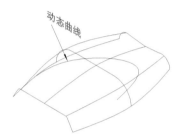
(b) 生成动态曲线

图 4.202　绘制动态曲线

4.4.2　范例(十六)

例 4.13　在如图 4.203(a)所示的曲面图形中绘制曲面交线，绘制曲面交线后的图形如图 4.203(b)所示。具体尺寸如图 4.86 所示。

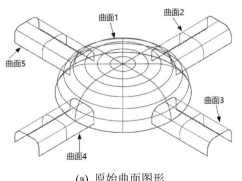
(a) 原始曲面图形

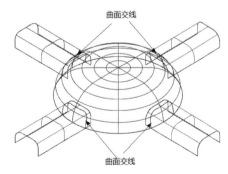
(b) 绘制曲面交线

图 4.203　曲面交线

操作步骤如下。

(1) 切换到操作管理器中的【层别】选项卡,单击【添加新层别】按钮➕,就可设置当前层为 2 号层。

(2) 切换到【线框】选项卡,单击【曲线】工具栏中的【曲面交线】按钮。选取第一组曲面,即"曲面 1"(见图 4.203(a)),按键盘上的 Enter 键结束第一组曲面的选取;选取第二组曲面,即"曲面 2""曲面 3""曲面 4""曲面 5",按键盘上的 Enter 键结束第二组曲面的选取。

(3) 单击【曲面交线】对话框中的【确定】按钮,结果如图 4.203(b)所示。

4.4.3 习题

1. 将如图 4.204(a)所示的曲面图形进行修剪,修剪的结果如图 4.204(b)所示。具体尺寸如图 4.134(a)所示。

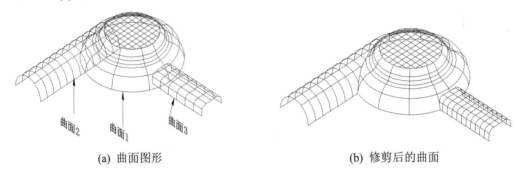

(a) 曲面图形   (b) 修剪后的曲面

图 4.204   曲面修剪

2. 将如图 4.205(a)所示的曲面图形,用曲面修剪功能进行修剪,修剪的结果如图 4.205(b)所示。具体尺寸如图 4.131(a)所示。

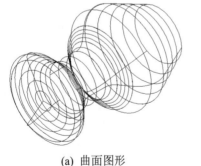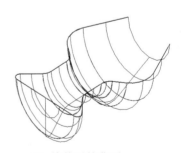

(a) 曲面图形   (b) 修剪后的曲面

图 4.205   曲面修剪

第 5 章　实体的构建与编辑

Mastercam 提供了 5 种基本实体造型方法，可以方便地生成简单的实体；还提供了拉伸、举升、旋转、扫描等造型方法，可以生成较复杂的实体；除此之外，还具有对实体进行编辑操作的功能，如倒圆角、倒角、抽壳、修剪以及布尔运算等，这样可以生成更加复杂的实体。利用 Mastercam 所提供的实体功能基本可以满足人们的造型需要。

5.1　实体的构建

Mastercam 中的实体是指一个封闭的三维几何图素，它占有一定的空间，包含一个或多个面，这些面构成实体的封闭边界。【实体】选项卡如图 5.1 所示。

图 5.1　【实体】选项卡

Mastercam 提供了圆柱体、圆锥体、立方体、圆球及圆环体 5 种形状的基本实体。其创建方法和创建基本曲面的方法相同，只需选中相应对话框中的【实体】单选按钮即可，如图 5.2 所示。基本实体的创建方法可参考基本曲面的创建方法，这里就不再进行介绍了。

图 5.2　【基本 圆柱体】对话框

5.1.1　拉伸实体与举升实体

1. 拉伸实体

拉伸实体是对串连平面曲线进行拉伸生成实体的操作方法。用于串连的曲线可以是封闭的，也可以是开放的。当为封闭的曲线时，可以拉伸产生实体或薄壁实体；当为开放的曲线时，则只能拉伸产生薄壁实体。两种曲线产生的拉伸实体如图 5.3 所示。其中，如图 5.3(a)所示为拉伸封闭曲线产生的实体，如图 5.3(b)所示为拉伸开放曲线产生的薄壁实体。

切换到【实体】选项卡，单击工具栏中的【拉伸】按钮 即可进入创建拉伸实体的操作。首先，系统弹出【线框串连】对话框，如图 5.4 所示。选择需要拉伸的图素后，单击【确定】按钮 。此时，系统会在绘图区高亮显示所选的图素和将要拉伸实体的方向，同时弹出【实体拉伸】对话框，该对话框包括【基本】和【高级】两个选项卡，其中【基本】选项卡如图 5.5 所示。

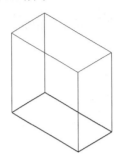

(a) 拉伸封闭曲线产生的实体   (b) 拉伸开放曲线产生的薄壁实体

图 5.3   两种曲线产生的拉伸实体

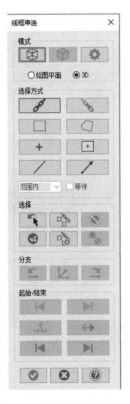

图 5.4   【线框串连】对话框

图 5.5   【基本】选项卡

1)   【基本】选项卡中的参数

【基本】选项卡中各选项的含义如下。

● 【名称】文本框：输入拉伸操作的名称，可以使用系统的默认值，也可以自己设定。

● 【类型】选项组：用来设置拉伸操作的模式，共有三个单选按钮，第一个是【创建主体】单选按钮，用于新实体的构建；第二个是【切割主体】单选按钮，将生成的实体作为工件主体在选取的目标主体上进行切除操作；第三个是【添加凸台】

单选按钮，将生成的实体作为工件主体和选取的目标主体进行叠加操作。当绘图区有多个实体主体时，可以通过单击【目标】按钮 在绘图区选择目标主体进行操作。

- 【串连】列表框：用于显示拉伸的图素，单击鼠标右键可进行图素的移除、反向、添加和全部重建等操作。
    - 【全部反向】单选按钮 ：可以设置拉伸方向与绘图区显示的拉伸方向反向。
    - 【添加串连】单选按钮 ：用来增加拉伸图素。
    - 【全部重建】单选按钮 ：取消选取所有图素，然后重新选取图素进行拉伸。
- 【距离】选项组：用来设置拉伸距离。
    - 【距离】单选按钮：可直接输入数值来设置拉伸距离。
    - 【全部贯通】单选按钮：只有在进行"切割实体"操作时有效，是指沿着拉伸方向完全贯通切除选取的目标主体。
    - 【两端同时延伸】复选框：在拉伸方向的正反两个方向同时进行拉伸操作。
- 【修剪到指定面】复选框：将拉伸的工件主体修剪至目标主体的一个面上，只有在切割实体或增加凸缘的模式下才能进行设置。

2) 【高级】选项卡中的参数

【高级】选项卡(见图 5.6)中各选项的含义如下。

- 【拔模】复选框：用来设置拉伸操作是否倾斜及倾斜的方向和角度。
    - 【角度】下拉列表框：用来设置倾斜角度。
    - 【反向】复选框：可以设置拔模方向与绘图区显示的拔模方向反向。
- 【壁厚】复选框：只对薄壁拉伸的参数设置有效。
    - 【方向 1】单选按钮：是指拉伸的实体厚度延伸方向为向内延伸。
    - 【方向 2】单选按钮：是指拉伸的实体厚度延伸方向为向外延伸。
    - 【两端】单选按钮：是指拉伸的实体厚度延伸方向为向内和向外两个方向同时延伸。
    - 【方向 1】下拉列表框：用来设置向内延伸的厚度值。
    - 【方向 2】下拉列表框：用来设置向外延伸的厚度值。
- 【平面方向】文本框：用来设置拉伸的向量。

2. 举升实体

举升实体是一种将两个或两个以上的曲线(截面)进行线性连接或平滑连接而产生实体的一种操作方法。在举升中选取的每一个截面必须封闭且共面，但各截面间可以不平行。在构建举升实体时的注意事项与构建举升/曲面时一样。

切换到【实体】选项卡，单击工具栏中的【举升】按钮 ，可进入创建举升实体的操作。选择举升的图素后，单击【确定】按钮 ，系统弹出如图 5.7 所示的【举升】对话框。举升操作类型中三个单选按钮的含义与前面拉伸操作中相应选项的含义相同。当【创建直纹实体】复选框被选中时，采用线性熔接方式生成直纹实体；当取消选中该复选框时，则采用光滑熔接方式生成举升实体。单击【确定】按钮 ，系统即按所设定的参数进行操作，生成举升实体或直纹实体。

图 5.6 【实体拉伸】对话框中的【高级】选项卡   图 5.7 【举升】对话框中的【基本】选项卡

5.1.2 范例(十七)

例 5.1 根据如图 5.8 所示的支架零件图绘制相应的线架,并通过拉伸操作创建零件实体。

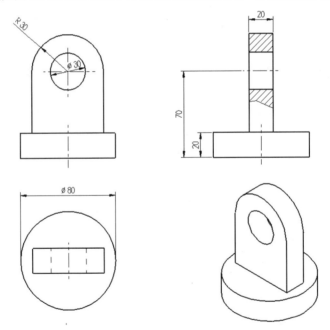

图 5.8 支架零件图

操作步骤如下。

1) 在俯视图上绘制一个圆

(1) 在快捷菜单中设置屏幕视图为【等视图】,在状态栏中设置绘图平面为【俯视图】,设定 Z 深度为 0,设置绘图模式为 2D。

(2) 单击【线框】选项卡中的【已知点画圆】按钮⊙,单击【原点】按钮,选择原点作为圆心点,在【已知点画圆】对话框的【半径】文本框中输入半径"40",单击【确定】按钮。

2）　在前视图上绘制一个矩形和两个圆弧并删除多余的线形

（1）在状态栏中设置绘图平面为【前视图】，设定 Z 深度为 0，设置绘图模式为 2D。

（2）切换到【线框】选项卡，单击工具栏中的【矩形】下拉按钮，再单击【圆角矩形】按钮□。单击【原点】按钮，确认矩形的中心点，如图 5.9 所示在【矩形形状】对话框中设置矩形的宽为 60、高为 70、固定位置点为"下边线中点"，单击【确定】按钮，结果如图 5.10 所示。

（3）切换到【线框】选项卡，单击工具栏中的【两点画弧】按钮。输入第一点时，选取点 P1 (见图 5.10)；输入第二点时，选取点 P2 (见图 5.10)；在【半径】文本框中输入"30"，单击【确定】按钮。

（4）单击【已知点画圆】按钮⊕，系统弹出【已知点画圆】对话框，在绘图区捕捉直线的中点 P3 (见图 5.10)，确定圆心位置，在【已知点画圆】对话框中输入直径"30"，单击【确定】按钮。

图 5.9　【矩形形状】对话框

（5）在绘图区选择矩形的上边线 L1 (见图 5.10)，单击【主页】选项卡中的【删除图素】按钮✖，结果如图 5.11 所示。

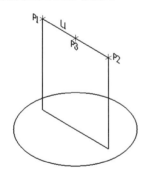

图 5.10　绘制圆弧和矩形

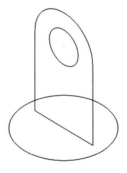

图 5.11　绘制圆弧

3）　对直径为 80 的圆弧进行拉伸实体操作

切换到【实体】选项卡，单击工具栏中的【拉伸】按钮，系统弹出【线框串连】对话框时，在绘图区选择 ϕ80 圆，并单击【确定】按钮。在【实体拉伸】对话框中设置【距离】为 20，通过【全部反向】按钮调整拉伸方向为向上拉伸后，单击【应用】按钮，如图 5.12 所示。

4）　对前视图上的图形进行拉伸实体操作

选择如图 5.13 所示的点 P1 和 P2，并单击【确定】按钮，在弹出的【实体拉伸】对话框中设置如图 5.14 所示的参数，单击【确定】按钮，完成实体创建。

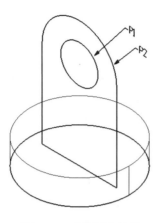

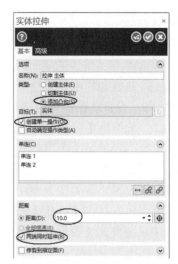

图 5.12　设置实体拉伸参数(1)　　　　图 5.13　选取图素拉伸　　　图 5.14　设置实体拉伸参数(2)

例 5.2　根据如图 5.15 所示的平台零件图绘制相应的线架，并通过举升实体操作创建零件。

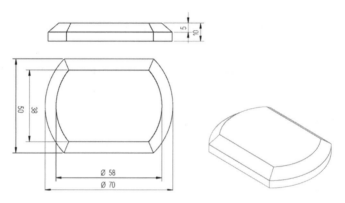

图 5.15　平台零件图

操作步骤如下。

1)　在俯视图上绘制两个矩形和两个圆

(1)　在快捷菜单中设置屏幕视图为【俯视图】，在状态栏中设置绘图平面为【俯视图】，设定 Z 深度为 0，绘图模式为 2D。

(2)　切换到【线框】选项卡，单击工具栏中的【矩形】按钮□。系统弹出【矩形形状】对话框，先选中【矩形中心点】复选框，再在【宽度】文本框中输入"70"、【高度】文本框中输入"50"，单击【原点】按钮⊿，确认矩形的中心点，然后单击对话框中的【应用】按钮◉。

(3)　在【宽度】文本框中输入"58"，在【高度】文本框中输入"38"，单击【原点】按钮⊿，确认矩形的中心点，然后单击【确定】按钮◉。

(4)　单击【已知点画圆】按钮⊙，系统弹出【已知点画圆】对话框，单击【原点】按钮⊿，确定圆心位置，在【已知点画圆】对话框中输入直径"70"，单击【应用】按钮◉。

(5)　单击【原点】按钮⊿，确定圆心位置，在【已知点画圆】对话框中输入直径"58"，单击【确定】按钮，结果如图 5.16 所示。

2)　对图素进行修剪编辑

切换到【线框】选项卡，单击【分割】按钮，在绘图区选取多余的图素进行修剪。修剪后的结果如图 5.17 所示。

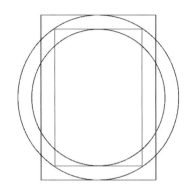

图 5.16　绘制的两个矩形和两个圆

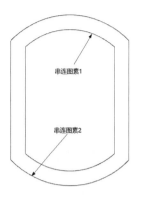

图 5.17　编辑后的图形

3)　对图素进行平移操作

(1)　切换到【转换】选项卡，单击【平移】按钮。单击绘图区快速选取工具条中的【串连】按钮，串连选取图素 1，按 Enter 键确定，在【平移】对话框中设置方式为【移动】，移动次数为 1 次，Z 方向的距离为 10，单击【应用】按钮。

(2)　串连选取图素 2，按 Enter 键确定，在【平移】对话框中设置方式为【复制】，移动次数为 1 次，Z 方向的距离为 5，单击【确定】按钮。

(3)　在快捷菜单中设置屏幕视图为【等视图】，图形显示如图 5.18 所示。

4)　对图形进行举升实体操作

切换到【实体】选项卡，单击工具栏中的【举升】按钮，系统弹出【线框串连】对话框，在绘图区用串连的方式依次选取线框 1、线框 2、线框 3(见图 5.18)，为保证三个线框的起点和方向一致，所选图形最好同侧并且选取位置要靠近端点(点 P1、点 P2、点 P3)，单击【确定】按钮。

在如图 5.19 所示的【举升】对话框中，选中【创建直纹实体】复选框，单击【确定】按钮，完成实体创建。

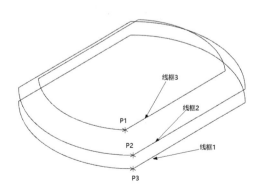

图 5.18　平移图形

图 5.19　【举升】对话框的【基本】选项卡

5.1.3 旋转实体与扫描实体

1. 旋转实体

旋转实体是将串连曲线绕选择的旋转轴进行旋转而产生实体的一种操作方法。用于串连的曲线既可以是封闭的，也可以是开放的。当为封闭的曲线时，产生的是实体；当为开放的曲线时，产生的是薄壁。由旋转构建产生的实体可以是直接生成的，也可以是在已有的实体上增加或减去生成的。

切换到【实体】选项卡，单击工具栏中的【旋转】按钮 可进入创建旋转实体的操作。首先，系统弹出【线框串连】对话框，在选择了需要旋转的串连图素后，单击【确定】按钮 ，随后系统提示选择一条直线作为旋转轴，操作完成后，系统弹出【旋转实体】对话框，该对话框中有两个选项卡，下面将分别进行介绍。

1) 【基本】选项卡

在如图 5.20 所示的【基本】选项卡中，【类型】选项组中的参数设置与拉伸实体的对应部分相同，在这里不作介绍。下面仅对【角度】选项组中各参数的含义进行介绍。

- 【起始】下拉列表框：在该下拉列表框中输入旋转操作的起始角度。
- 【结束】下拉列表框：在该下拉列表框中输入旋转操作的结束角度。

当绘图区旋转实体的实际旋转方向与要求的相反时，可以单击【旋转轴反向】按钮 来进行反向。

2) 【高级】选项卡

【旋转实体】对话框中的【高级】选项卡包含的选项及其功能与【实体拉伸】对话框中的【高级】选项卡一样，如图 5.21 所示，在这里不作介绍。

图 5.20 【旋转实体】对话框中的【基本】选项卡 图 5.21 【旋转实体】对话框中的【高级】选项卡

2. 扫描实体

扫描实体是将串连曲线(截面)沿选择的导引曲线(路径)平移或旋转而生成实体的一种操作方法。由扫描构建产生的实体可以是直接生成的，也可以是在已有的实体上增加或减去而生成的。在扫描操作中选取的每一个截面都必须是封闭的且要共面。

切换到【实体】选项卡，单击工具栏中的【扫描】按钮，可进入创建扫描实体的操作。首先，系统弹出【线框串连】对话框，选择要扫描的截面后，单击【确定】按钮；系统再次弹出【线框串连】对话框，提示选择扫描路径的串连图素，选取完成后在如图 5.22 所示的【扫描】对话框中进行参数设置。【类型】选项组中三个单选按钮的含义与前面拉伸操作中相应选项的含义相同。扫描曲面对齐方式有两种，介绍如下。

图 5.22　【扫描】对话框

- 【法向】：用于生成扫描截面始终与扫描引导方向的法线平行的扫描实体。它与扫描曲面中的【旋转】方式相同。
- 【平行】：用于生成扫描截面始终沿着引导方向平移的扫描实体。它与扫描曲面中的【转换】方式相同。

对【扫描】对话框进行相应的设置后再单击【确定】按钮，系统即按所设定的参数进行扫描操作并生成实体。

5.1.4　范例(十八)

例 5.3　根据如图 5.23 所示的杯子零件图绘制相应的线架，并通过旋转和扫描操作创建零件实体。

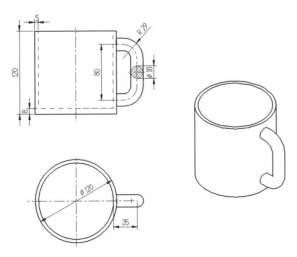

图 5.23　杯子零件图

操作步骤如下。

1) 在前视构图面上绘制杯体的线形构架

(1) 在快捷菜单中设置屏幕视图为【前视图】,在状态栏中设置绘图平面为【前视图】,设定 Z 深度为 0,绘图模式为 2D。

(2) 切换到【线框】选项卡,单击工具栏中的【矩形】按钮□,系统弹出【矩形形状】对话框,先选中【矩形中心点】复选框,再在【宽度】文本框中输入"60"、【高度】文本框中输入"8",单击【原点】按钮⊥,确认矩形的中心点,然后再单击对话框中的【确定】按钮◎。

(3) 单击工具栏中的【矩形】下拉按钮,再单击【圆角矩形】按钮▭。基准点的位置设置为右下角点,然后捕捉前一个矩形的右上角点 P1(见图 5.24)定位,在【矩形形状】对话框中设置矩形的宽为 5、高为 112,单击【确定】按钮◎,完成矩形绘制。

(4) 单击工具栏中的【连续线】按钮╱,设置直线类型为【垂直线】,绘图方式为【两端点】,在如图 5.24 所示绘图区的大概位置上拾取点 P2 和 P3,在【轴向偏移】文本框中输入"0",单击【确定】按钮◎。

(5) 单击【分割】按钮╳,在绘图区完成直线 L1、L2、L3 的修剪。

(6) 在绘图区选取直线 L4,单击【主页】选项卡中的【设置全部】按钮▤,在【属性】对话框中设置【线型】为中心线,如图 5.25 所示,单击【确定】按钮✓,完成线型的转变,结果如图 5.26 所示。

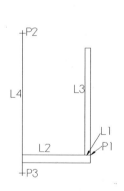

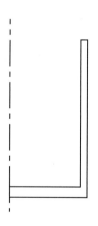

图 5.24 绘制辅助矩形　　　图 5.25 【属性】对话框　　　图 5.26 杯体构架

2) 在前视构图面上绘制把手的线形构架

(1) 切换到【线框】选项卡,单击工具栏中的【矩形】下拉按钮,再单击【圆角矩形】按钮▭。将基准点设置为左边线的中点,然后捕捉前一个矩形的左边线中点 P1(见图 5.27)定位,在【矩形形状】对话框中设置矩形的宽为 35、高为 80,单击【确定】按钮◎。

(2) 在绘图区选取矩形左边直线 L4(见图 5.27),单击【主页】选项卡中的【删除图素】按钮✕。

(3) 单击【修剪】工具栏中的【图素倒圆角】按钮◠,系统弹出【图素倒圆角】对话框。在对话框的【半径】文本框中输入"20"，并选中【修剪图素】复选框。在绘图区选取直线 L1(见图 5.27)，再选取另一直线 L2；接着选取直线 L2，再选取另一直线 L3。单击【确定】按钮 ⊘，结果如图 5.28 所示。

(4) 在快捷菜单中设置屏幕视图为【等视图】，在状态栏中设置绘图平面为【右视图】，设定 Z 深度，捕捉端点 P1(Z=55)，如图 5.28 所示。设置绘图模式为 2D。

(5) 单击【已知点画圆】按钮 ⊙，系统弹出【已知点画圆】对话框，捕捉圆心点 P1(见图 5.28)确定圆心位置，在【已知点画圆】对话框中输入直径"18"，单击【确定】按钮 ⊘，结果如图 5.29 所示。

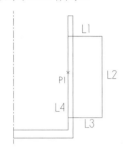 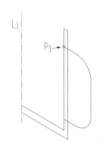 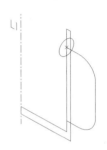

图 5.27　绘制辅助矩形　　图 5.28　绘制把手的扫描路径　　图 5.29　生成把手的截面图形

3) 采用旋转实体构建杯体

(1) 切换到操作管理器中的【层别】选项卡，单击【添加新层别】按钮 ✚，就可设置当前层为 2 号层。

(2) 切换到【实体】选项卡，单击工具栏中的【旋转】按钮，进入创建旋转实体的操作。选择需要旋转的串连图素，如图 5.30 所示，选取串连图素于点 P1，单击【线框串连】对话框中的【确定】按钮 ⊘；选择直线 L1 作为旋转轴线，然后在【旋转实体】对话框中设置旋转的起始角度为 0°，旋转的结束角度为 360°，单击【确定】按钮 ⊘，结果如图 5.31 所示。

(3) 切换到操作管理器中的【层别】选项卡，单击【添加新层别】按钮 ✚，就可设置当前层为 3 号层。

(4) 单击【实体】选项卡中的【扫描】按钮，进入创建扫描实体的操作。首先，选取要扫描的截面图素，在弹出的【线框串连】对话框中单击【单体】按钮，选取圆 C1(见图 5.31)，单击【确定】按钮 ⊘；然后选择扫描路径的串连图素，选取曲线于点 P1，在弹出的【扫描】对话框中设置扫描类型为【添加凸缘】、对齐方式为【法向】，单击【确定】按钮 ⊘，结果如图 5.32 所示。

 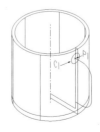 

图 5.30　选取旋转图素　　图 5.31　生成杯体　　图 5.32　用扫描实体生成把手

(5) 切换到操作管理器中的【层别】选项卡，取消选中 1 号层的【高亮】复选框，结果如图 5.23 所示。

5.1.5 薄片实体

薄片实体是一种不具有厚度的实体，构建薄片实体的方法有两种：一种是转换未封闭的曲面构建薄片实体；另一种是移除封闭实体的一个面后再构建薄片实体。另外，还可以将薄片实体转换为封闭实体。下面就介绍这三种操作方法。

1. 由曲面生成实体

由曲面生成实体操作，是将一个或多个曲面转换为实体。生成的实体有两种形式：如果选择的曲面为封闭曲面，转换生成封闭实体；如果曲面为未封闭的曲面，则生成薄片实体。

图 5.33 【由曲面生成实体】对话框

切换到【实体】选项卡，单击【由曲面生成实体】按钮，可进入由曲面转换实体的操作。此时系统会弹出如图 5.33 所示的【由曲面生成实体】对话框，该对话框用于设置曲面转换为实体操作中的有关参数。

【由曲面生成实体】对话框中各项参数的功能如下。

- 【选择】列表框：显示选择的需要进行转换的曲面。
- 【原始曲面】选项组：用于设置完成转换操作后是否保留原始曲面。有【保留】、【消隐】和【删除】三种选择。
- 【公差】下拉列表框：用于指定转换操作中生成的实体与原曲面间的边界误差。误差值设置得越小，生成的实体外形越接近原曲面。
- 【在开放边界上创建曲线】复选框：选中该复选框会创建边界曲线。

封闭曲面转换成实体如图 5.34 所示。其中，如图 5.34(a)所示为一个封闭的曲面图形。当选择所有的曲面进行曲面转换为实体操作时，所有的曲面都进行了转换，生成一个如图 5.34(b)所示的封闭实体。

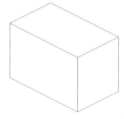

(a) 封闭曲面　　　　　　　　　　　　(b) 封闭实体

图 5.34 封闭曲面转换成封闭实体

开放曲面转换成薄片实体如图 5.35 所示。其中，如图 5.35(a)所示为立方体的三个侧面。它们并没有组成一个封闭曲面。当选择所有的曲面进行曲面转换为实体操作时，所有的曲面都进行了转换，生成了一个如图 5.35(b)所示的薄片实体。

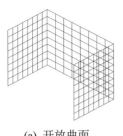

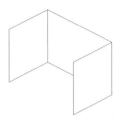

(a) 开放曲面　　　　　　　　(b) 薄片实体

图 5.35　开放曲面转换成薄片实体

2. 移除实体面

移除实体面操作可以移除选择实体的一个或多个面而生成一个薄片实体。进行移除实体面操作的实体既可以为封闭实体，也可以为薄片实体。

切换到【建模】选项卡，单击工具栏中的【移除实体面】按钮🐷，可进入移除实体面的操作。这时系统会提示选择要移除的实体面，用户可以选择一个或多个要移除的实体正面或背面进行移除。选择完成后，按 Enter 键确定，在【发现历史记录】对话框中单击【移除历史记录】

图 5.36　【移除实体面】对话框

按钮。接着系统弹出如图 5.36 所示的【移除实体面】对话框，该对话框中的各项参数与【由曲面生成实体】对话框中的各项参数含义相同，在这里就不作介绍了。

删除封闭实体面转换成薄片实体如图 5.37 所示。其中，如图 5.37(a)所示为立方体，它是一个封闭实体。当选择前侧面和右侧面进行移除生成薄片实体操作时，剩下的所有曲面都转换成薄片实体，结果如图 5.37(b)所示。

(a) 封闭实体　　　　　　　　(b) 薄片实体

图 5.37　删除封闭实体面转换成薄片实体

3. 薄片加厚

薄片实体加厚操作是将选择的薄片实体按设定的方向增加指定的厚度后转换为封闭实体。

切换到【实体】选项卡，单击工具栏中的【薄片加厚】按钮🥄可进入薄片实体加厚的操作。此时系统提示选择进行加厚操作的薄片实体(如当前只有一个薄片实体则直接进入下一步)，选择一个薄片实体后，系统弹出如图 5.38 所示的【加厚】对话框。该对话框中的【名称】文本框用于指定加厚操作的名称；【方向】选项组用于设置沿一个方向加厚或沿两个方向加厚；【加厚】栏用于指定加厚方向的厚度。设置完成后，系统会显示默认的加厚方向，如果默认的方向与要求的方向相反，则可以单击【切换】按钮进行换向，执行操作后，系统会将薄片实体加厚转换为封闭的实体。

图 5.38 【加厚】对话框

将薄片实体转换成封闭实体如图 5.39 所示。其中，如图 5.39(a)所示为一个薄片实体，对它进行薄片实体加厚操作，加厚方向如图 5.39(b)所示，加厚的厚度为 5，薄片实体转换成了封闭实体。

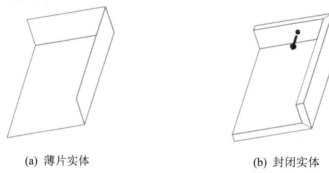

(a) 薄片实体   (b) 封闭实体

图 5.39 将薄片实体转换成封闭实体

5.1.6 习题

1. 根据如图 5.40 所示的零件图绘制相应的线架，并通过拉伸实体操作创建零件实体。

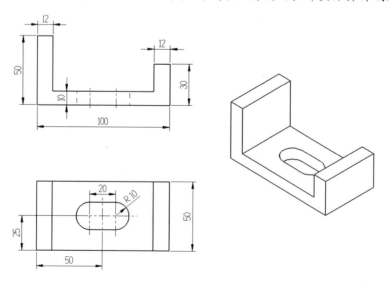

图 5.40 零件图

2. 根据如图 5.41 所示的零件图绘制相应的线架，并通过举升实体操作创建零件实体。

3. 根据如图 5.42 所示的零件图绘制相应的线架，并通过旋转实体操作创建零件实体。

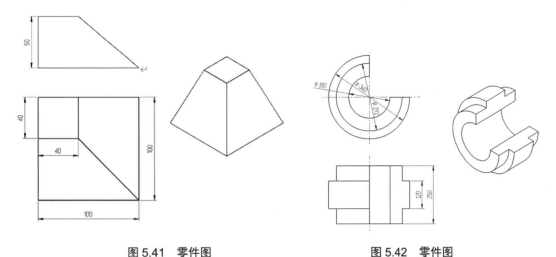

图 5.41　零件图　　　　　　　　　　图 5.42　零件图

4. 根据如图 5.43 所示的零件图绘制相应的线架，并通过扫描实体操作创建零件实体。

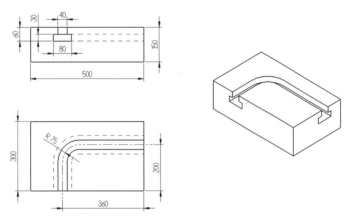

图 5.43　零件图

5. 根据如图 5.44 所示的零件图绘制相应的线架，通过生成多个曲面组成封闭曲面，并通过曲面生成实体功能创建零件实体。

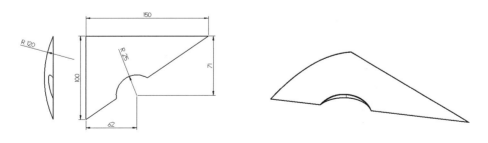

图 5.44　零件图

6. 根据如图 5.45 所示的零件图绘制相应的线架，并通过拉伸实体操作创建零件实体。

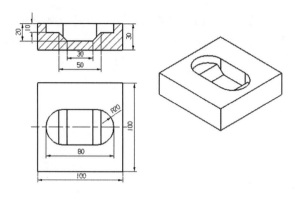

图 5.45　零件图

7. 根据如图 5.46 所示的支架零件图绘制零件线形构架，并生成实体。

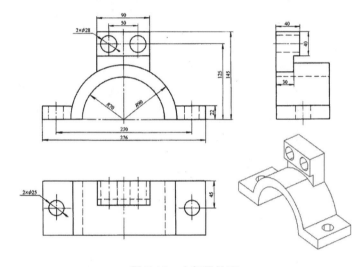

图 5.46　支架零件图

8. 根据如图 5.47 所示的底座零件图绘制零件线形构架，并生成实体。

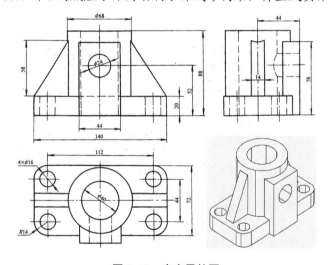

图 5.47　底座零件图

5.2 实体的编辑

创建实体后，通过倒圆角、倒角、抽壳、修剪等操作可以对实体进行编辑。

5.2.1 倒圆角、倒角和抽壳

1. 倒圆角操作

倒圆角命令用来对实体的边进行倒圆角操作。倒圆角操作是将实体的边进行熔接，按设置的曲率半径生成实体的一个圆形表面，该表面与边的两个面相切。

切换到【实体】选项卡，单击【固定半径倒圆角】按钮◉可进入实体倒圆角的操作。此时系统提示选择要倒圆角的图素，移动鼠标可根据光标的变化选择实体边界、实体面或实体主体进行倒圆角操作，具体说明如下。

- 【实体边界】按钮▣：当鼠标指针变为▯形状时，可以选取实体的边，系统对该实体的单边进行倒圆角操作。
- 【实体面】按钮▣：当鼠标指针变为▯形状时，可以选取实体的面，选取面后参与倒圆角操作的边为选取面的所有边。
- 【实体主体】按钮▣：当鼠标指针变为▯形状时，可以选取整个实体，参与倒圆角操作的边为选取实体的所有边。
- 【实体背面】按钮▣：如果要选择实体背面的图素，则可先关闭实体边界、实体主体选择亮显，打开设置实体背面选项，当鼠标指针变为▯形状时，同时背面实体面亮显，可对选取图素进行确认。

选择要倒圆角的图素后，按 Enter 键确认，系统弹出如图 5.48 所示的【固定圆角半径】对话框，该对话框中各选项的含义分别如下。

- 【沿切线边界延伸】复选框：选中该复选框时，系统自动选取与选取的边相切的其他边。该复选框对倒圆角的影响如图 5.49 所示。其中，如图 5.49(a)所示为立方体的 4 条边倒圆角后的图形；当选取棱边 L1 后，取消选中【沿切线边界延伸】复选框时，倒圆角操作的结果如图 5.49(b)所示；当选中该复选框时，倒圆角操作的结果如图 5.49(c)所示。设置完成后，单击【确定】按钮。

图 5.48 【固定圆角半径】对话框

- 【角落斜接】复选框：只有采用"固定半径"时才能选中该复选框。该复选框用于设置对相交于一个角点的 3 条或 3 条以上的边进行倒圆角操作时，角点处倒圆角的方式。【角落斜接】复选框对倒圆角的影响如图 5.50 所示。选取立方体 3 条棱边 L1、L2、L3(见图 5.50(a))同时倒圆角，当取消选中该复选框时，生成一个光滑的表面，如图 5.50(b)所示；否则生成的结果为对各边分别进行倒圆角操作，如图 5.50(c)所示。

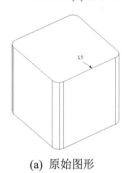
(a) 原始图形

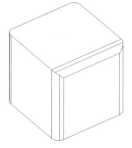
(b) 取消选中【沿切线边界延伸】
复选框倒圆角

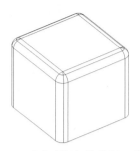
(c) 选中【沿切线边界延伸】
复选框倒圆角

图 5.49　【沿切线边界延伸】复选框对倒圆角的影响

● 　【半径】文本框：用于输入倒圆角操作的半径。

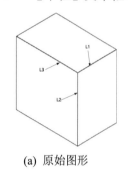
(a) 原始图形

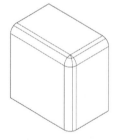
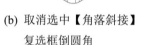
(b) 取消选中【角落斜接】
复选框倒圆角

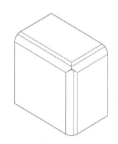
(c) 选中【角落斜接】
复选框倒圆角

图 5.50　【角落斜接】复选框对倒圆角的影响

在倒圆角操作中还有【面与面倒圆角】和【变化倒圆角】两种倒角功能，其具体操作与【圆角到曲面】操作方式相似，这里不再介绍。

2. 倒角操作

倒角操作命令可用来对实体的边进行倒角操作。该操作生成的实体表面到所选取的边的距离等于设定值，并且该表面是采用线性熔接方式生成的。

在【实体】选项卡的工具栏中有三个倒角按钮，即【单一距离倒角】按钮、【不同距离倒角】按钮和【距离与角度倒角】按钮，具体说明如下。

● 　【单一距离倒角】：用于设定倒角的两个距离相等，如图 5.51(a)所示。
● 　【不同距离倒角】：用于设定倒角的两个距离不相等。在设定数值时要先选定【距离 1】所在的参考平面，如图 5.51(b)所示。
● 　【距离与角度倒角】：通过设定一个倒角距离和角度值进行倒角。在设定数值时先要选定参考平面，输入的距离值和角度值都是相对于参考面来确定的，如图 5.51(c)所示。

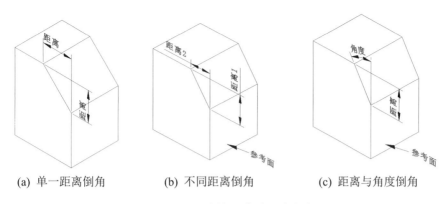

(a) 单一距离倒角　　　　(b) 不同距离倒角　　　　(c) 距离与角度倒角

图 5.51　设置倒角距离的三种方法

3. 实体抽壳

实体抽壳命令操作是将实体变为开放的空心实体或封闭的空心实体。

切换到【实体】选项卡，单击【抽壳】按钮 可进入实体抽壳的操作。此时系统提示选择要抽壳的图素，移动鼠标可根据鼠标指针的变化选择实体面或实体主体进行抽壳操作 (选择方法与倒圆角选择图素的方法相同)。

(1) 当选择实体面并在弹出的【实体抽壳】对话框中设置抽壳的方向和厚度后，生成的抽壳实体有一个面(或多个面)为开放的，这个面(或多个面)即为前面操作选取的面，如图 5.52 所示。

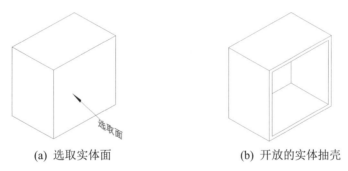

(a) 选取实体面　　　　　(b) 开放的实体抽壳

图 5.52　选取实体面对实体进行抽壳操作

(2) 当选择实体主体并在弹出的对话框中设置抽壳的方向和厚度后，则生成的抽壳实体为封闭的，如图 5.53 所示。

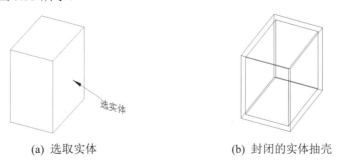

(a) 选取实体　　　　　　(b) 封闭的实体抽壳

图 5.53　选取实体对实体进行抽壳操作

5.2.2　范例(十九)

例 5.4　如图 5.54 所示，对杯口内外边缘进行半径为 R2 的倒圆角操作，杯底内边缘进行半径为 R3 的倒圆角操作(杯子实体的具体尺寸和绘制过程见 5.1.4 节中的例 5.3)。

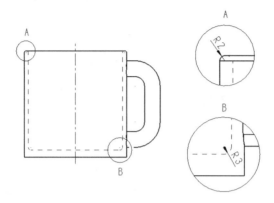

图 5.54　对杯子倒圆角

操作步骤如下。

1)　对杯口边缘进行倒圆角操作

(1)　单击工具栏中的【固定半径倒圆角】按钮 ●进入实体倒圆角的操作。此时系统提示选择要倒圆角的图素，移动鼠标选择实体面 1(见图 5.55)并按 Enter 键确定。

(2)　系统弹出【固定圆角半径】对话框，设置圆角半径为"2"，其他参数不变，单击【确定】按钮 ✅。

2)　对杯底内边缘进行倒圆角操作

(1)　单击工具栏中的【固定半径倒圆角】按钮 ●进入实体倒圆角的操作。此时系统提示选择要倒圆角的图素，移动鼠标选择实体边界(见图 5.56)并按 Enter 键确定。

图 5.55　选取实体面倒圆角

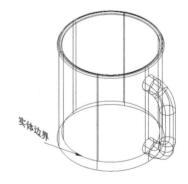

图 5.56　选取实体边界倒圆角

(2)　在【固定圆角半径】对话框中设置圆角半径为"3"，其他参数不变，单击【确定】按钮 ✅。

例 5.5　根据图 5.57 所示的瓶体零件图绘制线形构架并生成实体，然后对实体按图示要求的尺寸进行倒圆角及抽壳。

操作步骤如下。

1)　根据零件的结构特征绘制线形构架

根据零件的结构特征绘制线形构架，如图 5.58 所示，操作步骤详见 4.3.2 节。

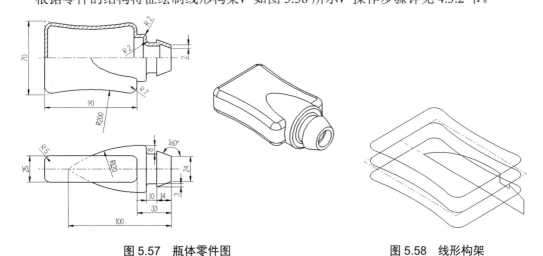

图 5.57　瓶体零件图　　　　　　　　　　　　图 5.58　线形构架

2)　用举升实体操作生成瓶体

(1)　切换到操作管理器中的【层别】选项卡，单击【添加新层别】按钮 ✚，就可设置当前层为 2 号层。

(2)　切换到【实体】选项卡，单击工具栏中的【举升】按钮 ⬛，系统弹出【线框串连】对话框，在绘图区用串连的方式依次选择图 5.59 中的曲线 1 和曲线 2，注意保证两个串连图素的起点和方向一致，单击【确定】按钮 ✅。

(3)　在【举升】对话框中，单击【确定】按钮 ✅，完成实体创建，结果如图 5.60 所示。

3)　对实体进行倒圆角处理

(1)　切换到操作管理器中的【层别】选项卡，单击【添加新层别】按钮 ✚，就可设置当前层为 3 号层。

(2)　单击工具栏中的【固定半径倒圆角】按钮 ⬛ 进入实体倒圆角的操作。此时系统提示选择要倒圆角的图素，移动鼠标选择实体面(见图 5.60)并按 Enter 键确定。

(3)　在【固定圆角半径】对话框中设置圆角半径为"5"，其他参数不变，单击【确定】按钮 ✅，结果如图 5.61 所示。

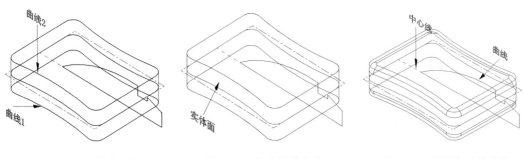

图 5.59　选取举升图素　　　　图 5.60　生成举升实体　　　　图 5.61　倒圆角后的实体

4) 用旋转实体操作生成瓶口

(1) 切换到操作管理器中的【层别】选项卡，单击【添加新层别】按钮✚，就可设置当前层为 4 号层。

(2) 切换到【实体】选项卡，单击工具栏中的【旋转】按钮，进入创建旋转实体的操作。选择需要旋转的曲线(见图 5.61)，选择中心线作为旋转轴线。

(3) 在【旋转实体】对话框中设置操作类型为【添加凸缘】，旋转的起始角度为 0°，旋转的结束角度为 360°，单击【确定】按钮。

(4) 切换到操作管理器中的【层别】选项卡，单击【添加新层别】按钮✚，就可设置当前层为 5 号层。关闭 1 号层的【高亮】状态。结果如图 5.62 所示。

5) 对实体进行倒圆角处理

(1) 单击工具栏中的【固定半径倒圆角】按钮进入实体倒圆角的操作。此时系统提示选择要倒圆角的图素，移动鼠标选择实体面(见图 5.62)并按 Enter 键确定。

(2) 在【固定圆角半径】对话框中设置圆角半径为"2"，其他参数不变，单击【确定】按钮，结果如图 5.63 所示。

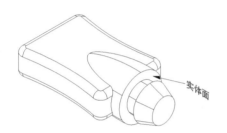

图 5.62　旋转实体

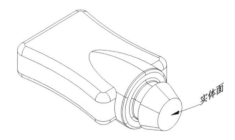

图 5.63　倒圆角处理

6) 对实体进行抽壳操作

(1) 切换到操作管理器中的【层别】选项卡，单击【添加新层别】按钮✚，就可设置当前层为 6 号层。

(2) 切换到【实体】选项卡，单击工具栏中的【抽壳】按钮，此时系统提示选择要抽壳的图素，移动鼠标选择相应的实体面(见图 5.63)并按 Enter 键确定。

(3) 在弹出的【抽壳】对话框中设置抽壳的方向为【方向 1】，在抽壳厚度栏中的【方向 1】文本框中输入"2"，单击【确定】按钮。

5.2.3　实体修剪与拔模

1. 实体修剪

通过实体修剪命令可以对实体进行修剪操作。可以选取平面、曲面或薄片实体对选取的一个或多个实体进行修剪并生成新的实体。实体修剪根据修剪工具的不同有两种操作，一种是【依照平面修剪】，另一种是【修剪到曲面/薄片】。

1) 依照平面修剪

切换到【实体】选项卡，单击工具栏中的【依照平面修剪】按钮可进入实体修剪操作。选取修剪的实体后，系统弹出如图 5.64 所示的【依照平面修剪】对话框，该对话框用于设置用平面修剪实体的有关参数。该对话框中的各项参数说明分别如下。

- 【名称】文本框：为修剪实体命名。
- 【分割实体】复选框：选中该复选框时，系统将被分割的部分作为一个新的实体保留下来。
- 【平面】栏：用于定义修剪的平面，包括直线定面、图素定面、动态定面以及指定平面等多种。

依照平面对实体进行修剪，如图 5.65 所示。在绘图区选择实体，如图 5.65(a)所示；在【依照平面修剪】对话框中单击【指定平面】按钮 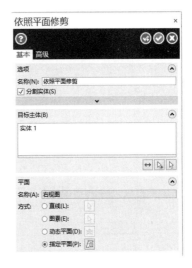，如图 5.65(b)所示；在弹出的【选择平面】对话框中选择【前视图】选项，如图 5.65(c)所示。单击【确定】按钮 ，实体被平面修剪，生成的结果如图 5.65(d)所示。

图 5.64　【依照平面修剪】对话框

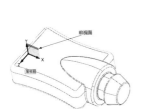   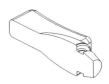

(a) 选取要修剪的实体　(b)【依照平面修剪】对话框　(c)【选择平面】对话框　(d) 修剪后的实体

图 5.65　依照平面对实体进行修剪

2) 修剪到曲面/薄片

切换到【实体】选项卡，单击工具栏中的【修剪到曲面/薄片】按钮 可进入实体修剪操作。选取修剪的实体后，系统会弹出曲面或薄片的选择提示，在绘图区选择曲面或薄片，系统弹出如图 5.66 所示的【修剪到曲面/薄片】对话框，该对话框中的各项参数与【依照平面修剪】对话框中各参数的含义基本相同。

如图 5.67 所示用曲面对实体进行修剪。其中，如图 5.67(a)所示为实体被曲面修剪，生成的结果如图 5.67(b)所示。

如图 5.68 所示用薄片实体对实体进行修剪。其中，如图 5.68(a)所示为实体被薄片实体修剪，生成

图 5.66　【修剪到曲面/薄片】对话框

的结果如图 5.68(b)所示。

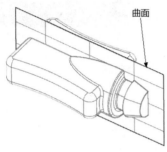

(a) 用曲面修剪实体

(b) 修剪后的实体

图 5.67 用曲面对实体进行修剪

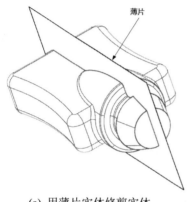

(a) 用薄片实体修剪实体

(b) 修剪后的实体

图 5.68 用薄片实体对实体进行修剪

2. 拔模

拔模命令可以对实体的面进行拔模操作并生成新的实体。拔模操作是将选取的面绕着旋转轴按设定的方向和角度进行旋转后生成新的面，其他面以新生成的面为边界进行修剪或延伸后生成新的实体。

切换到【实体】选项卡，单击【拔模】下拉按钮，其中有四种类型的拔模可选，分别是【依照实体面拔模】、【依照边界拔模】、【依照拉伸边拔模】、【依照平面拔模】，如图 5.69 所示。

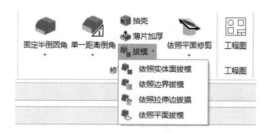

图 5.69 四种拔模类型

下面就以【依照实体面拔模】为例来介绍拔模实体面的做法。

用拔模实体操作将如图 5.70 所示的长方体生成如图 5.71 所示的图形。

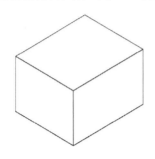

图 5.70　长方体

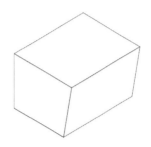

图 5.71　拔模操作后的实体

操作步骤如下。

(1)　单击【依照实体面拔模】按钮，系统提示选择要拔模的面时，在绘图区移动光标选择"拔模面"(见图 5.72)并按 Enter 键确认。

(2)　系统提示"选择平面端面以指定拔模平面"时，在绘图区选取"参考面"(注：参考面在拔模操作中大小不会发生调整变化)。

(3)　在图 5.73 所示的【依照实体面拔模】对话框中设置拔模的角度为 10°，如图 5.74 所示，它的拔模方向与要求方向不同，单击【反向】按钮更改拔模方向，单击【确定】按钮，拔模结果如图 5.71 所示。

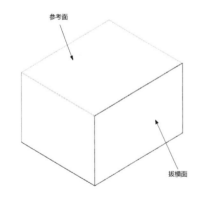

图 5.72　选择拔模面

图 5.73　【依照实体面拔模】对话框

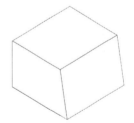

图 5.74　拔模角度 10°

5.2.4　布尔运算与实体管理器

1. 布尔运算

通过布尔运算可以对两个或两个以上的三维实体进行结合、切割、交集等操作，从而得到一个新实体。在布尔运算中，第一个被选中的实体为目标主体，通过单击【工具主体】列表框下方的【添加选择】按钮(见图 5.75)，可在绘图区选取工具主体进行操作。在【布尔运算】对话框中有三种类型的操作：【结合】、【切割】、【交集】，它们的含义如下。

图 5.75 【布尔运算】对话框

- 【结合】单选按钮：将目标主体与工具主体相加，结果是目标主体与工具主体的公共部分和各自不同部分的总和。

- 【切割】单选按钮：将目标主体与工具主体相减，结果是目标主体与工具主体的公共部分从目标主体中去除后的部分。

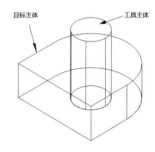

- 【交集】单选按钮：求出目标主体与工具主体的公共部分，结果是目标主体与工具主体的公共部分。

对如图 5.76 所示的两个实体进行布尔运算，三种布尔运算方式如图 5.77 所示。其中，如图 5.77(a)所示是布尔结合运算的结果，如图 5.77(b)所示是布尔切割运算的结果，如图 5.77(c)所示是布尔交集运算的结果。

图 5.76 原始图形

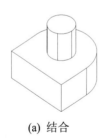

(a) 结合   (b) 切割   (c) 交集

图 5.77 三种布尔运算方式

另外，选中【非关联实体】复选框，运算结果生成的实体与目标主体和工具主体不再有任何联系，但用户可以通过【保留原始目标实体】、【保留原始工件实体】、【保持原始属性】复选框对目标主体或工具主体进行操作。

2. 实体管理器

在 Mastercam 中提供了实体操作管理器，用户可以很方便地对图形中的实体及实体操作进行编辑，如图 5.78 所示。下面介绍工具栏中各按钮的含义。

图 5.78 实体操作管理器

- 【重新生成选择】按钮 ↻：当操作中的参数或图形有变化时，可以随时利用该命令生成正确的实体，使用时系统会根据正确的参数与图形进行计算；若重新计算后仍无法生成实体，系统会自动恢复到计算前的状态，并在操作图标上显示一个记号 ⚑，帮助用户确认有问题的操作。
- 【重新生成】按钮 ↻：对整个实体重新进行运算。
- 【选择】按钮 ▶：选择实体操作部分。
- 【选择全部】按钮 ▶：选择所有实体。
- 【撤销】按钮 ↺：撤销操作。
- 【重做】按钮 ↻：重新回到上次操作。
- 【折叠选择】按钮 ⊞：使实体树折叠。
- 【展开选择】按钮 ⊞：使实体树展开。
- 【自动高亮】按钮 ⚡：使选中的实体部分高亮显示。
- 【删除】按钮 ×：删除实体或删除操作。
- 【帮助】按钮 ②：打开系统帮助文件。

在实体管理器中有一些常见的符号，下面介绍这几个符号的含义。

- ⚑：表示一个未刷新的操作，单击【全部重建】按钮可刷新操作。
- ⚑：表示一个无效的操作，需重新更正该操作的参数或几何图形。
- Ⓢ：表示一个实体操作的结束标志。

5.2.5　范例(二十)

例 5.6　根据如图 5.79 所示的零件图绘制线形构架，并通过旋转实体、布尔操作及倒圆角生成零件实体。

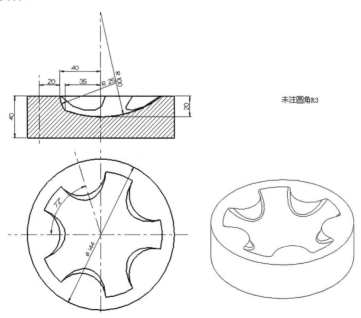

图 5.79　零件图

操作步骤如下。

1) 在俯视图上绘制 ϕ144 的圆

(1) 在快捷菜单中设置屏幕视图为【俯视图】,在状态栏中设置绘图平面为【俯视图】,设定 Z 深度为 0。

(2) 切换到【线框】选项卡,单击【已知点画圆】按钮⊙,系统弹出【已知点画圆】对话框,在绘图区单击【原点】按钮,确认圆心点在原点,在【已知点画圆】对话框中输入直径"144",单击【确定】按钮。

2) 在前视图上绘制旋转实体所需的线架

(1) 在快捷菜单中设置屏幕视图为【前视图】,在状态栏中设置绘图平面为【前视图】,设定 Z 深度为 0。

(2) 单击【线框】选项卡中的【连续线】按钮,设置直线类型为【水平线】,设置绘图方式为【两端点】,在绘图区大概的位置拾取点 P1 和 P2,在【轴向偏移】文本框中输入"0",单击【应用】按钮,绘制直线 L1。采用同样的步骤绘制直线 L2、L3 和 L4。

(3) 单击【形状】工具栏中的【圆角矩形】按钮□,在弹出的【矩形形状】对话框中,设置矩形的宽、高均为 25,设置定位点的位置为"左上角点",并输入坐标(-60,0),然后单击【应用】按钮。在快捷菜单中设置屏幕视图为【等视图】,结果如图 5.80 所示。

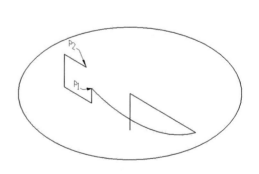

图 5.80　线架绘制(1)

(4) 单击【切弧】按钮,在【切弧】对话框中选择【中心线】方式,设置半径值为 100,选择直线 L2 作为与圆弧相切的直线,选择直线 L4 作为圆心经过的直线,然后选择上面的圆弧作为需要保留的圆弧,单击【确定】按钮,结果如图 5.81 所示。

(5) 切换到【线框】选项卡,单击【分割】按钮,在绘图区选取多余的图素进行修剪,结果如图 5.82 所示。

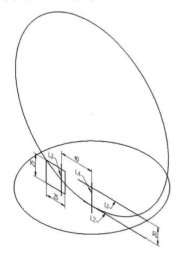

图 5.81　线架绘制(2)

图 5.82　线架绘制(3)

(6) 切换到【线框】选项卡，单击工具栏中的【两点画弧】按钮，捕捉端点 P1 和 P2(见图 5.82)，设置半径为 26，选取合适圆弧，单击【确定】按钮。

(7) 单击【分割】按钮，修剪后的结果如图 5.83 所示。

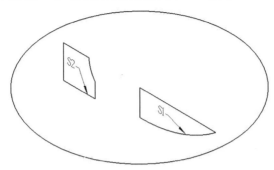

图 5.83　修剪后的结果

3) 用拉伸实体和旋转实体操作产生目标主体

(1) 切换到操作管理器中的【层别】选项卡，单击【添加新层别】按钮，就可设置当前层为 2 号层。

(2) 切换到【实体】选项卡，单击工具栏中的【拉伸】按钮，系统弹出【线框串连】对话框，在绘图区选择 ϕ144 圆，并单击【确定】按钮，在【实体拉伸】对话框的【距离】文本框中设置距离值为 40，通过【全部反向】按钮调整拉伸方向为向下拉伸后，单击【确定】按钮，结果如图 5.84 所示。

(3) 单击工具栏中的【旋转】按钮，进入创建旋转实体的操作。选择需要旋转的串连图素时，选择图 5.84 中的串连图素 S1，单击【线框串连】对话框中的【确定】按钮；选择直线 L1 作为旋转轴线，然后在【旋转实体】对话框中设置操作类型为【切割实体】，旋转的起始角度为 0°、旋转的结束角度为 360°，单击【确定】按钮，结果如图 5.85 所示。

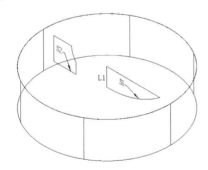

图 5.84　拉伸实体

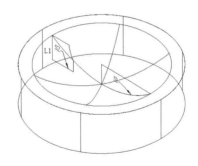

图 5.85　旋转(切除)实体

4) 生成旋转实体并旋转阵列

(1) 切换到操作管理器中的【层别】选项卡，单击【添加新层别】按钮，就可设置当前层为 3 号层。

(2) 单击工具栏中的【旋转】按钮，进入创建旋转实体的操作。选择需要旋转的串连图素时，选择图 5.85 中的串连图素 S2，单击【线框串连】对话框中的【确定】按钮 ；选择直线 L1 作为旋转轴线，然后在【旋转实体】对话框中设置操作类型为【添加凸缘】、旋转的起始角度为-90°、旋转的结束角度为 90°，单击【确定】按钮。

（3）切换到操作管理器中的【层别】选项卡，单击 1 号层的【高亮】栏，取消 1 号层图素的可见性，结果如图 5.86 所示。

（4）在快捷菜单中设置屏幕视图为【俯视图】，在状态栏中设置绘图平面为【俯视图】，设定 Z 深度为 0。

（5）切换到【实体】选项卡，单击工具栏中的【旋转阵列】按钮，在实体管理器中单击【旋转】操作(见图 5.87)，并按键盘上的 Enter 键确认选取，在弹出的如图 5.88 所示的【旋转阵列】对话框中设置【阵列次数】为 4 次，中心点为原点，旋转角度为 72°，其他参数为默认值，单击【确定】按钮，结果如图 5.89 所示。

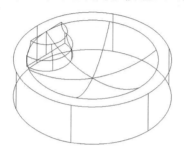

图 5.86　增加旋转凸缘实体

图 5.87　选取旋转凸缘

图 5.88　【旋转阵列】对话框

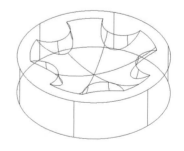

图 5.89　生成其他 4 个实体凸缘

5）对实体进行倒圆角处理

（1）单击工具栏中的【固定半径倒圆角】按钮进入实体倒圆角的操作。此时系统提示选择要倒圆角的图素，移动光标依次选择 S1、S2、S3、S4、S5 共 5 条边(见图 5.90)并按 Enter 键确定。

(2) 在【固定圆角半径】对话框中设置圆角半径为 3，其他参数不变，单击【确定】按钮 。切换到【视图】选项卡，单击工具栏中的【移除隐藏线】按钮 ，结果如图 5.91 所示。

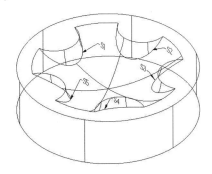

图 5.90 选择要倒圆角的实体边

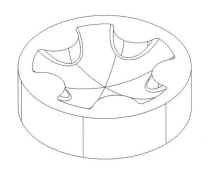

图 5.91 完成倒圆角后的实体

例 5.7 根据如图 5.92 所示的箱盖零件图绘制线形构架并生成实体。

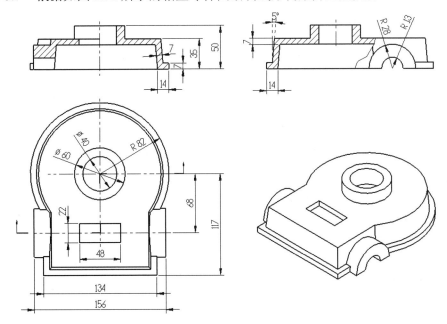

图 5.92 箱盖零件图

操作步骤如下。

1) 在俯视图上绘制底部凸缘

(1) 在快捷菜单中设置屏幕视图为【俯视图】，在状态栏中设置绘图平面为【俯视图】，设定 Z 深度为 0。

(2) 切换到【线框】选项卡，单击【已知点画圆】按钮 ，系统弹出【已知点画圆】对话框，在绘图区单击【原点】按钮 ，确认圆心点在原点，在【已知点画圆】对话框中输入直径"82"，单击【确定】按钮 。

(3) 切换到【线框】选项卡，单击工具栏中的【矩形】下拉按钮，再单击【圆角矩形】按钮□。单击【原点】按钮⊥捕捉原点作为定位基准点，在【矩形形状】对话框中设置矩形的宽为 134、高为 117，固定位置点为"上边线中点"，单击【确定】按钮◉，结果如图 5.93 所示。

2) 对图形进行修剪

(1) 单击工具栏中的【修剪到图素】按钮✂，在对话框中选择【修剪两物体】方式，选取圆弧于点 P1(见图 5.93)，选取直线于点 P2 进行修剪，选取圆弧于点 P3，选取直线于点 P4 进行修剪。

(2) 选择直线 L1 并按键盘上的 Delete 键进行删除，结果如图 5.94 所示。

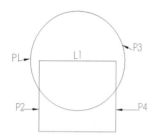

图 5.93　绘制圆弧和矩形

图 5.94　修剪后的图形

3) 采用串连补正生成相似的外形

(1) 切换到【转换】选项卡，单击工具栏中的【串连补正】按钮↙，在绘图区选取要串连的图素，系统显示的串连方向为"顺时针"(见图 5.94)，按键盘上的 Enter 键结束选取。系统提示选择补正方向，在图形框内任意拾取一点以确定补正方向。在【偏移串连】对话框中设置处理方式为【复制】，补正的距离为 7。

(2) 单击【线框】选项卡中的【连续线】按钮╱，设置直线类型为【水平线】，绘图方式为【两端点】，在绘图区大概的位置拾取两点绘制直线，在【轴向偏移】文本框中输入"-68"，单击【应用】按钮◉，绘制辅助直线 L1。结果如图 5.95 所示。

4) 在深度为 35 的俯视图上绘制两个圆和一个矩形

(1) 设定 Z 深度为"35"，绘图模式为 2D。

(2) 切换到【线框】选项卡，单击【已知点画圆】按钮⊙，系统弹出【已知点画圆】对话框，在绘图区单击【原点】按钮⊥，确认圆心点在原点，在【已知点画圆】对话框中输入直径"60"，单击【应用】按钮◉。再输入直径"40"，在绘图区单击【原点】按钮⊥，最后单击【确定】按钮◉。

(3) 切换到【线框】选项卡，单击工具栏中的【矩形】按钮□。系统弹出【矩形形状】对话框，先选中【矩形中心点】复选框，再在【宽度】文本框中输入"48"、【高度】文本框中输入"22"，输入矩形中心点位置坐标(0, -68)，然后再单击对话框中的【确定】按钮◉。结果如图 5.96 所示。

5) 在侧视图上左右两边各绘制两个圆弧

(1) 在快捷菜单中设置屏幕视图为【等视图】，在状态栏中设置绘图平面为【右视图】，设定 Z 深度为-78，设置绘图模式为 2D。

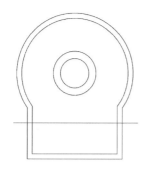
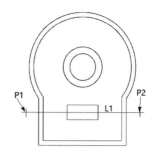

图 5.95　串连补正后的图形　　　　　　图 5.96　绘制圆弧和矩形

(2) 单击【极坐标画弧】按钮，系统提示输入圆心点，在绘图区捕捉点 P1，在【极坐标画弧】对话框中设置半径为"28"，设置起始角度为"0°"，设置结束角度为"180°"，单击【应用】按钮。修改半径为 13，在绘图区捕捉点 P1，单击【确定】按钮。

(3) 设置 Z 深度为 78，用上述方法绘制右边的两个圆弧。

(4) 在绘图区选取辅助直线 L1，单击【主页】选项卡中的【删除图素】按钮✕，结果如图 5.97 所示。

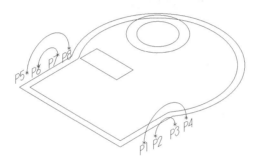

图 5.97　采用极坐标圆绘制侧边圆弧

6) 用直线将 4 个圆弧连接成 4 个封闭区域

(1) 在快捷菜单中设置屏幕视图为【等视图】，在状态栏中设置绘图平面为【等视图】，设置绘图模式为 3D。

(2) 单击【连续线】按钮，选择端点 P1、P4(见图 5.97)连接成直线，选择端点 P2、P3 连接成直线，选择端点 P5、P8 连接成直线，选择端点 P6、P7 连接成直线，结果如图 5.98 所示。

7) 用拉伸实体操作生成底部凸缘和箱体

(1) 切换到操作管理器中的【层别】选项卡，单击【添加新层别】按钮✚，就可设置当前层为 2 号层。

(2) 切换到【实体】选项卡，单击工具栏中的【拉伸】按钮，系统弹出【线框串连】对话框时，选取"曲线 1"(见图 5.98)，并单击【确定】按钮。在【实体拉伸】对话框的【距离】文本框中设置距离值为 7，用【全部反向】按钮↔调整拉伸方向为向上拉伸后，单击【应用】按钮，结果如图 5.99 所示。

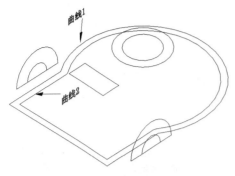

图 5.98　连接点成封闭图形　　　　　图 5.99　拉伸凸缘

(3)　选取"曲线 2",如图 5.98 所示(注意拉伸方向朝上),在【实体拉伸】对话框中设置【基本】选项卡中的各参数,如图 5.100 所示;再切换到【实体拉伸】对话框中的【高级】选项卡,并设置各参数,如图 5.101 所示,单击【确定】按钮。结果如图 5.102 所示。

　　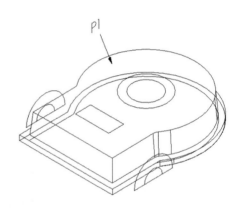

图 5.100　【基本】选项卡　　　图 5.101　【高级】选项卡　　　图 5.102　拉伸箱体

8)　用实体抽壳功能使箱体成为中空的实体

(1)　切换到【实体】选项卡,单击工具栏中的【抽壳】按钮，系统提示选择要抽壳的图素时,选择箱体底面并按 Enter 键确定(可通过动态旋转将箱体底面朝上或单击【验证选择】按钮进行选择)。

(2)　在弹出的【抽壳】对话框中设置抽壳的方向为【方向 1】,在抽壳厚度栏的【方向 1】文本框中输入"7",单击【确定】按钮，结果如图 5.103 所示。

9)　用拉伸实体操作生成轴承支撑部分

切换到【实体】选项卡,单击工具栏中的【拉伸】按钮，系统弹出【线框串连】对话框时,选取"曲线 1"(见图 5.103),并单击【确定】按钮。在【实体拉伸】对话框中设置操作方式为"添加凸台",在【实体拉伸】对话框的【距离】下拉列表中设置距离值为 20,用【全部反向】按钮调整拉伸方向为向左拉伸后,单击【应用】按钮。用同样方法选取"曲线 2"向右边拉伸,单击【确定】按钮，结果如图 5.104 所示。

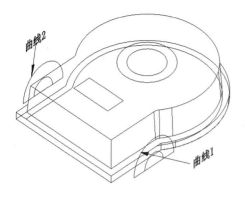

图 5.103　实体抽壳

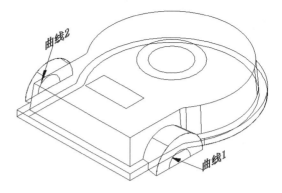

图 5.104　拉伸轴承支撑部分

10) 用举升实体操作挖去轴承支撑部分的多余部分

单击工具栏中的【举升】按钮，系统弹出【线框串连】对话框，在绘图区用串连的方式依次选取图 5.104 中的曲线 1 和曲线 2，注意要保证两个串连起点和方向一致，单击【确定】按钮。在【举升】对话框中设置操作方式为【切割实体】，单击【确定】按钮，结果如图 5.105 所示。

11) 用拉伸实体操作在箱体上挖一个矩形孔

单击工具栏中的【拉伸】按钮，系统弹出【线框串连】对话框，选取矩形串连于点 P1(见图 5.105)，并单击【确定】按钮。在【实体拉伸】对话框中设置操作类型为【切割主体】，选中【全部贯通】单选按钮，调整拉伸方向为向下，单击【应用】按钮，结果如图 5.106 所示。

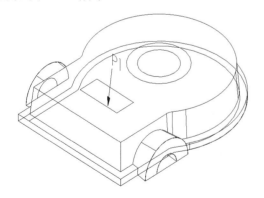

图 5.105　切除多余部分

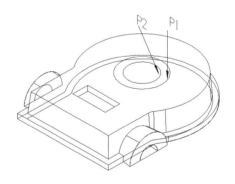

图 5.106　挖矩形孔

12) 采用拉伸实体操作生成圆柱体并挖圆柱孔

(1) 系统弹出【线框串连】对话框，选取大圆于点 P1(见图 5.106)，在【实体拉伸】对话框中设置操作类型为【添加凸台】，选中【距离】单选按钮并设置值为 15，调整拉伸方向为向上拉伸后，单击【应用】按钮。

(2) 系统弹出【线框串连】对话框，选取小圆于点 P2(见图 5.106)，在【实体拉伸】对话框中设置操作类型为【切割主体】，选中【全部贯通】单选按钮，选中【两端同时延伸】复选框，并单击【确定】按钮。

(3) 切换到操作管理器中的【层别】选项卡，单击 1 号层的【高亮】栏，取消 1 号层图素的可见性，结果如图 5.107 所示。

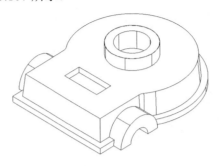

图 5.107　生成圆柱体并挖圆柱孔

例 5.8　根据如图 5.108 所示的弯管零件图绘制线形构架并生成实体。

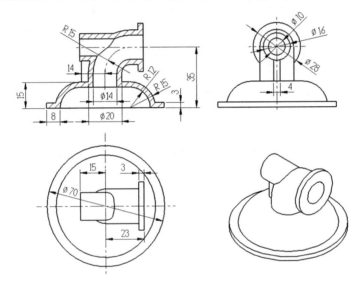

图 5.108　弯管零件图

操作步骤如下。

1)　在俯视图上绘制两个直径不同的圆

(1) 在快捷菜单中设置屏幕视图为【俯视图】，在状态栏中设置绘图平面为【俯视图】，设定 Z 深度为 0，绘图模式为 2D。

(2) 切换到【线框】选项卡，单击【已知点画圆】按钮 ⊙，系统弹出【已知点画圆】对话框，在绘图区单击【原点】按钮 ⊥，确认圆心点在原点，在【已知点画圆】对话框中输入直径 "14"，单击【应用】按钮 ⊚。再输入直径 "20"，在绘图区单击【原点】按钮 ⊥，最后单击【确定】按钮 ⊚。

(3) 在快捷菜单中设置屏幕视图为【等视图】，结果如图 5.109 所示。

2)　在前视图上绘制弯管轨迹线和回转形底座的截面

(1) 在状态栏中设置绘图平面为【前视图】，设定 Z 深度为 0，绘图模式为 2D。

(2) 切换到【线框】选项卡，单击工具栏中的【矩形】按钮 □。系统弹出【矩形形状】

对话框，先取消选中【矩形中心点】复选框，基准点的位置即为左下角点，再在【宽度】文本框中输入"23"、【高度】文本框中输入"23"，直接捕捉圆心点 P1(0, 0)(见图 5.109)作为矩形的基准点，然后单击对话框中的【确定】按钮⊘。

(3) 单击工具栏中的【矩形】下拉按钮，再单击【圆角矩形】按钮▢。在【矩形形状】对话框中设置矩形的宽为 20、高为 12，固定位置点为右上角点，然后捕捉直径为 14 的圆的中点 P2(-7, 0)(见图 5.109)，单击【应用】按钮⊘；修改矩形的宽度为 23、高度为 15，基准点的位置为右下角点，然后捕捉 20×12 矩形的右下角点(-7, -12)，单击【应用】按钮⊕；修改矩形的宽度为 8、高度为 3，基准点的位置为右下角点，然后捕捉 20×12 矩形的左下角点(-27, -12)，单击【确定】按钮⊘，结果如图 5.110 所示。

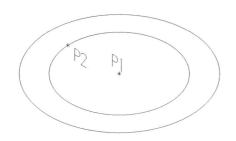

图 5.109　绘制两圆弧

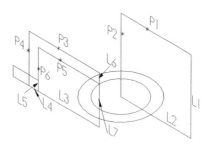

图 5.110　绘制回转形底座与轨迹线

(4) 单击【修剪】工具栏中的【图素倒圆角】按钮⌒，系统弹出【图素倒圆角】对话框。在对话框的【半径】文本框中输入"15"，选取直线于点 P1(见图 5.110)，选取另一直线于点 P2 进行倒圆角，选取直线于点 P3，选取另一直线于点 P4 进行倒圆角，单击【应用】按钮⊕。修改半径为 12，选取直线于点 P5，选取另一直线于点 P6 进行倒圆角，单击【确定】按钮⊘。

(5) 在绘图区选取直线 L1、L2、L3、L4、L5、L6、L7，按键盘上的 Delete 键进行删除，结果如图 5.111 所示。

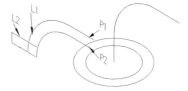

图 5.111　对图形进行修剪

(6) 单击【分割】按钮✂，选取直线 L1、L2(见图 5.111)的多余部分进行裁剪。

(7) 单击工具栏中的【连续线】按钮╱，选择端点 P1、P2(见图 5.111)连接成直线，单击【确定】按钮⊘，结果如图 5.112 所示。

3) 在侧视图上绘制管口、肋板的线形框架

(1) 在快捷菜单中设置屏幕视图为【等视图】，在状态栏中设置绘图平面为【右视图】，设定 Z 深度为-14，绘图模式为 2D。

(2) 单击工具栏中的【矩形】下拉按钮，再单击【圆角矩形】按钮▢。在【矩形形状】对话框中设置矩形的宽为 4、高为 14，基准点的位置为下边中点，然后捕捉端点 P1(见图 5.112)，单击【确定】按钮⊘。

(3) 设定 Z 深度为-15，绘图模式为 2D。

(4) 单击【已知点画圆】按钮⊙，系统弹出【已知点画圆】对话框，在绘图区捕捉端点 P2(见图 5.112)定位圆心点的位置，在【已知点画圆】对话框中输入直径"10"，单击【应

用】按钮⊘。再设置直径为"16"，捕捉端点 P2 定位圆心点的位置，单击【应用】按钮⊘。

(5) 切换绘图模式为 3D。

(6) 设置直径为"28"，捕捉端点 P2 定位圆心点的位置，单击【确定】按钮✅，结果如图 5.113 所示。

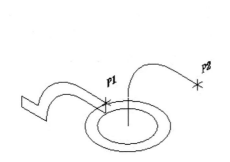

图 5.112　对图形进行编辑

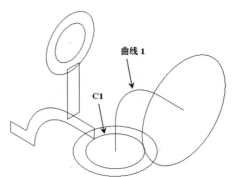

图 5.113　绘制管口、肋板线形框架

4)　用扫描实体绘制零件的内形实体

(1) 切换到操作管理器中的【层别】选项卡，单击【添加新层别】按钮➕，就可设置当前层为 2 号层。

(2) 单击【实体】选项卡中的【扫描】按钮🖊，进入创建扫描实体的操作。首先，选取要扫描的截面图素，在弹出的【线框串连】对话框中单击【单体】按钮▭／▭，选取圆C1(见图 5.113)，单击【确定】按钮✅；然后选择扫描路径的串连图素，选取串连曲线 1，在弹出的对话框中，单击【确定】按钮✅，结果如图 5.114 所示。

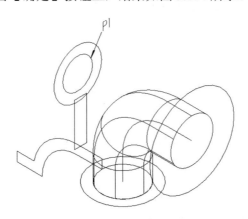

图 5.114　扫描内形实体

5)　用拉伸实体绘制零件的内形实体

切换到【实体】选项卡，单击工具栏中的【拉伸】按钮🗈，系统弹出【线框串连】对话框时，选取小圆于点 P1(见图 5.114)，并单击【确定】按钮✅。在【实体拉伸】对话框中设置操作类型为【添加凸台】，在【距离】文本框中设置距离值为 25，通过【全部反向】按钮↔调整拉伸方向为向右拉伸，单击【确定】按钮⊘，结果如图 5.115 所示。

6) 用旋转实体绘制回转底座

(1) 切换到操作管理器中的【层别】选项卡，单击【添加新层别】按钮 ✚，就可设置当前层为 3 号层。取消 2 号层的可见性，结果如图 5.116 所示。

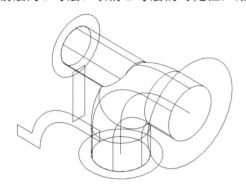

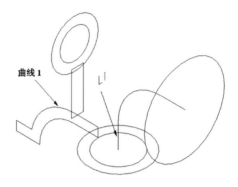

图 5.115　拉伸内形实体　　　　　　　图 5.116　不显示内形实体

(2) 单击工具栏中的【旋转】按钮 ⬮，进入创建旋转实体的操作。选择需要旋转的串连图素"曲线 1"，单击【线框串连】对话框中的【确定】按钮 ⊘；选择直线 L1(见图 5.116)作为旋转轴线，然后在【旋转实体】对话框中设置旋转的起始角度为 0°，旋转的结束角为 360°，单击【确定】按钮 ⊘，结果如图 5.117 所示。

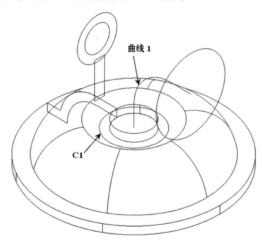

图 5.117　绘制回转底座

7) 采用扫描实体生成弯管

单击工具栏中的【扫描】按钮 ⬭，进入创建扫描实体的操作。首先，选取要扫描的截面图素，在弹出的【线框串连】对话框中单击【单体】按钮 ⟋，选取圆 C1(见图 5.117)，单击【确定】按钮 ⊘；然后选择扫描路径的串连图素，选取串连曲线 1，在弹出的【扫描】对话框中设置操作类型为【添加凸缘】，单击【确定】按钮 ⊘，结果如图 5.118 所示。

8) 采用拉伸实体生成法兰盘

单击工具栏中的【拉伸】按钮 ⬮，系统弹出【线框串连】对话框时，选取圆 C1(见

图 5.118)，并单击【确定】按钮 ✓。在【实体拉伸】对话框中设置操作类型为【添加凸台】，在【距离】文本框中输入距离值"3"，通过【全部反向】按钮 ↔ 调整拉伸方向为向左拉伸，单击【确定】按钮 ✅，结果如图 5.119 所示。

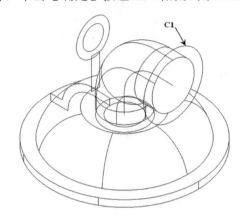

图 5.118　扫描弯管

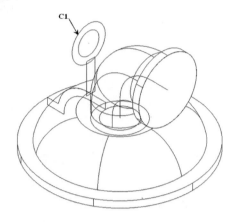

图 5.119　拉伸法兰盘

9)　采用拉伸实体生成直管

单击工具栏中的【拉伸】按钮 ，系统弹出【线框串连】对话框时，选取圆 C1(见图 5.119)，并单击【确定】按钮 ✓。在【实体拉伸】对话框中设置操作类型为【添加凸台】，在【距离】文本框中输入距离值"25"，通过【全部反向】按钮 ↔ 调整拉伸方向为向右拉伸，单击【确定】按钮 ✅，结果如图 5.120 所示。

10)　采用拉伸实体生成加强筋

单击工具栏中的【拉伸】按钮 ，系统弹出【线框串连】对话框，选取矩形 1(见图 5.120)，并单击【确定】按钮 ✓。在【实体拉伸】对话框中设置操作类型为【添加凸台】，在【距离】文本框中输入距离值"14"，通过【全部反向】按钮 ↔ 调整拉伸方向为向右拉伸，单击【确定】按钮 ✅，结果如图 5.121 所示。

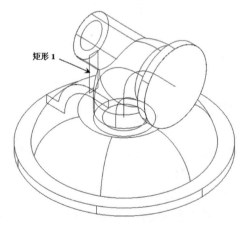

图 5.120　拉伸直管

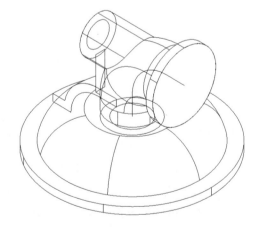

图 5.121　拉伸加强筋

11)　采用布尔运算从外形实体挖掉内形实体

(1)　切换到操作管理器中的【层别】选项卡，取消 1 号层的可见性并打开 2 号层的可见性，结果如图 5.122 所示。

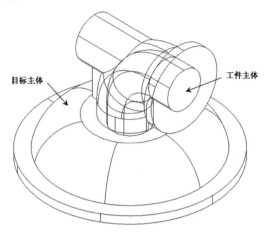

图 5.122　显示内形实体

(2) 单击工具栏中的【布尔运算】按钮 █，选取外形实体为"目标主体"(见图 5.122)，单击【布尔运算】对话框中的【添加选择】按钮 █，在绘图区选取内形实体为"工件主体" (如果无法选中可通过单击【选择验证】按钮进行选择)，按 Enter 键确定，单击【布尔运算】对话框中的【确定】按钮 █，结果如图 5.108 所示。

5.2.6　习题

1. 根据如图 5.123 所示的零件图绘制零件线形构架，并通过拉伸实体、倒角等操作生成零件实体。

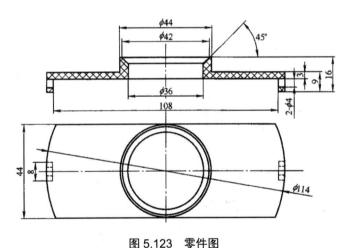

图 5.123　零件图

2. 根据如图 5.124 所示的零件图绘制零件线形构架，并通过拉伸实体、倒圆角等操作生成零件实体。

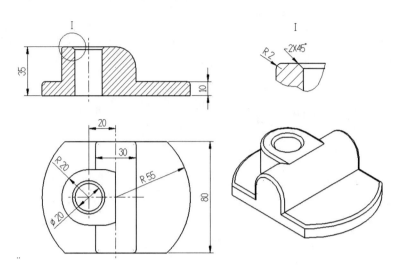

图 5.124　零件图

3. 根据如图 5.125 所示的花盆绘制线形构架，并用旋转实体及实体抽壳操作生成实体。

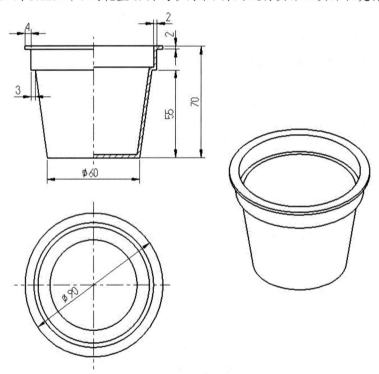

图 5.125　花盆

4. 根据如图 5.126 所示的零件图绘制零件线形构架，并通过拉伸实体、倒角、实体抽壳等操作生成零件实体。

5. 根据如图 5.127 所示的万向头模型零件图绘制线形构架，并通过旋转实体、拉伸实体、布尔运算和实体倒圆角等操作生成万向头模型实体。

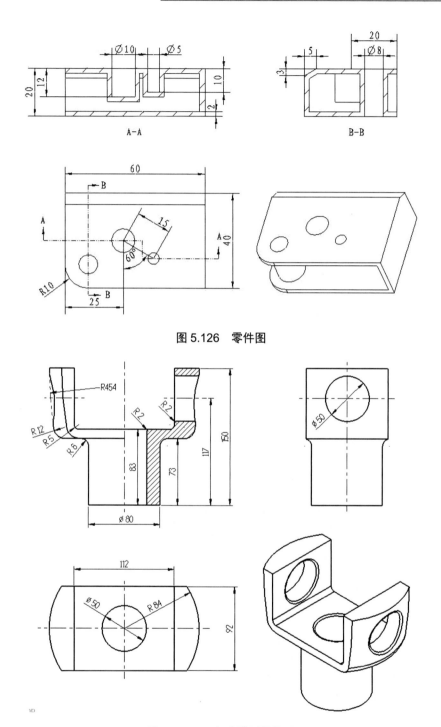

图 5.126　零件图

图 5.127　万向头模型零件图

提示：可参考如图 5.128 所示的线架进行三维实体造型。

6. 根据如图 5.129 所示的凹凸零件图绘制线形构架，并通过拉伸实体、布尔运算和实体倒圆角、倒角等操作生成模型实体。

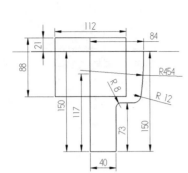

(a) 前视图

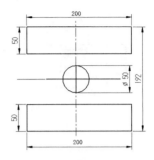

(b) 俯视图

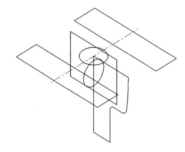

(c) 空间视图

图 5.128　线架

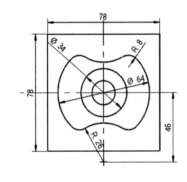

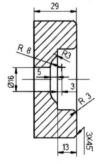

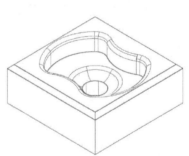

(a) 凹形零件图

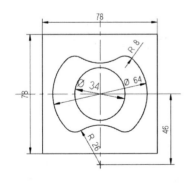

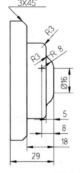

(b) 凸形零件图

图 5.129　凹凸零件图

第6章　三维刀具路径

三维刀具路径的概念与二维刀具路径基本相同,都是用于产生刀具相对于工件的运动轨迹及生成数控加工代码,但是三维刀具路径的生成要复杂得多。产生三维刀具路径的方法有很多,本章着重介绍最为常用的两类三维刀具路径:粗加工刀具路径和精加工刀具路径。粗加工提供了 7 种生成三维刀具路径的方法,其中多曲面粗加工与挖槽粗加工中的参数设置类似,只不过它主要用在复杂形体粗加工中,本章不作介绍;精加工提供了 13 种生成三维刀具路径的方法,其中环绕精加工与等距环绕精加工中的参数设置类似,而熔接精加工和螺旋精加工主要针对一些特殊曲面加工,使用范围不是很广泛,本章不作介绍。

6.1　三维粗加工刀具路径

6.1.1　三维粗加工刀具路径基本参数的设置

加工中的参数设定分为两大类:一类是刀具参数,另一类是加工参数。三维粗加工中部分加工参数的概念与二维加工中相应加工参数的概念相同,三维粗加工刀具参数的设定方法与二维加工刀具参数的设定方法相同,此处仅介绍三维粗加工中特有加工参数的概念及其设定方法。

下面就以三维粗加工平行铣削为例对三维粗加工中各参数的含义进行介绍。

1. Z 深度参数

【曲面粗切平行】对话框如图 6.1 所示,其中【安全高度】、【参考高度】、【下刀位置】、【工件表面】等参数的设置与二维刀具路径的相同,但没有最后切深,这是因为最后切削深度是由系统根据曲面的外形自动设置的。

2. 进/退刀方向

选中【进/退刀】复选框,弹出如图 6.2 所示的对话框,该对话框用来设置三维刀具路径的进出。设置好参数后,系统在刀具路径中按设置的参数分别添加进刀和退刀刀具路径。设置进刀和退刀刀具路径的参数形式相同,各选项的含义如下。

- 【进刀角度】文本框/【提刀角度】文本框:设置进/退刀刀具路径在 Z 方向的角度。
- 【XY 角度(垂直角≠0)】文本框:设置进/退刀刀具路径在水平方向的角度。
- 【进刀引线长度】文本框/【退刀引线长度】文本框:设置进/退刀刀具路径引线的长度。

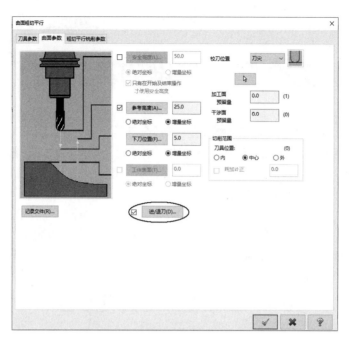

图 6.1 【曲面粗切平行】对话框

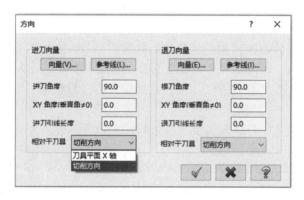

图 6.2 【方向】对话框

- 【相对于刀具】下拉列表框：设置定义水平方向角度
  的方法。当选择【刀具平面 X 轴】选项时，设置的 XY
  角度为与刀具平面+X 轴的夹角；当选择【切削方向】
  选项时，设置的 XY 角度为与切削方向的夹角。
- 【向量】按钮：单击该按钮，系统弹出如图 6.3 所示的
  对话框，通过设置刀具路径在 X、Y、Z 方向的分量来
  定义刀具路径的角度和长度。

图 6.3 【向量】对话框

- 【参考线】按钮：单击该按钮，系统返回绘图区，通
  过选取一条直线来定义刀具路径的角度和长度。

3. ⬚按钮

单击⬚按钮可以重新选取加工面、干涉面、加工范围、指定下刀点等。

4. 加工面预留量

【加工面预留量】文本框用于设置加工面的表面预留量。

5. 干涉面预留量

【干涉面预留量】文本框用于设置干涉面的表面预留量，系统按设置的预留量使用选取的干涉曲面对刀具路径进行干涉检查。

6. 刀具位置

【刀具位置】选项组用于设置在加工时刀具的切削范围。系统采用封闭串连图素定义切削范围，刀具切削范围可以设置为选取封闭串连图素的内侧、外侧或中心。当刀具切削范围设置为选取封闭串连图素的内侧或外侧时，还可以通过【附加补正】文本框设置切削范围与封闭串连图素的偏移值。

6.1.2　平行铣削粗加工

平行铣削是指沿着给定的方向生成刀具路径并且路径之间平行。

要生成粗加工平行铣削刀具路径，除了要设置共有的刀具参数和曲面参数外，还要设置一组粗加工平行铣削刀具路径特有的参数。【曲面粗切平行】对话框如图 6.4 所示，各参数的含义如下。

图 6.4　【曲面粗切平行】对话框

1. 整体公差

【整体公差】按钮右侧的文本框用于输入刀具路径的切削误差与过滤误差的总误差。

切削误差是指实际刀具路径偏离被加工曲面上样条曲线的程度，其决定了加工中插补的精度，切削误差越小，实际刀具路径越接近理论上需加工的样条曲线，加工精度越高，相应的程序量越大，加工时间长，实际加工时一般取切削误差为 0.025 mm。

2. 最大切削间距

【最大切削间距】按钮右侧的文本框用来设置两个相近切削路径的最大进刀量。该设置必须小于刀具的直径。切削误差设置得越小，生成的刀具路径数目越多，表面粗糙度越小，相应的加工时间越长。曲面最终的表面几何粗糙度是由最大切削厚度、切削误差和最大切削间距的取值共同决定的。

3. 切削方向

通过【切削方向】下拉列表框来选择切削方式，系统提供了两种切削方式：【单向】切削和【双向】切削。单向切削是指刀具沿一个方向切削，切削方向的反向是不产生切削返回的，当选择工件的形状为凸形时常采用这种加工方式；双向切削是指刀具在来回运动的两个方向都切削，当选择工件的形状为凹形时常采用这种加工方式。

4. 加工角度

加工角度决定了刀具路径在 XY 平面内相对于 X 轴正方向的角度，逆时针方向为度量的正方向。

5. Z 最大步进量

【Z 最大步进量】文本框用来设置两相近切削路径的最大 Z 方向距离。最大 Z 方向距离越大，会生成较少数目的粗加工层次，但加工结果比较粗糙；最大 Z 方向距离越小，则粗加工层次增加，粗加工表面比较平滑。

6. 下刀控制

【下刀控制】选项组用来设置下刀和退刀时刀具在 Z 轴方向的移动方式。系统提供了 3 种方式。

- 【切削路径允许多次切入】单选按钮：控制刀具在 Z 向沿曲面多次下刀切入和提刀切出，用于表面具有多个凹凸的曲面。当选择工件的形状为凹形时也采用这种加工方式。
- 【单侧切削】单选按钮：控制刀具在 Z 向沿曲面一边下刀切入和退刀切出。
- 【双侧切削】单选按钮：控制刀具在 Z 向沿曲面两边下刀切入和退刀切出。当选择工件的形状为凸形时采用这种加工方式。

7. 定义下刀点

选中【定义下刀点】复选框，设置完各参数后，系统将提示用户指定起始点，系统以距选取点最近的角点为刀具路径的起始点。

8. 允许沿面下降切削(–Z)和允许沿面上升切削(+Z)

这两个复选框用来设置刀具沿曲面的 Z 向运动方式。两个复选框均可以取消选中，也可以两个同时选中。当选择工件的形状为凸形时，采用允许沿面下降切削(–Z)加工方式；当选择工件的形状为凹形时，采用既允许沿面下降也可沿面上升切削加工方式。

9. 切削深度

单击【切削深度】按钮，弹出如图 6.5 所示的对话框，该对话框用来设置粗加工的切削深度，有绝对坐标和增量坐标两种方式。

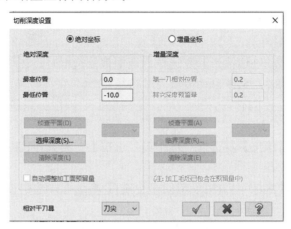

图 6.5　【切削深度设置】对话框

在绝对坐标方式下，用以下两个选项来设置切削深度。

- 【最高位置】文本框：设置刀具在切削工件时，刀具上升的最高点。
- 【最低位置】文本框：设置刀具在切削工件时，刀具下降的最低点。

用户可以在相应的文本框中直接输入最高点和最低点的数值，也可单击【选择深度】按钮后在屏幕中选择最高点和最低点。

在增量坐标方式下，系统根据曲面切削深度和设置的参数，自动计算刀具路径的最高点和最低点。

- 【第一刀相对位置】文本框：设置系统在自动计算刀具最高点时，粗加工第一层距离顶部切削边界的距离。
- 【其他深度预留量】文本框：设置系统在自动计算刀具最低点时，粗加工最后一层距离底部切削边界的距离。
- 【临界深度】按钮：单击该按钮后，系统返回至绘图区所选择的刀具路径的深度。

10. 间隙设置

单击【间隙设置】按钮，弹出如图 6.6 所示的对话框，该对话框用来设置刀具在不同间隙时的运动方式。

- 【允许间隙大小】选项组：用两个参数来设置，【距离】是指直接输入间隙距离，【步进量%】是指设置允许间隙与进刀量的百分率。

- 【移动小于允许间隙时，不提刀】选项组：选择刀具路径的连接方式，以及用复选框的形式确定是否检查过切间隙运动。刀具切削路径的连接方式介绍如下。
  - ◆ 【直接】：刀具从一个三维刀具路径的终点直接移到另一个三维刀具路径的起点。
  - ◆ 【打断】：刀具从一个三维刀具路径终点沿 Z 方向向上移动(或沿 X/Y 方向移动)，再沿 X/Y 方向移动(或沿 Z 方向向下移动)到另一个三维刀具路径的起点。
  - ◆ 【平滑】：用于高速加工曲面，即刀具从一个位置平滑越过间隙移动到另一个位置。
  - ◆ 【沿着曲面】：刀具从一个三维刀具路径的终点沿曲面外形移动到另一个三维刀具路径的起点。
- 【检查间隙移动过切情形】复选框：选中该复选框时，在移动量小于允许间隙，即将出现过切时，系统自动校准刀具路径。
- 【移动大于允许间隙时，提刀至安全高度】选项组：系统采用提刀方式以避免过切。
- 【切削排序最佳化】复选框：选中该复选框后，刀具停留在某一区域中切削直至完成。
- 【在加工过的区域下刀(用于单向平行铣)】复选框：选中该复选框后，允许从加工过的区域下刀。
- 【刀具沿着切削范围边界移动】复选框：选中该复选框后，允许刀具以一定间隙沿边界切削，刀具在 XY 方向移动，以确保刀具的中心在边界上。

11. 高级设置

单击【高级设置】按钮，弹出如图 6.7 所示的对话框，该对话框用来设置刀具在曲面或实体边缘处的运动方式。

图 6.6　【刀路间隙设置】对话框

图 6.7　【高级设置】对话框

【刀具在曲面(实体面)边缘走圆角】选项组中提供了 3 种方式，分别如下。

● 【自动(以图形为基础)】单选按钮：系统自动决定是否在曲面边缘走圆角。

● 【只在两曲面(实体面)之间】单选按钮：只在相交曲面边界和实体面边缘走圆角。

● 【在所有边缘】单选按钮：在所有曲面边界和实体面边缘走圆角。

【尖角公差(在曲面/实体面边缘)】选项组：该选项组用于设置刀具圆角移动量的误差，该值越大，生成的锐角越平缓。可以选中【距离】单选按钮直接输入误差值，也可以选中【切削方向公差百分比】单选按钮，输入与切削量的百分比来设置误差值。

下面以一个实例来介绍生成平行铣削粗加工刀具路径的方法。

例 6.1 三维加工图形如图 6.8 所示。其中，图 6.8(a)所示为 50 mm×75 mm×37 mm 的长方体毛坯材料，要求采用平行铣削粗加工刀具路径加工出如图 6.8(b)所示的零件，生成的加工刀具路径如图 6.8(c)所示。图 6.8(d)所示图形的具体尺寸如图 4.126(a)所示。

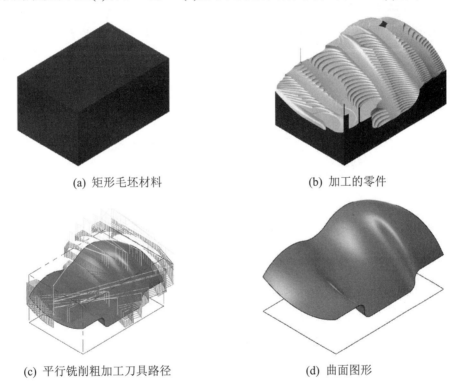

(a) 矩形毛坯材料　　　　　　　　　　(b) 加工的零件

(c) 平行铣削粗加工刀具路径　　　　　　(d) 曲面图形

图 6.8　三维加工图形

操作步骤如下。

1) 设置绘图面、刀具平面均为【俯视图】

2) 启动曲面粗切平行功能

(1) 执行【机床】|【铣床】|【默认】命令。

(2) 执行【刀路】|3D|【粗切】|【平行】命令，系统弹出如图 6.9 所示的【选择工件形状】对话框，选中【未定义】单选按钮，再单击【确定】按钮 ✓ 。选择如图 6.10 所示要加工的曲面，单击【结束选择】按钮确认选取。

(3) 系统弹出如图 6.11 所示的【刀具曲面选择】对话框，单击【确定】按钮 ✓ 。

3) 从刀具库中选取刀具

系统弹出【曲面粗切平行】对话框,单击【选择刀库刀具】按钮,系统弹出【选择刀具】对话框,查找所需要的刀具,选择 $\phi 20$ 圆鼻刀,刀角半径为1,单击【确定】按钮 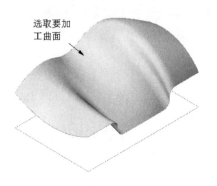。

图 6.9 【选择工件形状】对话框

图 6.10 选取要加工曲面

4) 定义刀具参数

在【曲面粗切平行】对话框的【刀具参数】选项卡中设置如图 6.12 所示的参数值。

图 6.11 【刀路曲面选择】对话框

图 6.12 设置刀具路径参数

5) 定义曲面加工参数

切换到【曲面参数】选项卡,按图 6.13 所示设置曲面加工参数。

6) 设置粗加工平行铣削参数

切换到【粗切平行铣削参数】选项卡,按图 6.14 所示设置粗切平行铣削参数。单击【确定】按钮 ✓ ,结束曲面粗切平行设置。

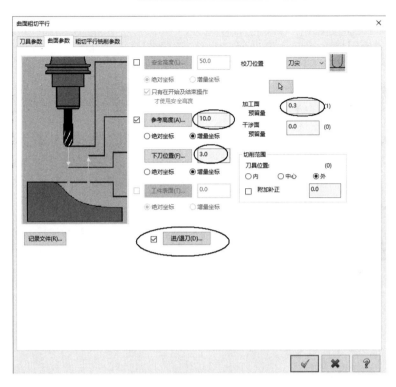

图 6.13　设置曲面加工参数

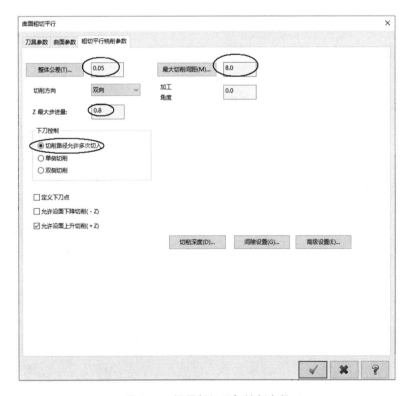

图 6.14　设置粗切平行铣削参数

7) 设置工件毛坯材料

(1) 切换到绘图区左边操作管理器中的【刀路】选项卡，执行【属性】|【毛坯设置】命令。

(2) 系统弹出【机床群组属性】对话框，切换到【毛坯设置】选项卡，设置毛坯参数，如图 6.15 所示，单击【确定】按钮 ☑ 。

💡 **注意：** 数控铣床上通常将工件坐标原点设置在要加工材料的上表面，材料上表面的 Z 坐标值为 0，所以在进行刀路加工模拟时，为了使绘图原点与工件坐标原点重合，常常会将绘制的图形进行平移，将图形的最高点位置移至零平面位置处。

8) 进行实体验证

在操作管理器的【刀路】选项卡中单击【验证已选择的操作】按钮 🖳，弹出【验证】管理器。单击【播放】按钮 ▶，系统自动模拟加工过程，加工结果如图 6.16 所示。单击【确定】按钮 ☑ ，结束模拟加工。

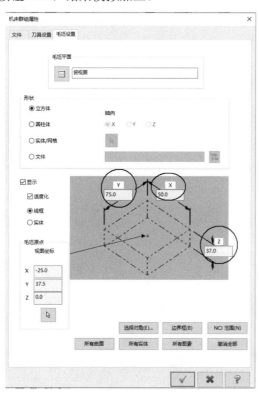

图 6.15 设置毛坯参数

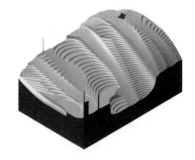

图 6.16 平行铣削粗加工结果

6.1.3 挖槽粗加工

挖槽粗加工选项是以事先有的挖槽边界，生成加工介于曲面及工件边界间多余的材料刀具路径。【曲面粗切挖槽】对话框如图 6.17 所示，可以通过【粗切参数】、【挖槽参数】选项卡设置其特有参数。

【挖槽参数】选项卡与二维刀具路径中挖槽对话框中【粗切】选项卡参数基本相同，所增加的几个参数在前面也已经进行了介绍。下面以一个实例来介绍生成挖槽粗加工刀具路径的方法。

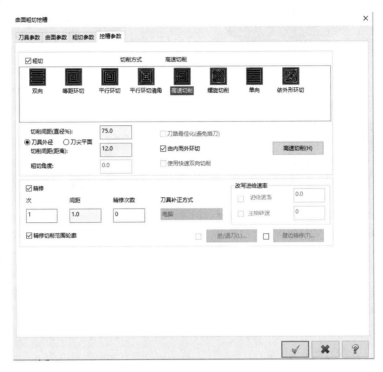

图 6.17　设置挖槽粗加工参数

例 6.2　如图 6.18 所示为加工图形。其中，图 6.18(a)所示为 160 mm×80 mm×30 mm 的长方体毛坯材料，要求采用挖槽粗加工刀具路径加工出如图 6.18(b)所示的零件，生成的加工刀具路径如图 6.18(c)所示。图 6.18(d)所示图形具体尺寸如图 4.77 所示。

操作步骤如下。

1)　在俯视构图上绘制 160mm×80mm 的矩形

(1)　在工作界面底部状态栏中设置绘图面为【俯视图】，设定 Z 深度为 0。

(2)　执行【线框】|【矩形】命令，系统弹出【矩形形状】对话框，设置矩形的宽为 160、高为 80，设置矩形中心点坐标为(0, -10)，单击【确定】按钮◎。

(3)　执行【转换】|【平移】命令，在绘图区窗选所有图素进行平移，单击【结束选择】按钮，设定方式为【移动】，Z 增量为-13，单击【确定】按钮◎结束平移(将图形的最高点移至 Z 轴零平面以下)。

2)　启动挖槽粗加工功能

(1)　执行【机床】|【铣床】|【默认】命令。

(2)　执行【刀路】|3D|【粗切】|【挖槽】命令。

(3)　在绘图区选择如图 6.18(d)所示要加工的曲面，单击【结束选择】按钮确认选取。

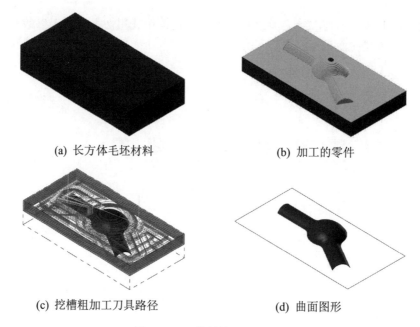

(a) 长方体毛坯材料　　　　　　　　(b) 加工的零件

(c) 挖槽粗加工刀具路径　　　　　　(d) 曲面图形

图 6.18　三维挖槽粗加工图形

(4) 系统弹出【刀路曲面选择】对话框,单击【切削范围】选项组中的【选取】按钮　(见图 6.19),选取挖槽加工范围。

(5) 选择如图 6.20 所示的矩形边界为切削范围,单击【线框串连】对话框中的【确定】按钮　,结束切削范围的选取。

(6) 单击【刀路曲面选择】对话框中的【确定】按钮　。

图 6.19　【刀路曲面选择】对话框

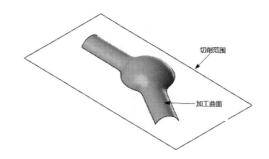

图 6.20　选取挖槽切削范围

3) 从刀具库中选取刀具

系统弹出【曲面粗切挖槽】对话框,单击【选择刀库刀具】按钮,系统弹出【选择刀具】对话框,通过对话框右边的滑块来查找所需要的刀具,选择 $\phi16$ 平刀,单击【确定】按钮　。

4)　定义刀具参数

在【曲面粗切挖槽】对话框的【刀具参数】选项卡中设置【进给速率】为 1600、【主轴转速】为 3600、【下刀速率】为 1000、【提刀速率】为 2000。

5)　定义曲面参数

在【曲面参数】选项卡中设置【参考高度】为 10、【下刀位置】为 3、【加工面预留量】为 0.3。

6)　定义粗加工参数

切换到【粗切参数】选项卡，按图 6.21 所示设置粗切参数。

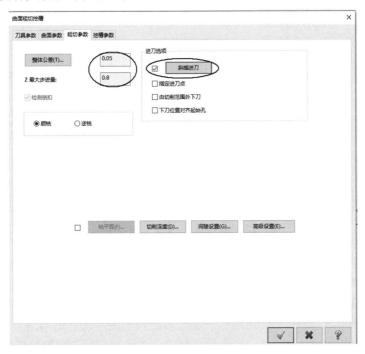

图 6.21　设置粗切参数

💡 **注意：**　在进行曲面挖槽粗加工时，一般都需要设置进刀方式，可以避免踩刀现象。

7)　设置曲面粗加工挖槽参数

切换到【挖槽参数】选项卡，按图 6.17 所示设置曲面粗加工挖槽参数。单击【确定】按钮 ✓ 结束加工参数的设置。

8)　设置工件毛坯材料并进行实体验证

实体验证加工完成的结果如图 6.18(b)所示。

6.1.4　区域粗切(高速刀路)

区域粗切是一种使用范围比较广泛的粗加工刀具路径，它可以快速加工封闭型腔、开放凸台或先前操作剩余的残料区域。

下面介绍各选项设置界面中的一些参数组。

1. 【模型图形】选项设置界面

通过如图 6.22 所示的【模型图形】选项设置界面来定义加工曲面、避让曲面及其预留量。

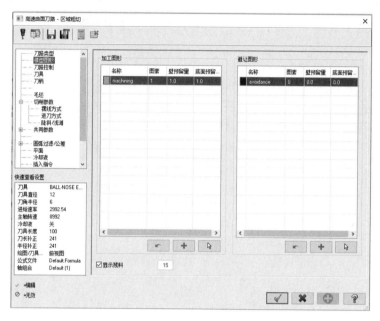

图 6.22　【模型图形】选项设置界面

1) 加工图形

用于选取要加工的图形，用户可以添加一个或多个加工图形组。

- 【选取】按钮 ：选取一个或多个实体面或曲面作为加工图素。
- 【添加新组】按钮 ：可增加一组或多组加工图形，并用不同颜色进行定义。
- 【重置毛坯值】按钮 ：对当前选择的加工图形组所有预留量清零。
- 【壁预留量】文本框：指所选取的加工图形壁边预留量，用户可对每组加工图形的壁边根据需要设定不同的预留量。
- 【底面预留量】文本框：指所选取的加工图形底面预留量，用户可对每组加工图形的底面根据需要设定不同的预留量。

2) 避让图形

避让图形是指在加工过程中刀具需要避让的图形。用户可以添加一个或多个避让图形组，并且可以为每个避让图形组设定不同的颜色，同时用户还可以对每组避让图形的壁边和底面根据需要设定预留量。

2. 【刀路控制】选项设置界面

用户可以通过如图 6.23 所示的【刀路控制】选项设置界面中的参数来定义刀具的切削范围，但并不是所有的参数对所有的刀路都可用，比如【包含】选项组适用于精修策略。

(1) 【边界串连】选项组：选取一个或多个限制刀具运动的封闭串连，定义刀路切削范围。比如，全选所有实体或曲面对其进行加工或局部加工时，需要通过"边界串连"限定刀路加工范围。

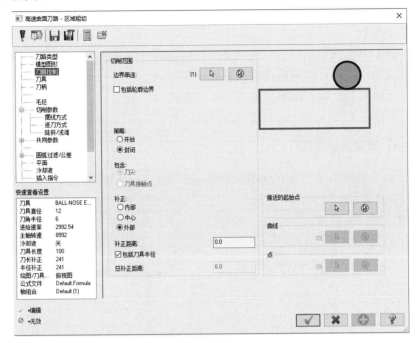

图 6.23　【刀路控制】选项设置界面

(2)　【策略】选项组：用于定义切削边界的形式。

● 【开放】单选按钮：定义开放的切削边界。

● 【封闭】单选按钮：定义封闭的切削边界。

(3)　【包含】选项组：当刀路类型切换为精修策略时，才会激活此选项组。

● 【刀尖】单选按钮：指切削按刀尖最高点位置计算刀路，将刀具中心限制在边界范围内，如图 6.24(a)所示。

● 【刀具接触点】单选按钮：指切削按刀具接触点边界计算刀路，将刀具接触点限制在边界范围内，而不是刀具中心内，如图 6.24(b)所示。(选择刀尖可以让刀具在选定的边界外运行，但刀具接触点则不可以)

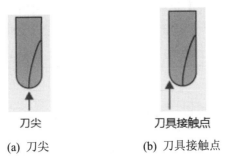

刀尖　　　　　　　　刀具接触点

(a) 刀尖　　　　　　(b) 刀具接触点

图 6.24　刀路包含选项

(4)　【补正】选项组。

● 【内部】单选按钮：指刀具始终在切削范围边界内。通过此选项用户还可以调整边界偏移补正距离。

● 【中心】单选按钮：指在刀路中，刀具的中心移动到控制边界上。用户不能调整补正距离。

● 【外部】单选按钮：指刀具最终会向切削边界外部补正一个直径距离再加工。通过此选项用户还可以调整边界偏移补正距离。

(5) 【补正距离】：用于调整内部或外部刀路控制范围。

【包括刀具半径】复选框：选中此复选框时，补正距离包含刀具半径值。

3. 【毛坯】选项设置界面

通过如图 6.25 所示的【毛坯】选项设置界面来定义加工材料参数。

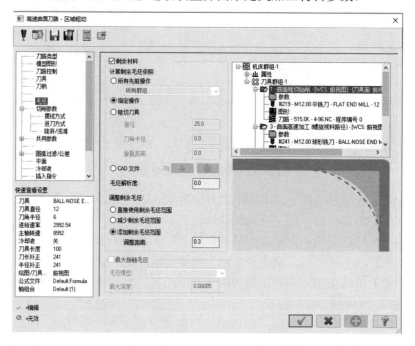

图 6.25 【毛坯】选项设置界面

(1) 【计算剩余毛坯依照】选项组：用于设置计算粗加工中需清除的材料的方式。

● 【所有先前操作】单选按钮：将前面各加工模组不能切削的区域作为粗加工切削的区域。

● 【指定操作】单选按钮：将某一个加工模组不能切削的区域作为粗加工切削的区域。

● 【粗切刀具】单选按钮：根据刀具直径和刀角半径来计算粗加工需切削的区域。

● 【CAD 文件】单选按钮：对 CAD(STL 格式)文件进行粗加工计算。

● 【毛坯解析度】文本框：设置残料粗加工的误差值。

(2) 【调整剩余毛坯】选项组：用于放大或缩小定义的粗加工区域。

● 【直接使用剩余毛坯范围】单选按钮：不改变定义的材料粗加工范围。

● 【减少剩余毛坯范围】单选按钮：允许残余小的尖角材料通过后面的精加工来清

除，相应减少剩余材料的范围，这种方式可以提高加工速度。

● 【添加剩余毛坯范围】单选按钮：在区域粗加工中清除小的尖角材料，相应地也就增加了剩余材料的范围。

4. 【切削参数】选项设置界面

切换到如图 6.26 所示的【切削参数】选项设置界面，其各参数的含义如下。

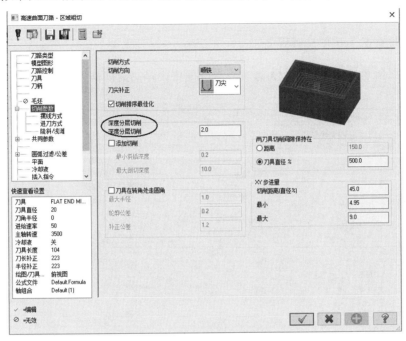

图 6.26　【切削参数】选项设置界面

1) 【深度分层切削】选项组
● 【深度分层切削】文本框：指刀具切削深度按 Z 值分层加工。
● 【添加切削】复选框：在轮廓浅滩区域增加切削刀路，这样刀路在不同区域不会有过大的残脊差，而尽可能保持残料均匀。
 ◆ 【最小斜插深度】文本框：设置在零件的浅滩区域增加的 Z 值最小距离。
 ◆ 【最大剖切深度】文本框：定义两个相邻切削路径的曲面轮廓最大允许深度。
2) 【刀具在转角处走圆角】复选框
建议选中该复选框，让刀具在转角处尽可能平滑过渡。
● 【最大半径】文本框：指刀具在边界范围内允许的最大转角半径(建议不要大于实际串连轮廓转角半径)。
● 【轮廓公差】文本框：指刀具在边界范围内最靠串连边界的那段刀路拐角半径。
● 【补正公差】文本框：指刀具在边界范围内所有刀路轮廓拐角半径(最靠边界的那段刀路轮廓除外)。
3) 【两刀具切削间隙保持在】选项组
当超过允许的间隙值时，刀路计算会尽可能控制抬刀次数。

- 【距离】文本框：指允许两刀具切削移动的最大间隙距离。
- 【刀具直径%】文本框：指允许两刀具切削移动的最大刀具直径百分比值。

4) 【XY步进量】选项组

- 【切削距离(直径%)】文本框：指定切削时的刀间距按刀具直径最大百分比(建议按刀具实际有效直径百分比)。
- 【最小】文本框：按照刀具直径百分比计算的最小切宽。
- 【最大】文本框：按照刀具直径百分比计算的最大切宽。

5. 【共同参数】选项设置界面

如图6.27所示的【共同参数】选项设置界面中，是高速曲面刀路共有的参数，各参数的含义如下。

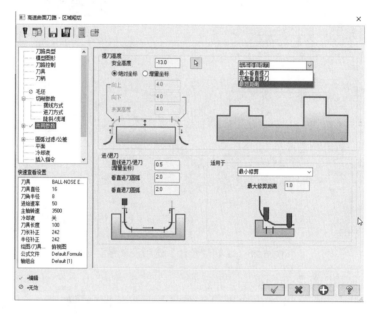

图6.27 【共同参数】选项设置界面

1) 【提刀高度】选项组

- 【安全高度】文本框：指刀路在开始或结束时，回退的最高的安全距离。
- 【选取】按钮：单击该按钮，可捕捉一个选择点作为安全高度值。
- 【绝对坐标】单选按钮：指从原点(0, 0, 0)开始计算安全高度。
- 【增量坐标】单选按钮：指相对选取图形的最高点计算安全高度。
- 【向上】文本框：当选择最短距离提刀时，此设置被激活。刀具按照向上的圆弧半径高速过渡提刀，而不是以直角的方式过渡提刀。
- 【向下】文本框：当选择最短距离提刀时，此设置被激活。刀具按照向下的圆弧半径来高速过渡提刀，而不是以直角的方式过渡提刀。
- 【表面高度】文本框：指刀具在两道台阶面之间保持在零件表面以上的最小距离。
- 【最小垂直提刀】选项：指刀具在零件表面高度按最小垂直距离提刀。
- 【完整垂直提刀】选项：指刀具按最高安全高度垂直提刀。

- 【最短距离】选项：指刀具按照表面高度最短距离移动。当距离超过表面高度参数时，软件会按照进/退刀圆弧、最大斜插角度和斜插高度计算刀路。

2) 【进/退刀】选项组

- 【直线进刀/退刀】文本框：在开始和结束时，直线进/退刀增量距离。这个动作发生在进刀圆弧之前或退刀圆弧之后。

- 【垂直进刀圆弧】文本框：指刀具在接近切削深度时所形成的圆弧的大小。

- 【垂直退刀圆弧】文本框：指刀具在退出切削深度时所形成的圆弧的大小。

- 【最小修剪】选项：指刀具抬刀路径将尽可能地按表面高度距离运动，并始终保持与表面高度最小距离圆弧切入/切出。

- 【不修剪】选项：指刀具路径将零件表面特征，全部以垂直方式过渡移动。

- 【完整修剪】选项：指刀具将全部以圆弧的方式切入/切出，选择此选项对防止过度加工很重要。

- 【最大修剪距离】文本框：通常情况下，当一个区域被裁剪时，被裁剪的最大距离是切入/切出圆弧半径。

例 6.3 如图 6.28 所示为加工图形。其中，图 6.28(a)所示为 60 mm×50 mm×35 mm 的长方体毛坯材料，要求采用区域粗加工刀具路径加工出如图 6.28(b)所示的零件；接着对它进行区域粗切半精加工，图 6.28(c)所示为经过区域粗切半精加工后的零件。图 6.28(d)所示图形的具体尺寸如图 4.103 所示。

(a) 矩形毛坯材料　　(b) 区域粗切零件　　(c) 区域粗切半精加工零件　　(d) 曲面图形

图 6.28　区域粗切图形

操作步骤如下。

1) 将绘图平面和刀具平面设置为【俯视图】

2) 启动区域粗切功能

(1) 执行【机床】|【铣床】|【默认】命令。

(2) 执行【刀路】|3D|【粗切】|【区域粗切】命令，系统弹出【高速曲面刀路-区域粗切】对话框，切换到【模型图形】选项设置界面，单击【加工图形】选项组中的【选取】按钮，在绘图区选择如图 6.29 所示的曲面，单击【结束选择】按钮确认选取。设置【底面预留量】为 0.3，如图 6.30 所示。

(3) 切换到【刀路控制】选项设置界面，在【边界串连】选项组中单击【选取】按钮，在绘图区选择如图 6.31 所示的底部矩形，单击【线框串连】对话框中的【确定】按钮，结束切削范围的选取；设置加工策略为【封闭】，刀具补正区域为【外部】，补正距离为 0，选中【包括刀具半径】复选框，实际总补正距离就是刀具半径值，如图 6.32 所示。

图 6.29　选取加工曲面

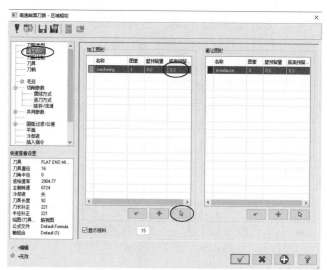

图 6.30　【模型图形】选项设置界面

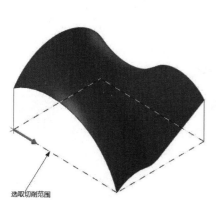

图 6.31　选取切削范围

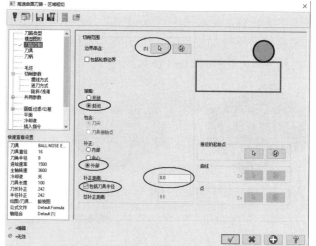

图 6.32　【刀路控制】选项设置界面

（4）切换到【刀具】选项设置界面，单击【选择刀库刀具】按钮，系统弹出【选择刀具】对话框，通过对话框右边的滑块来查找所需要的刀具，选择 $\phi 16$ 平刀，设置【进给速率】为 2000，【主轴转速】为 2200，【下刀速率】为 1000，【提刀速率】为 2000。

（5）在【切削参数】选项设置界面中设置【深度分层切削】为 3，并选中【添加切削】复选框，设置【最大剖切深度】为 3，如图 6.33 所示。

（6）在【进刀方式】选项设置界面中设置下刀方式为【螺旋进刀】，如图 6.34 所示。其他参数不再调整，按系统默认设置，单击【确定】按钮 ✓ 完成所有参数设置。

（7）在【共同参数】选项设置界面中设置提刀方式为【最短距离】。其他参数不再调整，按系统默认设置，单击【确定】按钮 ✓ 完成所有参数设置，如图 6.35 所示。

（8）设置工件毛坯材料并进行实体验证。

实体验证加工完成结果如图 6.28(b)所示。

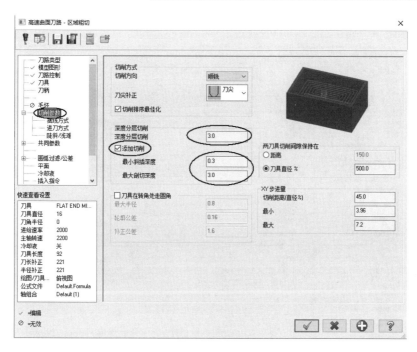

图 6.33 设置切削参数

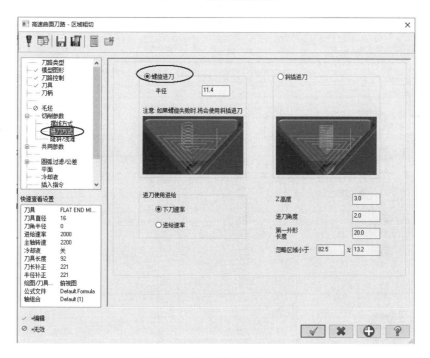

图 6.34 设置进刀方式参数

3) 进行区域粗切半精加工

在管理器中切换到【刀路】选项卡，选择【曲面高速加工(区域粗切)】刀具路径，单击鼠标右键，在弹出的快捷菜单中选择【复制】命令(见图 6.36)，再次单击鼠标右键，在弹出的快捷菜单中选择【粘贴】命令(见图 6.37)。【刀路】选项卡中会出现第二个【曲面高速加工(区域粗切)刀具路径(见图6.38)。

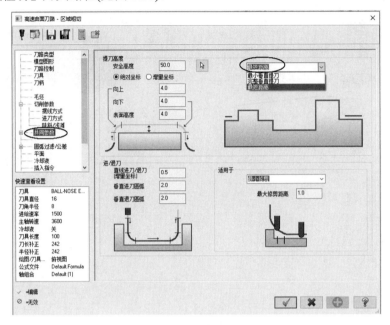

图 6.35　设置共同参数

图 6.36　复制刀路

图 6.37　粘贴刀路

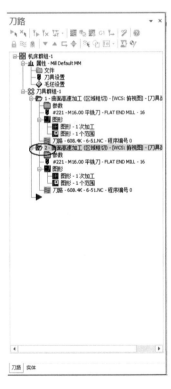

图 6.38　第二个区域粗切刀路

(1)　单击第二个刀路中的【参数】选项(见图6.39),在弹出的【高速曲面刀路-区域粗切】对话框中选择【刀具】选项,单击【选择刀库刀具】按钮,系统弹出【选择刀具】对话框，通过对话框右边的滑块查找所需要的刀具，选择 φ16 球刀，设置【进给速率】为1200，【主轴转速】为2800，【下刀速率】为1000，【提刀速率】为2000。

(2) 在【毛坯】选项设置界面中设置【剩余材料】为【指定操作】，即为上次的区域粗切，设置【调整剩余毛坯】为【添加剩余毛坯范围】，【调整距离】为 0.3，如图 6.40 所示。

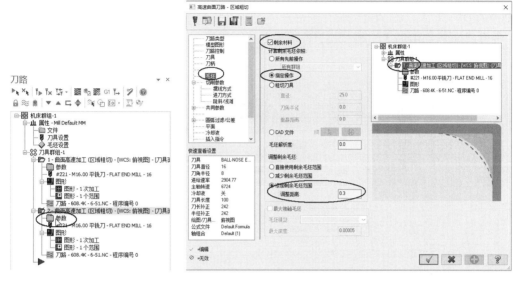

图 6.39　选取【参数】选项　　　　　　　图 6.40　设置毛坯剩余材料

(3) 在【切削参数】选项中设置【深度分层切削】为1，如图 6.41 所示。

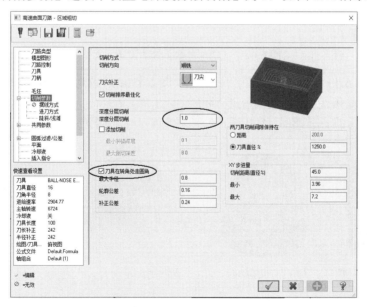

图 6.41　设置切削参数

(4) 在【共同参数】选项设置界面中设置提刀方式为【最短距离】，其他参数不再调整，按系统默认设置，单击【确定】按钮完成所有参数设置。

4) 设置工件毛坯材料并进行实体验证

实体验证加工完成结果如图 6.28(c)所示。

6.1.5 优化动态粗切(高速刀路)

优化动态粗切是完全利用刀具刃长进行切削，快速加工封闭型腔、开放凸台或先前操作剩余的残料区域。

优化动态粗切中的【切削参数】选项设置界面如图 6.42 所示，它与二维刀路中的动态铣削类似，这里不再介绍。

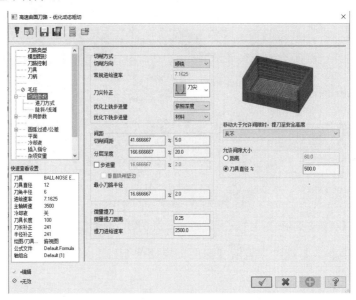

图 6.42 【切削参数】选项设置界面

例 6.4 如图 6.43 所示为加工图形。其中，图 6.43(a)所示为 $\phi 30mm \times 30$ mm 的圆柱体毛坯材料，要求采用优化动态粗切刀具路径加工出如图 6.43(b)所示的零件，生成的加工刀具路径如图 6.43(c)所示。图 6.43(d)所示图形的具体尺寸如图 4.130 所示。

(a) 圆柱体毛坯材料　　(b) 加工的零件　　(c) 优化动态粗切刀具路径　　(d) 曲面图形

图 6.43 优化动态粗切加工图形

操作步骤如下。

1) 在俯视构图上绘制 $\phi 30$ 圆

(1) 在工作界面底部状态栏中设置绘图平面为【俯视图】，设定 Z 深度为 0。

(2) 执行【线框】|【已知点画圆】命令，系统弹出【已知点画圆】对话框，设置圆的直径为 30，设置圆的中心点坐标为(0, 0)，单击【确定】按钮◎。

(3) 执行【曲面】|【延伸】命令，系统弹出【曲面延伸】对话框，在绘图区选取如图 6.44 所示的曲面，将鼠标箭头移到如图所示的边缘并单击，在【依照距离】文本框中设置延伸长度为 6。单击【确定】按钮◎，结果如图 6.45 所示。

(4) 执行【转换】|【平移】命令，在绘图区窗选所有图素进行平移，单击【结束选择】按钮，设定方式为【移动】，Z 增量为-12.5，单击【确定】按钮◎结束平移。(将图形的最高点移至 Z 轴零平面以下)

图 6.44 选取曲面延伸

图 6.45 延伸后的曲面

2) 启动优化动态粗切功能

(1) 执行【机床】|【铣床】|【默认】命令。

(2) 执行【刀路】|3D|【粗切】|【优化动态粗切】命令，系统弹出【高速曲面刀路-优化动态粗切】对话框，单击【模型图形】选项设置界面【加工图形】选项组中的【选取】按钮 ，在绘图区选择如图 6.43(d)所示要加工的曲面，单击【结束选择】按钮确认选取。设置【壁预留量】为 0.5、【底面预留量】为 0，如图 6.46 所示。

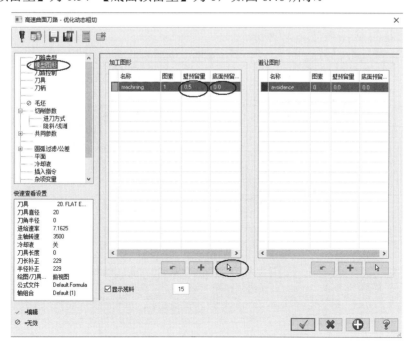
图 6.46 【模型图形】选项设置界面

（3）单击【刀路控制】选项设置界面【边界串连】选项组中的【选取】按钮，如图 6.47 所示，在绘图区选择如图 6.48 所示的 $\phi 30$ 圆，单击【线框串连】对话框中的【确定】按钮，结束切削范围的选取；设置加工策略为【开放】。

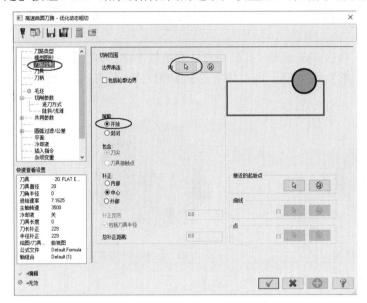

图 6.47　【刀路控制】选项设置界面　　　　图 6.48　选取切削范围

（4）切换到【刀具】选项设置界面，单击【选择刀库刀具】按钮，系统弹出【选择刀具】对话框，通过对话框右边的滑块来查找所需要的刀具，选择 $\phi 10$ 的平刀，设置【进给速率】为 1500，【主轴转速】为 4000，【下刀速率】为 1000，【提刀速率】为 2000。

（5）在【切削参数】选项设置界面中设置【切削间距】为刀具直径的 50%，【分层深度】为刀具直径的 6%，如图 6.49 所示。

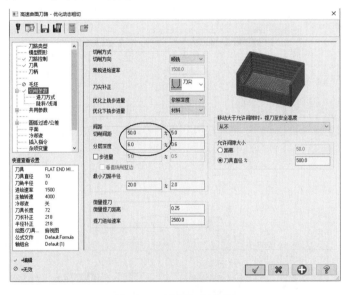

图 6.49　设置切削参数

(6)　在【进刀方式】选项设置界面中设置下刀方式为【单一螺旋】。其他参数不再调整，按系统默认设置，单击【确定】按钮 ✓ 完成所有参数设置。

3)　设置工件毛坯材料并进行实体验证

实体验证加工完成结果如图 6.43(b)所示。

6.1.6　投影粗加工

投影粗加工是将已有的刀具路径或几何图形投影到选择的曲面上生成新的粗加工刀具路径。

要生成投影粗加工刀具路径，须设置一组其特有的参数，如图 6.50 所示为【投影粗切参数】选项卡，下面仅对前面未介绍的参数进行简要说明。

图 6.50　【投影粗切参数】选项卡

1. 投影方式

系统提供了 3 种投影方式。

- NCI 单选按钮：用已有的 NCI 文件来进行投影。如图 6.51 所示为用 NCI 文件投影。图 6.51(a)所示为用已有的加工刀具路径对圆球面进行投影；图 6.51(b)所示为用曲面投影方式对圆球面加工生成的刀具路径。
- 【曲线】单选按钮：用一条曲线或一组曲线来进行投影，如图 6.52 所示为用曲线投影。图 6.52(a)所示为用已有的曲线对圆球面进行投影；图 6.52(b)所示为用曲线投影方式对圆球面加工生成的刀具路径。

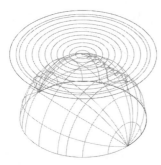

(a) 已有的 NCI 文件

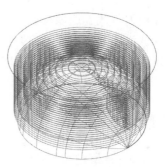

(b) 用 NCI 投影方式生成刀具路径

图 6.51　用 NCI 文件投影

(a) 已有的曲线

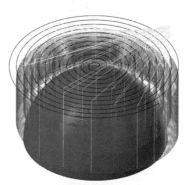

(b) 采用曲线投影方式生成刀具路径

图 6.52　用曲线投影

- 【点】单选按钮：用一个点或一组点来投影。如图 6.53 所示为用一组点投影。图 6.53(a)所示为用已有的一组点对圆球面进行投影；图 6.53(b)所示为用点投影方式对圆球面加工生成的刀具路径。

以上 3 种投影方式所用的对象应在投影粗加工前制作完成。

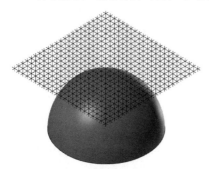

(a) 已存在的一组点

(b) 采用点投影方式生成刀具路径

图 6.53　用一组点投影

2. 原始操作

【原始操作】列表框显示出了当前文件中已有的 NCI 文件，可以从中选取用于投影的

NCI 文件。

下面以一个实例来介绍生成投影粗加工刀具路径的方法。

例 6.5　如图 6.54 所示为加工图形。其中，图 6.54(a)所示为 ϕ130 mm×100mm 的圆柱体毛坯材料，要求采用投影粗加工刀具路径加工出如图 6.54(b)所示的零件，生成的加工刀具路径如图 6.54(c)所示。图 6.54(d)所示图形具体尺寸如图 4.111 所示。

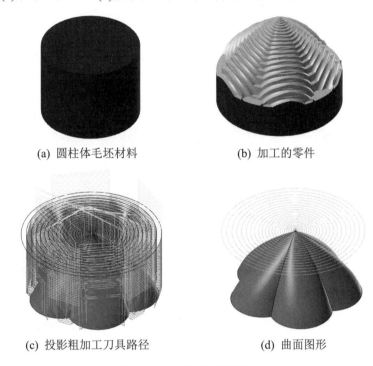

(a) 圆柱体毛坯材料　　　　　　　　(b) 加工的零件

(c) 投影粗加工刀具路径　　　　　　(d) 曲面图形

图 6.54　投影粗加工图形

操作步骤如下。

1)　在俯视构图上绘制平面螺旋图形

(1)　在工作界面底部状态栏中设置绘图平面为【俯视图】，设定 Z 深度为 65，绘图模式为 2D。

(2)　单击【线框】选项卡中的【平面螺旋】按钮，系统弹出【螺旋形】对话框，将基准点放置在原点，设置尺寸半径为 2、圈数为 23；设置水平间距初始为 1、最终为 5，单击【确定】按钮◎，如图 6.55 所示。

(3)　执行【转换】|【平移】命令，在绘图区窗选所有图素进行平移，单击【结束选择】按钮，设定方式为【移动】，Z 增量为-65，单击【确定】按钮◎结束平移(将图形的最高点移至 Z 轴零平面以下)。

2)　启动投影粗加工功能

(1)　执行【机床】|【铣床】|【默认】命令。

(2)　执行【刀路】|3D|【粗切】|【投影】命令，系统弹出【选择工件形状】对话框，选中【未定义】单选按钮，再单击【确定】按钮☑。

(3)　在绘图区选择如图 6.54(d)所示要加工的曲面，单击【结束选择】按钮确认选取。

图 6.55　打开【螺旋形】对话框

　　(4)　系统弹出【刀路曲面选择】对话框,单击【选择曲线】选项组中的【选取】按钮，选取投影曲线。

　　(5)　选择如图 6.56 所示的平面螺旋作为投影曲线,单击【线框串连】对话框中的【确定】按钮，结束投影曲线的选取。

　　(6)　单击【刀路曲面选择】对话框中的【确定】按钮。

　　3)　从刀具库中选取刀具

　　系统弹出【曲面粗切投影】对话框,单击【选择刀库刀具】按钮,系统弹出【选择刀具】对话框,通过对话框右边的滑块来查找所需要刀具,选择 $\phi 10$ 的平刀,单击【确定】按钮。

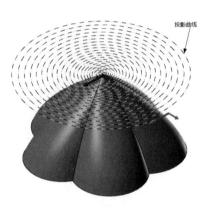

图 6.56　选取曲线进行投影切削

　　4)　定义刀具参数

　　在【曲面粗切投影】对话框的【刀具参数】选项卡中设置【进给速率】为1500,【主轴转速】为4000,【下刀速率】为1000,【提刀速率】为2000。

　　5)　定义曲面参数

　　在【曲面参数】选项卡中设置【参考高度】为10,【下刀位置】为3,【加工面预留量】为0.3。

　　6)　定义投影粗切参数

　　切换到【投影粗切参数】选项卡,按如图 6.57 所示设置投影粗切参数。单击【确定】按钮结束曲面加工参数的设置。

　　7)　设置工件毛坯材料并进行实体验证

　　实体验证加工完成的结果如图 6.54(b)所示。

图 6.57 设置曲面投影粗切参数

6.1.7 习题

1. 如图 6.58(a)所示为 70 mm×90 mm×30 mm 的长方体毛坯材料, 要求采用合适的粗加工刀具路径, 加工出如图 6.58(b)所示的零件, 加工的零件图形如图 6.58(c)所示 (具体尺寸见图 4.128(a))。

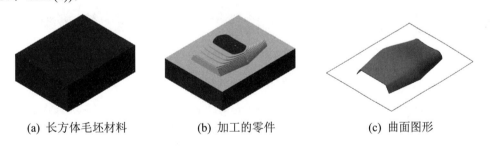

(a) 长方体毛坯材料　　　　(b) 加工的零件　　　　(c) 曲面图形

图 6.58 三维粗加工

2. 如图 6.59(a)所示为 100 mm×100 mm×35 mm 的长方体毛坯材料, 要求采用合适的粗加工刀具路径, 加工出如图 6.59(b)所示的零件, 加工的零件图形如图 6.59(c)所示(具体尺寸见图 4.86)。

3. 如图 6.60(a)所示为 80 mm×60 mm×30 mm 的长方体毛坯材料, 要求采用合适的粗加工刀具路径, 加工出如图 6.60(b)所示的零件, 加工的零件图形如图 6.60(c)所示(具体尺寸见图 4.132(a))。

4. 如图 6.61(a)所示为 φ144mm×40 mm 的圆柱体毛坯材料, 要求采用合适的粗加工刀具路径, 加工出如图 6.61(b)所示的零件, 加工的零件图形如图 6.61(c)所示(具体尺寸见

图 5.79)。

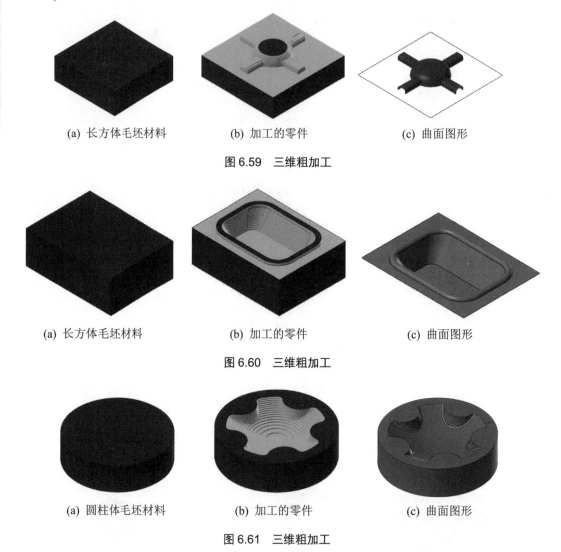

(a) 长方体毛坯材料　　　　　(b) 加工的零件　　　　　(c) 曲面图形

图 6.59　三维粗加工

(a) 长方体毛坯材料　　　　　(b) 加工的零件　　　　　(c) 曲面图形

图 6.60　三维粗加工

(a) 圆柱体毛坯材料　　　　　(b) 加工的零件　　　　　(c) 曲面图形

图 6.61　三维粗加工

5. 如图 6.62(a)所示为 80 mm×80 mm×30 mm 的长方体毛坯材料，要求采用合适的粗加工刀具路径，加工出如图 6.62(b)所示的零件，加工的零件图形如图 6.62(c)所示(具体尺寸见图 4.126(a))。

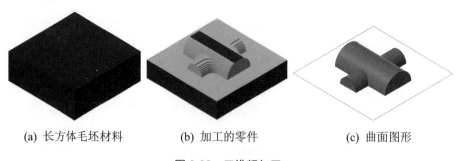

(a) 长方体毛坯材料　　　　　(b) 加工的零件　　　　　(c) 曲面图形

图 6.62　三维粗加工

6. 如图 6.63(a)所示为 78 mm×78 mm×30 mm 的长方体毛坯材料，要求采用合适的粗加工刀具路径加工出如图 6.63(b)所示的零件，加工的零件图形如图 6.63(c)所示(具体尺寸见图 5.129)。

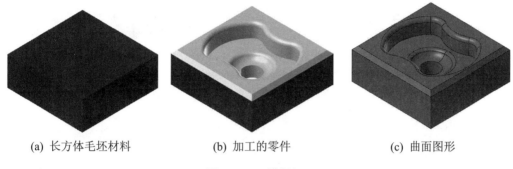

(a) 长方体毛坯材料　　　　　　(b) 加工的零件　　　　　　(c) 曲面图形

图 6.63　三维粗加工

6.2　三维刀具路径精加工

三维刀具路径精加工一般用于三维刀具粗加工后的工件或铸件的精加工以得到光滑的零件。与粗加工追求加工效率相比，精加工一般采用高速、小进给量和小切削深度来获得良好的加工表面粗糙度和尺寸精度。

6.2.1　平行铣削精加工(高速刀路)

平行铣削精加工采用刀具沿设定的角度平行加工，是一种主要用于浅滩区域加工的精加工刀具路径。【高速曲面刀路-平行】对话框如图 6.64 所示，可以通过【切削参数】选项设置界面设置其特有参数。

【高速曲面刀路-平行】对话框的【切削参数】选项设置界面中各参数的含义与【曲面粗切平行】对话框的【粗切平行铣削参数】选项卡中对应参数的含义相同，这里不再介绍。

例6.6　图 6.65(a)为例 6.1 平行铣削粗加工后的工件，接着对它进行平行铣削精加工。图 6.65(b)所示为平行铣削精加工刀具路径，图 6.65(c)所示为经过平行铣削精加工后的工件图形。

操作步骤如下。

1)　设置绘图平面、刀具平面为【俯视图】

2)　启动 3D 精加工平行铣削功能

(1)　执行【刀路】|3D|【精切】|【平行】命令，系统弹出【高速曲面刀路-平行】对话框，单击【模型图形】选项设置界面【加工图形】选项组中的【选取】按钮，在绘图区选择如图 6.66 所示要加工的曲面，单击【结束选择】按钮确认选取。设置【壁预留量】为 0、【底面预留量】为 0，如图 6.67 所示。

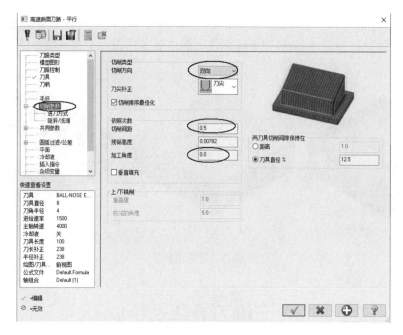

图 6.64　平行铣削参数

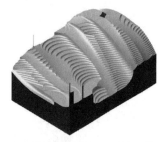 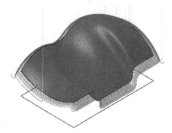 

(a) 平行铣削粗加工后的工件　　(b) 平行铣削精加工刀具路径　　(c) 平行铣削精加工后的工件

图 6.65　粗、精加工工件对照

(2) 选择【刀具】选项，单击【选择刀库刀具】按钮，系统弹出【选择刀具】对话框，通过对话框右边的滑块来查找所需的刀具，选择 $\phi8$ 的球刀，设置【进给速率】为 1600，【主轴转速】为 4000，【下刀速率】为 800，【提刀速率】为 2000。

💡 注意：　如果屏幕上粗加工的刀具路径影响曲面的选取，可以事先在【刀路】选项卡中选择【曲面粗切平行】操作，然后按 Alt+T 组合键取消刀具路径显示；单击【刀路】选项卡中的【切换已选择的刀路操作】按钮≈也可取消粗加工刀具路径的显示。

(3) 在【毛坯】选项设置界面中选中【计算剩余毛坯依照】选项组中的【指定操作】单选按钮，并在右侧列表框中选择【曲面粗切平行】操作，如图 6.68 所示。

(4) 在【切削参数】选项设置界面中设置【切削方向】为【双向】，【切削间距】为0.5，【加工角度】为 0，如图 6.69 所示。

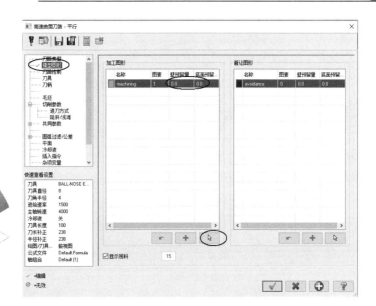

图 6.66　选取加工曲面　　　　　图 6.67　【模型图形】选项设置界面

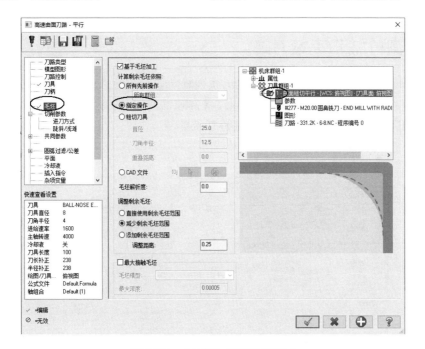

图 6.68　【毛坯】选项设置界面

(5)　其他参数不再调整，按系统默认设置，单击【确定】按钮 ✓ 完成所有参数设置。

3)　设置工件毛坯材料并进行实体验证

实体验证加工完成结果如图 6.65(c)所示。

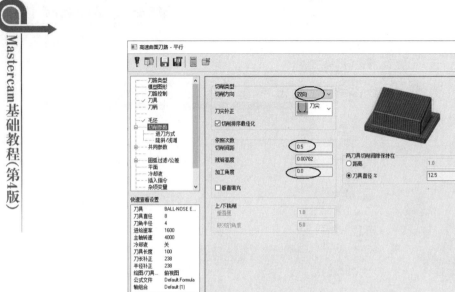

图 6.69　【切削参数】选项设置界面

6.2.2　等高精加工(高速刀路)

等高精加工是沿所选图形的轮廓创建一系列轴向切削，通常用于精加工或半精加工操作，最适合加工轮廓角度 30°～90° 的图形。【高速曲面刀路-等高】对话框如图 6.70 所示，可以通过【切削参数】选项设置界面设置其特有参数。

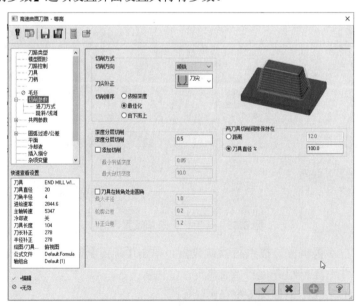

图 6.70　【高速曲面刀路-等高】对话框

【高速曲面刀路-等高】对话框的【切削参数】选项设置界面中各参数的含义与【高速曲面刀路-区域粗切】对话框的【切削参数】选项设置界面中对应参数的含义相同，这里不作介绍。

例 6.7 如图 6.71 所示为加工图形。其中，图 6.71(a)所示为 100mm×100 mm×70mm 的长方体毛坯材料，要求采用区域粗切刀具路径加工出如图 6.71(b)所示的零件，接着对它进行等高精加工，图 6.71(c)所示为经过等高精加工后的工件图形。图 6.71(d)所示图形的具体尺寸如图 5.41 所示。

操作步骤如下。

1) 准备工作

(1) 在俯视构图上绘制 100mm×100 mm 的矩形。

(2) 执行【转换】|【平移】命令，在绘图区窗选所有图素进行平移，单击【结束选择】按钮，设定方式为【移动】、Z 增量为-50，单击【确定】按钮◎结束平移。(将图形的最高点移至 Z 轴零平面以下)

(a) 长方体毛坯材料 (b) 区域粗切加工后的工件 (c) 等高精加工后的工件 (d) 实体图形

图 6.71 粗、精加工工件对照

2) 启动区域粗切功能

(1) 执行【机床】|【铣床】|【默认】命令。

(2) 执行【刀路】|3D|【粗切】|【区域粗切】命令，系统弹出【高速曲面刀路-区域粗切】对话框，单击【模型图形】选项设置界面【加工图形】选项组中的【选取】按钮，在绘图区选择如图 6.71(d)所示的所有实体，单击【结束选择】按钮确认选取。设置【壁预留量】为 0.5、【底面预留量】为 0，如图 6.72 所示。

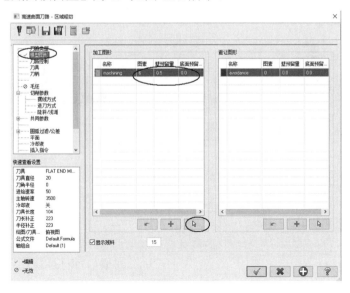

图 6.72 【模型图形】选项设置界面

（3）单击【刀路控制】选项设置界面【边界串连】选项组中的【选取】按钮，在绘图区选择如图 6.73 所示的 100mm×100 mm 矩形，单击【线框串连】对话框中的【确定】按钮，结束切削范围的选取；设置加工策略为【封闭】，刀具补正在区域【外部】，【补正距离】为 0，选中【包括刀具半径】复选框，实际总补正距离就是刀具半径值，如图 6.74 所示。

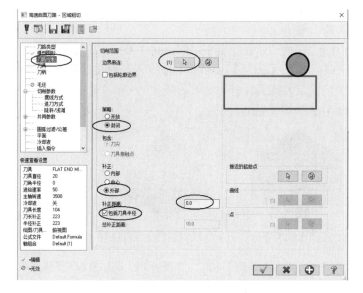

图 6.73　选取切削范围　　　　　　　　　图 6.74　【刀路控制】选项设置界面

（4）切换到【刀具】选项设置界面，单击【选择刀库刀具】按钮，系统弹出【选择刀具】对话框，通过对话框右边的滑块查找所需的刀具，选择 $\phi 20$ 的平刀，设置【进给速率】为 2000，【主轴转速】为 2800，【下刀速率】为 1000，【提刀速率】为 2000。

（5）在【切削参数】选项设置界面中设置【深度分层切削】为 2，如图 6.75 所示。

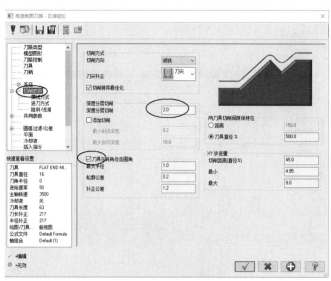

图 6.75　设置切削参数

(6) 在【进刀方式】选项设置界面中设置下刀方式为【螺旋进刀】。其他参数不再调整，按系统默认设置，单击【确定】按钮 ☑ 完成所有参数设置。

3) 设置工件毛坯材料并进行实体验证

实体验证加工完成结果如图 6.71(b)所示。

4) 启动 3D 等高精加工功能

(1) 执行【刀路】|3D|【精切】|【等高】命令。

(2) 系统弹出【高速曲面刀路-等高】对话框，单击【模型图形】选项设置界面【加工图形】选项组中的【选取】按钮 ↳，在绘图区选择如图 6.76(a)所示要加工的图形，单击【结束选择】按钮确认选取。设置【壁预留量】为 0，【底面预留量】为 0。

(3) 单击【模型图形】选项设置界面【避让图形】选项组中的【选取】按钮 ↳，在绘图区选择如图 6.76(b)所示要避让的面，单击【结束选择】按钮确认选取。设置【壁预留量】为 0.1，【底面预留量】为 0。【模型图形】选项设置界面如图 6.77 所示。

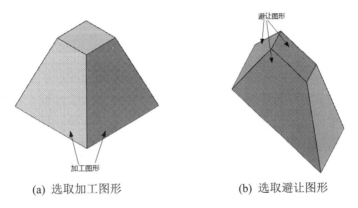

(a) 选取加工图形　　　　　　　　　(b) 选取避让图形

图 6.76　选取加工图形和避让图形

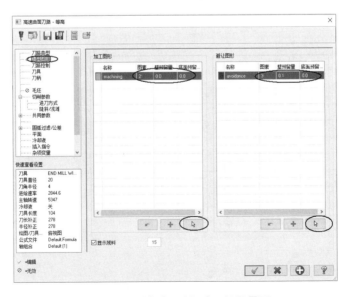

图 6.77　【模型图形】选项设置界面

(4) 设置【刀路控制】选项设置界面中刀具补正在区域【外部】，【补正距离】为 0，选中【包括刀具半径】复选框，如图 6.78 所示。

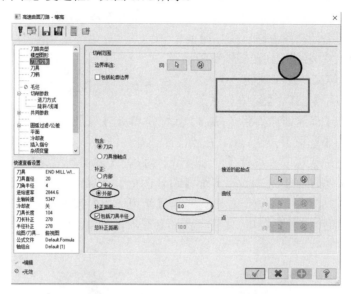

图 6.78 【刀路控制】选项设置界面

(5) 切换到【刀具】选项设置界面，单击【选择刀库刀具】按钮，系统弹出【选择刀具】对话框，通过对话框右边的滑块查找所需的刀具，选择 $\phi20$ 的圆鼻刀，设置刀角半径为 4，【进给速率】为 1600，【主轴转速】为 3000，【下刀速率】为 1000，【提刀速率】为 2000。

(6) 在【切削参数】选项设置界面中设置【深度分层切削】为 0.5。

(7) 在【进刀方式】选项设置界面中设置下刀方式为【切线斜插】。

(8) 在【共同参数】选项设置界面中设置提刀方式为【最小垂直提刀】，如图 6.79 所示。其他参数不再调整，按系统默认设置，单击【确定】按钮 完成所有参数设置。

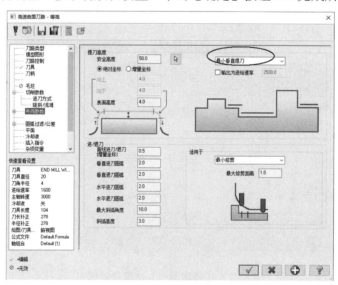

图 6.79 设置共同参数

5)　设置工件毛坯材料并进行实体验证

实体验证加工完成结果如图 6.71(c)所示。

6.2.3　等距环绕精加工(高速刀路)

等距环绕精加工是以 3D 恒定步距根据零件外形进行环绕或切削的精加工刀具路径。【高速曲面刀路-等距环绕】对话框如图 6.80 所示，可以通过【切削参数】选项设置界面设置其特有参数。

【切削参数】选项设置界面中各参数的含义与前面介绍的对应参数的含义相同，在此不再进行介绍。

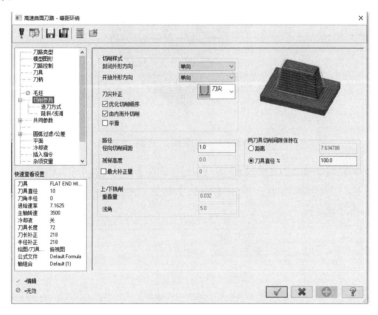

图 6.80　【高速曲面刀路-等距环绕】对话框

例 6.8　如图 6.81 所示为 3D 半精加工、精加工对照图。其中，图 6.81(a)为例 6.3 区域粗切后的半精加工工件，接着对它进行等距环绕精加工。图 6.81(b)所示为等距环绕精加工刀具路径，图 6.81(c)所示为经过等距环绕精加工后的工件。

 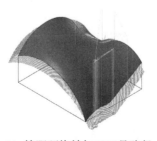 

(a) 区域粗切后的半精加工工件　　(b) 等距环绕精加工刀具路径　　(c) 等距环绕精加工后的工件

图 6.81　3D 半精加工、精加工对照

操作步骤如下。

1) 设置绘图平面、刀具平面为【俯视图】

2) 启动 3D 等距环绕精加工功能

(1) 执行【刀路】|3D|【精切】|【等距环绕】命令。

(2) 系统弹出【高速曲面刀路-等距环绕】对话框,单击【模型图形】选项设置界面【加工图形】选项组中的【选取】按钮 🔍 ,在绘图区选择如图 6.82 所示要加工的面,单击【结束选择】按钮确认选取。设置【壁预留量】为 0、【底面预留量】为 0。

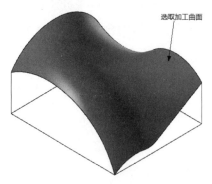

图 6.82 选取加工曲面

(3) 单击【刀路控制】选项设置界面【边界串连】选项组中的【选取】按钮 🔍 ,在绘图区选择如图 6.83 所示的边界,单击【确认】按钮 ✓ 确认选取。边界刀具补正在区域【中心】,如图 6.84 所示。

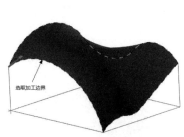

图 6.83 选取加工边界

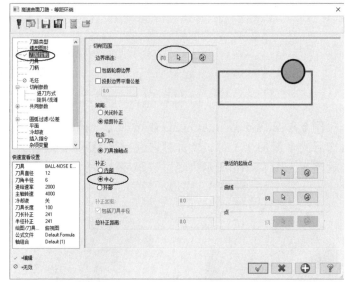

图 6.84 【刀路控制】选项设置界面

(4) 切换到【刀具】选项设置界面,单击【选择刀库刀具】按钮,系统弹出【选择刀具】对话框,通过对话框右边的滑块查找所需的刀具,选择 ϕ12 球刀,设置【进给速率】为 2000,【主轴转速】为 4000,【下刀速率】为 1000,【提刀速率】为 2000。

(5) 在【切削参数】选项设置界面中设置【封闭外形方向】为【顺时针环切】、【开放外形方向】为【双向】，选中【优化切削顺序】复选框和【平滑】复选框，设置【径向切削间距】为 0.3，如图 6.85 所示。

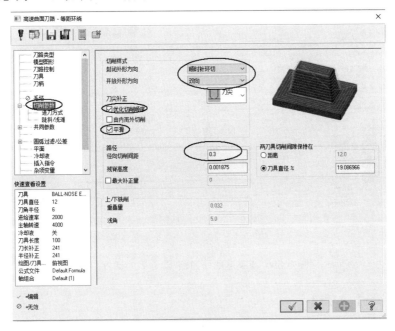

图 6.85　切削参数设置

(6) 在【进刀方式】选项设置界面中设置下刀方式为【切线斜插】。

(7) 在【共同参数】选项设置界面中设置提刀方式为【最小垂直提刀】，其他参数不再调整，按系统默认设置，单击【确定】按钮 完成所有参数设置。

3) 设置工件毛坯材料并进行实体验证

实体验证加工完成结果如图 6.81(c)所示。

6.2.4　混合精加工(高速刀路)

混合精加工主要采用等高和环绕的组合方式，对陡峭区域进行等高，对浅滩区域进行环绕加工的精加工刀具路径。【高速曲面刀路-混合】对话框如图 6.86 所示，可以通过【切削参数】选项设置界面设置其特有参数。

1. 【步进】选项组

● 【Z 步进量】文本框：定义相邻步距间的恒定 Z 距离。Mastercam 使用这些步进量，结合限制角度和 3D 步进器来计算混合加工的切削路径。

● 【角度限制】文本框：定义零件上浅滩区域的角度。一个典型的极限角度是 45°。Mastercam 在从 0 到极限角度的范围内添加或删除刀路。

● 【3D 步进量】文本框：定义浅滩区域中 3D 陡峭切削刀路的间距。

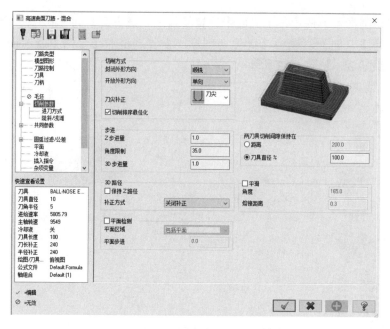

图 6.86　【高速曲面刀路-混合】对话框

2.【3D 路径】选项组

- 【保持 Z 路径】复选框：选择在陡峭的区域保持 Z 步进量。对于浅滩区域中陡峭的部分则保持 3D 步进量加工。
- 【补正方式】下拉列表框：从下拉列表中选择处理陡峭和浅滩区域边界的方式。
  - ◆ 【关闭补正】：在计算 3D 刀路运动时，将边界视为封闭串连边界。
  - ◆ 【由上而下】：边界被视为从最高 Z 值到最低 Z 值的封闭或开放串连。
  - ◆ 【由下而上】：边界被视为从最低 Z 值到最高 Z 值的封闭或开放串连。
  - ◆ 【自动】：如果刀路涉及包括中心和腔体特征的零件表面，Mastercam 将上、下偏移量方法应用于中间特性，将下、上偏移量方法应用于腔体形状。

3.【平面检测】选项组

允许用户控制刀具路径处理加工平面的方式。

- 【平面区域】下拉列表框：选择平坦检测时启用，它有三种平面处理类型。
  - ◆ 【包括平面】：无论限制角度如何，都要选择包括平面加工。
  - ◆ 【忽略平面】：选择不加工任何平面。
  - ◆ 【仅平面】：选择只加工平面。
- 【平面步进】文本框：定义加工平面时刀路之间的间距。

4.【平滑】选项组

使用平滑选项锐化角度，消除切削方向的急剧变化将使刀具的负载更加均匀，并使用户始终保持较高的进给率。

- 【角度】文本框：设置两个刀具路径段之间的锐角最小角度。

● 　【熔接距离】文本框：设置刀路从锐角之前和之后回退距离。

例 6.9　如图 6.87 所示为工件粗、半精加工对照图。其中，图 6.87(a)所示为例 6.4 中经过优化动态粗切的工件，接着对它作混合半精加工。图 6.87(b)所示为混合半精加工刀具路径，图 6.87(c)所示为经过混合半精加工后的工件。

 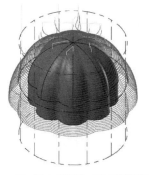 

(a)　优化动态粗切后的工件　　　(b)　混合半精加工刀具路径　　　(c)　混合半精加工后的工件

图 6.87　工件粗、半精加工对照图

操作步骤如下。

1)　设置绘图平面、刀具平面为【俯视图】

2)　启动 3D 混合精加工功能

(1)　执行【刀路】|3D|【精切】|【混合】命令。

(2)　系统弹出【高速曲面刀路-混合】对话框，单击【模型图形】选项设置界面【加工图形】选项组中的【选取】按钮，在绘图区选择如图 6.88 所示要加工的面，单击【结束选择】按钮确认选取。设置【壁预留量】为 0.3、【底面预留量】为 0。

图 6.88　选取加工曲面

(3)　切换到【刀具】选项设置界面，单击【选择刀库刀具】按钮，系统弹出【选择刀具】对话框，通过对话框右边的滑块查找所需的刀具，选择 ϕ10 球刀，设置【进给速率】为 2000，【主轴转速】为 4000，【下刀速率】为 1000，【提刀速率】为 2000。

(4)　在【切削参数】选项设置界面中设置【Z 步进量】为 0.5、【角度限制】为 35、【3D 步进量】为 0.3，如图 6.89 所示。

(5)　在【进刀方式】选项设置界面中设置下刀方式为【切线斜插】。

(6)　在【共同参数】选项设置界面中设置提刀方式为【最小垂直提刀】，其他参数不再调整，按系统默认设置，单击【确定】按钮完成所有参数设置。

3)　设置工件毛坯材料并进行实体验证

实体验证加工完成结果如图 6.87(c)所示。

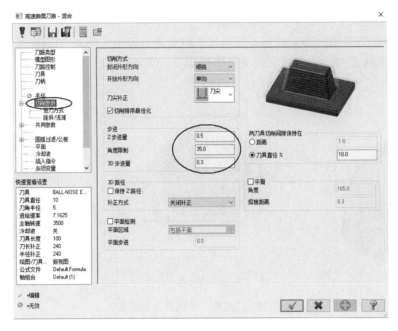

图 6.89　切削参数设置

6.2.5　放射精加工(高速刀路)

放射精加工用于生成从中心点由外放射的精加工刀具路径。【高速曲面刀路-放射】对话框如图 6.90 所示,可以通过【切削参数】选项设置界面设置其特有参数。放射状曲面精加工特有的参数含义如下。

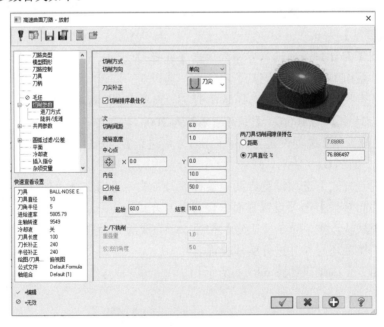

图 6.90　【高速曲面刀路-放射】对话框

- 【切削间距】文本框：用于设置放射状曲面精加工刀具路径中每条路径的角度间距，如图 6.91 所示。
- 中心点【选取】按钮 ：用于在绘图区选取中心点。
- 中心点 X 文本框：用于设置中心点 X 坐标。
- 中心点 Y 文本框：用于设置中心点 Y 坐标。
- 【内径】文本框：用于设置放射状路径最小直径。
- 【外径】文本框：用于设置放射状路径最大直径。
- 角度【起始】文本框：用于设置放射状刀具路径的起始角度。
- 角度【结束】文本框：用于设置放射状刀具路径的结束角度。

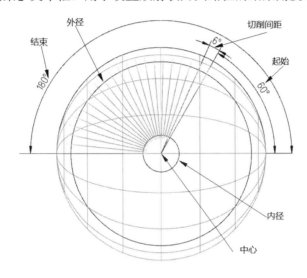

图 6.91　放射精加工参数示意

例 6.10　如图 6.92 所示为 3D 粗加工、精加工对照图。其中，图 6.92(a)为例 6.5 投影粗切后的工件，接着对它进行放射精加工。图 6.92(b)所示为放射精加工刀具路径，图 6.92(c)所示为经过放射状精加工后的工件。

(a) 投影粗切工件

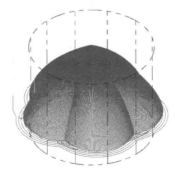

(b) 放射精加工刀具路径

(c) 放射精加工工件

图 6.92　3D 粗加工、精加工对照图

操作步骤如下。

1) 设置绘图平面、刀具平面为【俯视图】

2) 启动 2D 动态外形加工功能

(1) 执行【刀路】|2D|【动态外形】命令。

(2) 系统弹出【串连选项】对话框，单击【加工范围】中的【选取】按钮 🔍，在绘图区串连(顺时针)选取如图 6.93 所示要加工的曲线，单击【线框串连】对话框中的【确定】按钮 ◎，再单击【串连选项】对话框中的【确定】按钮 ◎ 结束加工图形选取。

(3) 在弹出的【2D 高速刀路-动态外形】对话框中切换到【刀具】选项设置界面，单击【选择刀库刀具】按钮，系统弹出【选择刀具】对话框，通过对话框右边的滑块查找所需要的刀具，选择 ϕ10 平刀，设置【进给速率】为 1000，【主轴转速】为 3600，【下刀速率】为 800。

(4) 切换到【切削参数】选项设置界面，设置【补正方向】为【右】，设置【减少第一路径进给】为 60%、【步进量】为 25%、【壁边预留量】为 0、【底面预留量】为 0，如图 6.94 所示。

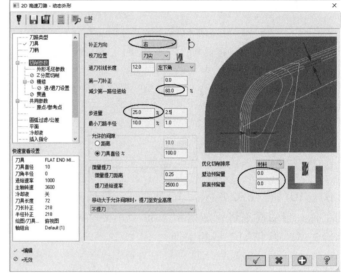

图 6.93　选取加工曲线　　　　图 6.94　【切削参数】选项设置界面

(5) 切换到【外形毛坯参数】选项设置界面，在【毛坯厚度】文本框中输入"13"，如图 6.95 所示。

(6) 在【共同参数】选项设置界面中设置加工【深度】为-15，其他参数如图 6.96 所示，单击【确定】按钮 ✓ 完成所有参数设置。

3) 启动放射精加工功能

(1) 执行【刀路】|3D|【精切】|【放射】命令。

(2) 系统弹出【高速曲面刀路-放射】对话框，单击【模型图形】选项设置界面【加工图形】选项组中的【选取】按钮 🔍，在绘图区选择如图 6.97 所示要加工的曲面，单击【结束选择】按钮确认选取。设置【壁边预留量】为 0，【底面预留量】为 0。

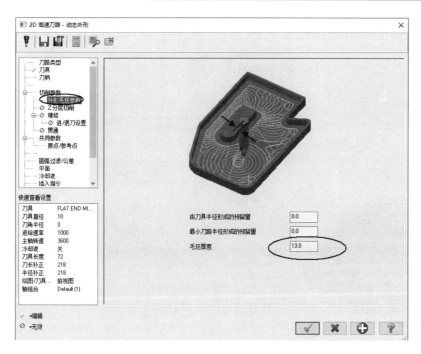

图 6.95 【外形毛坯参数】选项设置界面

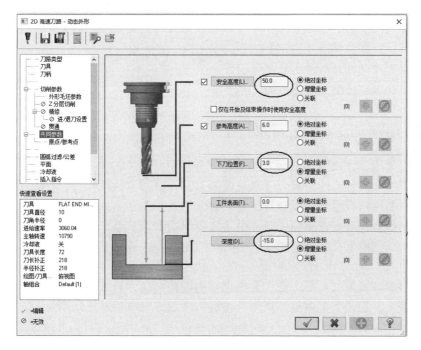

图 6.96 设置共同参数

(3) 切换到【刀具】选项设置界面，单击【选择刀库刀具】按钮，系统弹出【选择刀具】对话框，通过对话框右边的滑块来查找所需要的刀具，选择 $\phi 10$ 球刀，设置【进给速率】为 1600，【主轴转速】为 4000，【下刀速率】为 1000，【提刀速率】为 2000。

(4) 在【切削参数】选项设置界面中设置【切削方向】为【双向】、【切削间距】为

1.5、【外径】为 128.86，如图 6.98 所示。

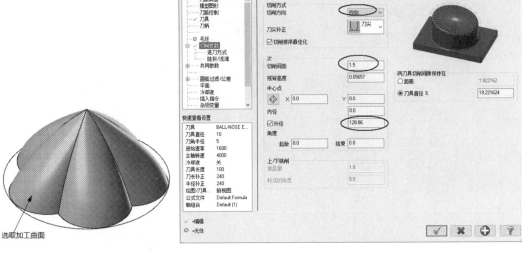

图 6.97　选取加工曲面　　　　　　　　　　图 6.98　切削参数设置

(5) 在【进刀方式】选项设置界面中设置下刀方式为【切线斜插】。

(6) 在【共同参数】选项设置界面中设置提刀方式为【最短距离】，其他参数不再调整，按系统默认设置，单击【确定】按钮 ✓ 完成所有参数设置。

4) 设置工件毛坯材料并进行实体验证

实体验证加工完成结果如图 6.92(c)所示。

6.2.6　清角精加工(高速刀路)

清角精加工用于生成清除曲面间的交角部分残留材料的精加工刀具路径，通常所使用的刀具要小于前一次加工的刀具。【高速曲面刀路-清角】对话框如图 6.99 所示，可以通过【切削参数】选项设置界面设置其特有参数。

【切削参数】选项设置界面中有一个【依照次数】选项组，其中各选项的含义如下。

- 【切削间距】文本框：定义切削刀路的间距。这是一个平行于刀具平面的 2D 测量值。
- 【残脊高度】文本框：软件会根据切削间距自动计算残脊高度。
- 【最大补正量】文本框：指刀具接近曲面边界时最大补正切削量。
- 【参考刀具直径】文本框：Mastercam 自动计算出来的刀具直径数值，如果用户使用不同的值手动覆盖计算的直径，Mastercam 将调整偏移量。
- 【添加厚度】文本框：使用此选项可增加刀具的表观尺寸，以便在通常不能创建切削圆角时强制进行切削。当刀具的大小等于或非常接近圆角的大小时，添加厚度值有助于确保软件创建一个平滑的刀路。
- 【相切角度】文本框：指定两个表面之间的拐角值，以防止切削两个表面之间的过渡是平面或接近平面的地方。

图 6.99 【高速曲面刀路-清角】对话框

例 6.11 如图 6.100 所示为清角精加工对照图。其中，图 6.100(a)为例 6.10 放射精加工后的工件，接着对它进行交线清角精加工。图 6.100(b)所示为清角精加工刀具路径，图 6.100(c)所示为经过清角精加工后的工件。

(a) 放射精加工工件

(b) 清角精加工刀具路径

(c) 清角精加工工件

图 6.100 清角精加工对照图

操作步骤如下。

1) 设置绘图平面、刀具平面为【俯视图】

2) 启动清角精加工功能

(1) 执行【刀路】|3D|【精切】|【清角】命令。

(2) 系统弹出【高速曲面刀路-清角】对话框，单击【模型图形】选项设置界面【加工图形】选项组中的【选取】按钮，在绘图区选择如图 6.101 所示的要加工的曲面，单击【结束选择】按钮确认选取。设置【壁边预留量】为 0、【底面预留量】为 0。

(3) 切换到【刀具】选项设置界面，单击【选择刀

图 6.101 选取加工曲面

库刀具】按钮，系统弹出【选择刀具】对话框，通过对话框右边的滑块来查找所需要的刀具，选择 $\phi 3$ 球刀，设置【进给速率】为1200，【主轴转速】为6000，【下刀速率】为500，【提刀速率】为2000。

(4) 在【切削参数】选项设置界面中设置【切削方向】为【双向】、【切削间距】为0.15、【参考刀具直径】为10，如图6.102所示。

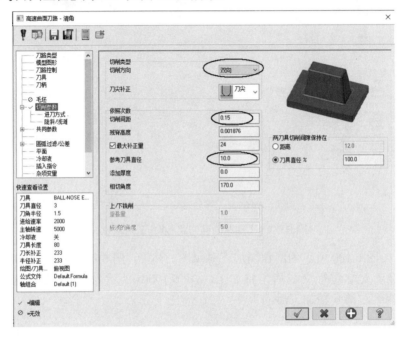

图6.102　切削参数设置

(5) 在【进刀方式】选项设置界面中设置下刀方式为【切线斜插】。

(6) 在【共同参数】选项设置界面中设置【安全高度】为70，其他参数不再调整，按系统默认设置，单击【确定】按钮 ![确定] 完成所有参数设置。

3) 设置工件毛坯材料并进行实体验证

实体验证加工完成结果如图6.100(c)所示。

6.2.7　传统等高精加工

传统等高精加工是依据曲面的轮廓一层一层地切削而产生的精加工路径。【曲面精修等高】对话框如图6.103所示，可以通过【等高精修参数】选项卡设置其特有参数。

1. 封闭轮廓方向

【封闭轮廓方向】选项组中有【顺铣】和【逆铣】两个单选按钮。选中【逆铣】单选按钮时，刀具切削曲面外形时刀具旋转的方向与刀具移动的方向相反；选中【顺铣】单选按钮时，刀具切削曲面外形时刀具的旋转方向与刀具移动的方向相同。【起始长度】文本框用于设置刀具路径的起始位置在等高线以上的距离。

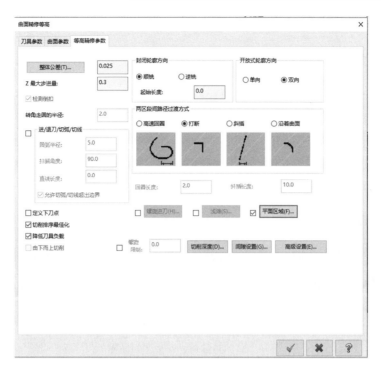

图 6.103 【曲面精修等高】对话框

2. 开放式轮廓方向

【开放式轮廓方向】选项组用于设置开放曲面外形的铣削方向，有【单向】和【双向】两个单选按钮。

3. 两区段间路径过渡方式

【两区段间路径过渡方式】选项组用于设置当移动量小于允许间隙时刀具移动的形式。其中，【高速回圈】单选按钮采用平滑移动过渡；【打断】单选按钮采用提刀移动过渡；【斜插】单选按钮采用直接斜插移动过渡；【沿着曲面】单选按钮采用沿着与曲面曲率相切的方向移动过渡。

4. 转角走圆的半径

【转角走圆的半径】文本框用于设置替代尖角(角度小于 135°)的圆弧半径值。

5. 进/退刀/切弧/切线

选中【进/退刀/切弧/切线】复选框后，可以添加圆弧形式的进/退刀刀具路径。【圆弧半径】文本框用于设置圆弧刀具路径的半径；【扫描角度】文本框用于设置圆弧刀具路径的扫掠角度。其设置方式与外形铣削相同。

6. 螺旋进刀

选中【螺旋进刀】复选框，将设置螺旋下刀方式的刀具路径。

7. 浅滩

选中【浅滩】复选框，可以设置浅平面位置处的加工刀具路径。

8. 平面区域

选中【平面区域】复选框，可以设置平面区域位置处的加工刀具路径。

例 6.12 如图 6.104 所示为三维粗、精加工对照图。其中，图 6.104(a)为例 6.2 挖槽粗加工后的工件，接着对它进行传统等高精加工。图 6.104(b)所示为传统等高精加工刀具路径，图 6.104(c)所示为经过传统等高精加工后的工件。

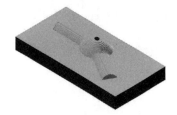 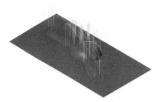 

(a) 3D 挖槽粗加工后的工件　　(b) 传统等高精加工刀具路径　　(c) 传统等高精加工后的工件

图 6.104　三维粗、精加工对照图

操作步骤如下。

1)　设置绘图平面、刀具平面为【俯视图】

2)　绘制底平面

(1)　执行【曲面】|【平面修剪】命令。

(2)　系统弹出【线框串连】对话框，在绘图区用串连的方式选取如图 6.105 所示的矩形线框，单击【线框串连】对话框中的【确定】按钮 ● 和【恢复到边界】对话框中的【确定】按钮 ● ，绘制的底平面如图 6.106 所示。

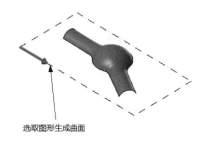

选取图形生成曲面

图 6.105　选取矩形线框

图 6.106　生成矩形曲面

3)　启动传统等高精加工功能

(1)　执行【刀路】|3D|【精切】|【传统等高】命令。

(2)　在绘图区窗选所有图形，单击【结束选择】按钮确认选取。

(3)　系统弹出【刀路曲面选择】对话框，单击【确定】按钮 ✓ 。

(4)　系统弹出【曲面精修等高】对话框，在【刀具参数】选项卡中单击【选择刀库刀具】按钮，系统弹出【选择刀具】对话框，通过对话框右边的滑块来查找所需要的刀具，选择 ϕ16 球刀，设置【进给速率】为 2000，【主轴转速】为 3000，【下刀速率】为 1000，

【提刀速率】为 2000。

(5) 在【曲面参数】选项卡中设置【下刀位置】为 3，【加工面预留量】为 0，【干涉面预留量】为 0，如图 6.107 所示。

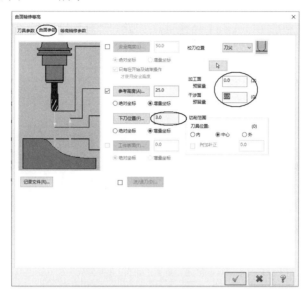

图 6.107 曲面参数设置

(6) 在【等高精修参数】选项卡中设置【Z 最大步进量】为 0.3，选中【切削排序最佳化】复选框和【平面区域】复选框，设置【平面区域步进量】为 0.3，如图 6.108 所示。单击【确定】按钮 ✔ 完成所有参数设置。

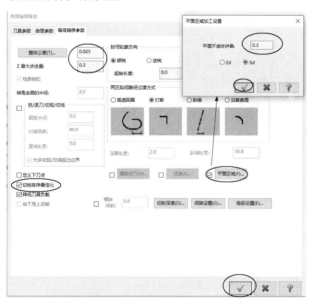

图 6.108 等高精修参数设置

4) 设置工件毛坯材料并进行实体验证

实体验证加工完成结果如图 6.104(c) 所示。

6.2.8 水平精加工(高速刀路)

水平精加工用于加工模型的平面区域，在模型的每个不同 Z 高度平面区域上创建精加工路径。可以通过如图 6.109 所示【高速曲面刀路-水平】对话框中的【切削参数】选项设置界面设置其特有切削参数。

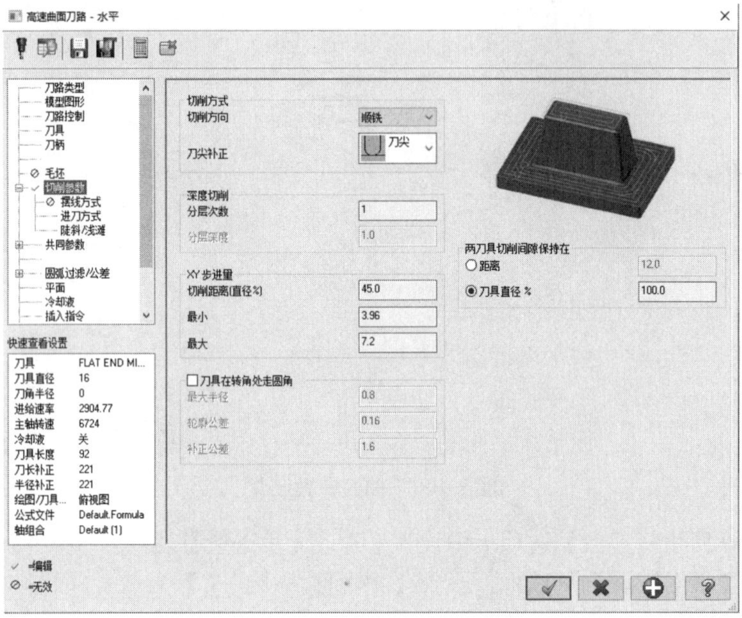

图 6.109 【切削参数】选项设置界面

例 6.13 如图 6.110 所示为三维粗、精加工对照图。其中，图 6.110(a)为例 6.12 传统等高精加工后的工件，接着对它进行水平精加工。图 6.110(b)所示为水平精加工刀具路径，图 6.110(c)所示为经过水平精加工后的工件。

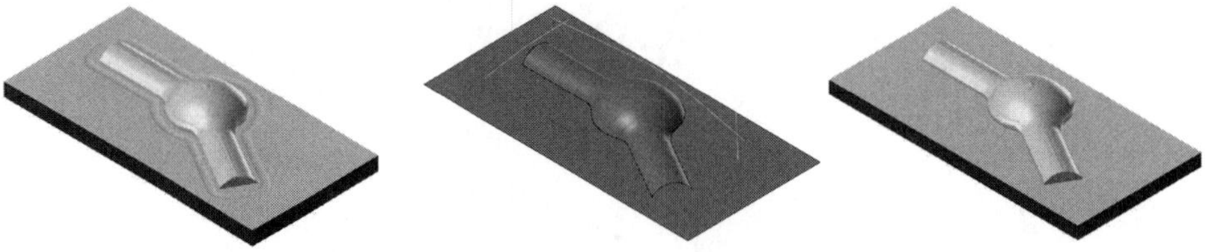

(a) 传统等高精加工后的工件　　(b) 水平精加工刀具路径　　(c) 水平精加工后的工件

图 6.110 三维粗、精加工对照

操作步骤如下。

1) 设置绘图平面、刀具平面为【俯视图】

2) 启动水平精加工功能

(1) 执行【刀路】| 3D |【精切】|【水平】命令。

(2) 系统弹出【高速曲面刀路-水平】对话框，单击【模型图形】选项设置界面【加工图形】选项组中的【选取】按钮，在绘图区窗选所有图素，单击【结束选择】按钮确认选取。设置【壁边预留量】为 0，【底面预留量】为 0。

(3) 切换到【刀具】选项设置界面，单击【选择刀库刀具】按钮，系统弹出【选择刀具】对话框，通过对话框右边的滑块来查找所需要的刀具，选择 $\phi16$ 平刀，设置【进给速率】为 1800，【主轴转速】为 3600，【下刀速率】为 1000，【提刀速率】为 2000。

(4) 在【切削参数】选项设置界面中设置【切削方向】为顺铣、【分层次数】为 1、【切削距离】为 45，如图 6.111 所示。

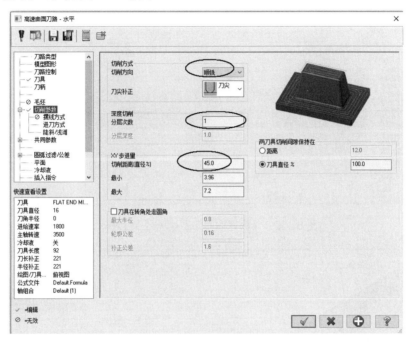

图 6.111　切削参数设置

(5) 在【进刀方式】选项设置界面中设置下刀方式为【螺旋进刀】。

(6) 在【共同参数】选项设置界面中设置抬刀方式为【最小垂直距离】，其他参数不再调整，按系统默认设置，单击【确定】按钮![按钮]完成所有参数设置。

3) 设置工件毛坯材料并进行实体验证

实体验证加工完成结果如图 6.110(c)所示。

6.2.9　投影精加工(高速刀路)

投影精加工可以将已有的刀具路径或曲线、点投影到选取的曲面上生成精加工刀具路径。【高速曲面刀路-投影】对话框如图 6.112 所示，可以通过【切削参数】选项设置界面设置其特有参数。

例 6.14　如图 6.113 所示为投影精加工。其中，图 6.113(a)所示的曲面及曲线图形，将狼头曲线投影到曲面上进行投影精加工，加工深度为 0.8；图 6.113(b)所示为投影精加工刀具路径；图 6.113(c)所示为经过投影精加工后的工件。

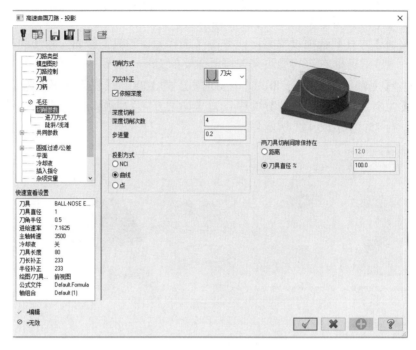

图 6.112 【高速曲面刀路-投影】对话框

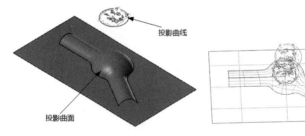

(a) 投影曲线及投影曲面　　(b) 投影精加工刀具路径　　(c) 投影精加工后的工件

图 6.113 投影精加工

操作步骤如下。

1) 设置绘图平面、刀具平面为【等视图】

2) 合并文档

(1) 执行【文件】|【合并】命令。

(2) 在如图 6.114 所示的【打开】对话框中找到狼头图形文件 2-90.emcam，单击【打开】按钮，在如图 6.115 所示的【合并模型】对话框中单击【确定】按钮◎，完成文件合并，结果如图 6.113(a)所示(要确保狼头图形的中心点与球心曲面的中心点对齐)。

3) 启动投影精加工功能

(1) 执行【刀路】|3D|【精切】|【投影】命令。

(2) 系统弹出【高速曲面刀路-投影】对话框，单击【模型图形】选项设置界面【加工图形】选项组中的【选取】按钮，在绘图区选择如图 6.116 所示的曲面，单击【结束选择】按钮确认选取。设置【壁边预留量】为 0、【底面预留量】为-0.8。

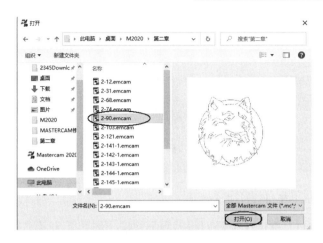

图 6.114　打开投影曲线文件　　　　　图 6.115　【合并模型】对话框

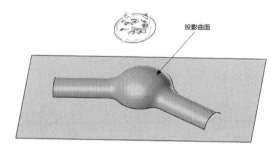

图 6.116　选取投影曲面

（3）单击如图 6.117 所示的【刀路控制】选项设置界面【曲线】选项组中的【选取】按钮，系统弹出【线框串连】对话框，在目标选取工具条中单击【窗选】按钮，在绘图区窗选如图 6.118 所示的狼头曲线，在曲线中拾取一点作为输入草图起始点，单击【线框串连】对话框中的【确定】按钮确认选取。

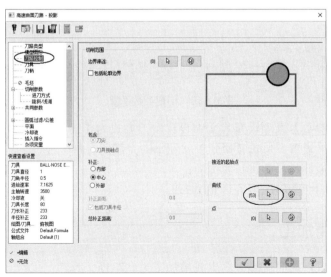

图 6.117　【刀路控制】选项设置界面

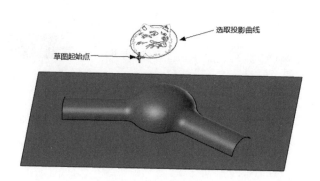

图 6.118　选取投影曲线

(4)　切换到【刀具】选项设置界面，单击【选择刀库刀具】按钮，系统弹出【选择刀具】对话框，通过对话框右边的滑块来查找所需要的刀具，选择 $\phi 1$ 球刀，设置【进给速率】为1000，【主轴转速】为6000，【下刀速率】为500，【提刀速率】为2000。

(5)　在【切削参数】选项设置界面中设置【深度切削次数】为4，【步进量】为0.2，【投影方式】为【曲线】，如图 6.119 所示。

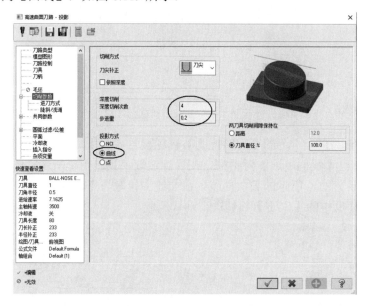

图 6.119　切削参数设置

(6)　在【共同参数】选项设置界面中设置抬刀方式为【最小垂直提刀】，其他参数不再调整，按系统默认设置，单击【确定】按钮 完成所有参数设置。

4)　设置工件毛坯材料并进行实体验证

实体验证加工完成结果如图 6.113(c)所示。

6.2.10　流线精加工

流线精加工可以沿曲面流线方向生成精加工刀具路径。

1. 曲面流线设置

选取加工曲面后，需要对曲面的流线进行设置，单击如图6.120所示【刀路曲面选择】对话框中的【曲面流线】按钮 ，系统弹出如图 6.121 所示的【曲面流线设置】对话框，对话框中主要参数的含义如下。

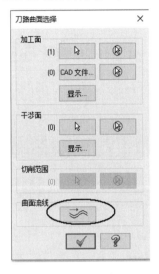

图 6.120　【刀路曲面选择】对话框　　　图 6.121　【曲面流线设置】对话框

● 【补正方向】按钮：用于改变刀具半径的补偿方向。刀具补偿方向如图 6.122 所示。其中，图 6.122(a)所示为刀具路径在曲面上方补偿了一个刀具半径值，图 6.122(b)所示为刀具路径在曲面下方补偿了一个刀具半径值。

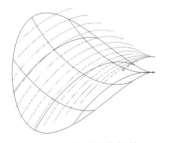
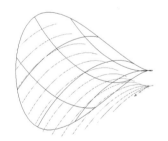

(a) 向上补偿刀具半径值　　　　　　　　(b) 向下补偿刀具半径值

图 6.122　刀具补偿方向

● 【切削方向】按钮：用于设置曲面流线刀具路径是随曲面的截断方向还是随切削方向进行加工。刀具路径方向如图 6.123 所示。其中，图 6.123(a)所示为刀具路径沿曲面的截断方向，而图 6.123(b)所示为刀具路径沿曲面的切削方向。
● 【步进方向】按钮：用于改变曲面流线刀具路径的起始步进方向。
● 【起始点】按钮：用于改变曲面流线刀具路径的起始位置。
● 【显示边界】按钮：用不同的颜色显示不同的边界类型(自由边界、部分共同边界和共同边界)。当加工是由两个以上的曲面组成的工件时，可以清晰地显示各曲面的边界。

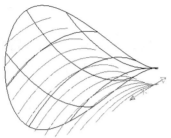
(a) 沿截断方向生成刀具路径

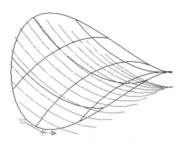
(b) 沿切削方向生成刀具路径

图 6.123 刀具路径方向

2. 曲面流线精修参数设置

【曲面精修流线】对话框如图 6.124 所示，可以通过【曲面流线精修参数】选项卡设置其特有参数。其中部分选项的含义如下。

图 6.124 【曲面精修流线】对话框

- ● 【切削控制】选项组：用于控制刀具纵深移动的有关参数，各选项的含义如下。
  - ◆ 【距离】复选框：选中该复选框后，可以在文本框中输入两相邻刀具路径纵深方向的进刀量。
  - ◆ 【整体公差】按钮右侧的文本框：该文本框用于输入实际刀具路径与真实曲面在切削方向的误差及过滤误差的总和。
  - ◆ 【执行过切检查】复选框：选中该复选框时，当临近过切时，系统自动调整曲面流线粗加工刀具路径。
- ● 【截断方向控制】选项组：该选项组中部分参数的含义如下。
  - ◆ 【距离】单选按钮：选中该单选按钮后，可以在文本框中输入两个相邻刀具路径截面方向的进刀量。

◆ 【残脊高度】单选按钮：当使用非平底铣刀进行切削加工时，在两条相邻的切削路径之间，会因为刀形的关系而留下未切削掉的凸起区域。这种因为刀形的关系而未切削掉的凸起高度称为残脊高度。选中该单选按钮后，系统根据文本框中输入的残脊高度值来计算截面方向的切削增量。通常情况下，当曲面的曲率半径较大且没有尖锐的形状，或是不需要非常精密的加工时，可使用【距离】方式来设定进刀量；当曲面的曲率半径较小且有尖锐的形状，或是需要非常精密的加工时，应采用【残脊高度】方式来设定进刀量。

例 6.15 如图 6.125 所示为加工图形。其中，图 6.125(a)所示为 ϕ40mm×40 mm 圆柱体毛坯材料，要求采用三维挖槽粗加工和流线精加工出如图 6.125(b)所示的零件，生成的加工刀具路径如图 6.125(c)所示。图 6.125(d)所示图形的具体尺寸如图 4.174 所示。

(a) 圆柱体毛坯材料　　(b) 加工的零件　　(c) 粗、精加工刀具路径　　(d) 曲面图形

图 6.125　曲面流线工件粗、精加工对照

操作步骤如下。

1) 将绘图平面和刀具平面设置为【俯视图】

2) 启动三维挖槽粗加工功能

(1) 执行【机床】|【铣床】|【默认】命令。

(2) 执行【刀路】|3D|【粗切】|【挖槽】命令。

(3) 在绘图区选择如图 6.125(d)所示要加工的曲面，单击【结束选择】按钮确认选取。

(4) 系统弹出【刀路曲面选择】对话框，单击【切削范围】选项组中的【选取】按钮，选取挖槽加工范围。

(5) 选择如图 6.126 所示的圆形边界作为切削范围，单击【线框串连】对话框中的【确定】按钮，结束切削范围的选取。

(6) 单击【刀路曲面选择】对话框中的【确定】按钮。

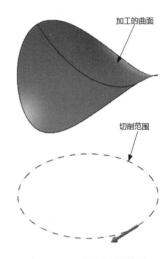

图 6.126　选取切削范围

3) 从刀具库中选取刀具

系统弹出【曲面粗切挖槽】对话框，单击【选择刀库刀具】按钮，系统弹出【选择刀具】对话框，通过对话框右边的滑块来查找所需要的刀具，选择 ϕ10 平刀，单击【确定】按钮。

4) 定义刀具参数

在【曲面粗切挖槽】对话框的【刀具参数】选项卡中设置【进给速率】为 1600，【主轴转速】为3600，【下刀速率】为500，【提刀速率】为2000。

5) 定义曲面参数

在【曲面参数】选项卡中设置【参考高度】为10、【下刀位置】为3、【加工面预留量】为0.4。

6) 定义粗加工参数

切换到【粗切参数】选项卡，设置【整体公差】为0.05、【Z最大步进量】为0.7、【进刀选项】为斜插进刀。

7) 设置曲面粗切挖槽参数

切换到【挖槽参数】选项卡，按图6.127所示设置曲面粗切挖槽参数。单击【确定】按钮 ✔ 结束加工参数的设置。

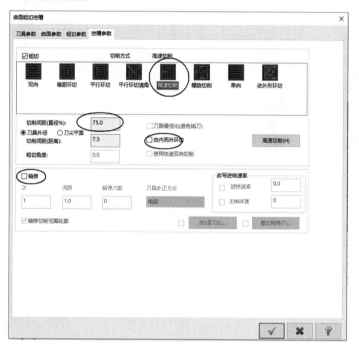

图6.127 【挖槽参数】选项卡

8) 启动流线精加工功能

(1) 执行【刀路】|3D|【精切】|【流线】命令。

(2) 在绘图区选择如图6.125(d)所示要加工的曲面，单击【结束选择】按钮确认选取。

(3) 系统弹出【刀路曲面选择】对话框，单击【曲面流线】按钮 ∽（见图6.128），设置曲面流线参数。

(4) 通过单击【曲面流线设置】对话框中的【补正方向】、【切削方向】、【步进方向】按钮，使得曲面流线设置如图6.129所示，单击【曲面流线设置】对话框中的【确定】按钮 ✔ 。

(5) 单击【刀路曲面选择】对话框中的【确定】按钮 ✔ 。

9) 从刀具库中选取刀具

系统弹出【曲面精修流线】对话框，单击【选择刀库刀具】按钮，系统弹出【选择刀

具】对话框，通过对话框右边的滑块来查找所需要的刀具，选择 $\phi20$ 球刀，单击【确定】
按钮 。

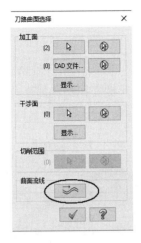

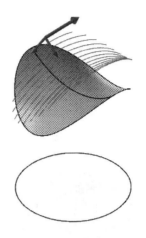

图 6.128 【刀路曲面选择】对话框 　　　　图 6.129 设置曲面流线参数

10) 定义刀具参数

在【曲面精修流线】对话框的【刀具参数】选项卡中设置【进给速率】为1600，【主
轴转速】为2800，【下刀速率】为800，【提刀速率】为2000。

11) 定义曲面参数

在【曲面参数】选项卡中设置【参考高度】为10，【下刀位置】为3，【加工面预留
量】为0。

12) 定义曲面流线精修参数

在【曲面流线精修参数】选项卡中，按图6.130所示设置流线切削参数。

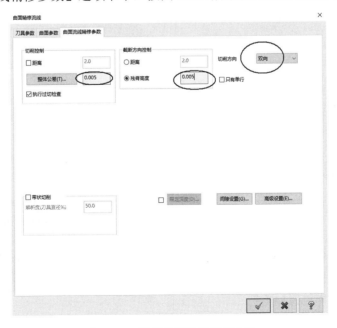

图 6.130 设置曲面流线精修参数

13) 设置工件毛坯材料并进行实体验证

实体验证加工完成的结果如图 6.125(b)所示。

6.2.11　三维加工综合实例

例 6.16　如图 6.131 所示为零件加工图形。其中，图 6.131(a)所示为 128 mm× 80 mm×30 mm 的长方体毛坯材料，材质为 45#钢，需要采用曲面挖槽粗加工与曲面平行铣削精加工刀具路径，加工出如图 6.131(b)所示的零件，加工的零件图如图 6.131(c)所示。

💡 **注意：**　在图 6.131(c)中，线形构架位于第 1 层中，曲面位于第 2 层中。

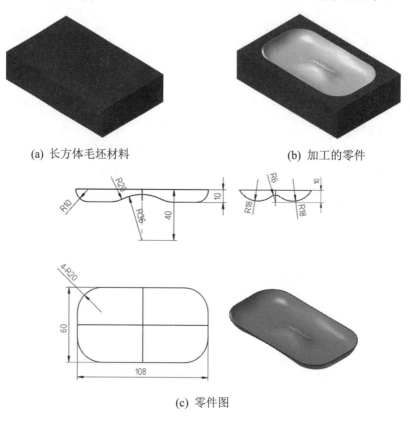

(a) 长方体毛坯材料　　　　　　　　　　(b) 加工的零件

(c) 零件图

图 6.131　零件加工图形

操作步骤如下。

1. 由曲面生成曲面边界线

(1) 将绘图平面、刀具平面设置为【俯视图】。

(2) 执行【线框】|【曲线】|【单一边界线】命令，系统弹出【单一边界线】对话框，在绘图区拾取曲面，将箭头移到曲面边界位置处拾取边界，如图 6.132 所示，单击【单一边界线】对话框中的【确定】按钮◎。

图 6.132　生成曲面边界线

2. 启动三维挖槽粗加工功能

(1)　执行【机床】|【铣床】|【默认】命令。

(2)　执行【刀路】|3D|【粗切】|【挖槽】命令。

①　在绘图区选择如图 6.132 所示的曲面，单击【结束选择】按钮确认选取。

②　系统弹出【刀路曲面选择】对话框，单击【切削范围】选项组中的【选取】按钮 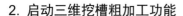（见图 6.133），选取挖槽加工范围。

③　选择如图 6.134 所示的矩形边界作为切削范围，单击【线框串连】对话框中的【确定】按钮，结束切削范围的选取。

④　单击【刀路曲面选择】对话框中的【确定】按钮 ✓。

图 6.133　【刀路曲面选择】对话框

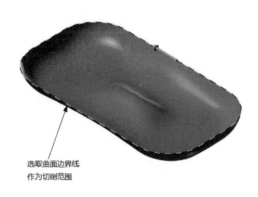

选取曲面边界线
作为切削范围

图 6.134　选取挖槽切削范围

(3)　从刀具库中选取刀具。

系统弹出【曲面粗切挖槽】对话框，单击【选择刀库刀具】按钮，系统弹出【选择刀具】对话框，通过对话框中右边的滑块来查找所需要的刀具，选择 $\phi 12$ 平刀，单击【确定】按钮 ✓。

(4)　定义刀具参数。

在【曲面粗切挖槽】对话框的【刀具参数】选项卡中设置【进给速率】为 2000，【主轴转速】为 3600，【下刀速率】为 1000，【提刀速率】为 2000。

(5)　定义曲面参数。

在【曲面参数】选项卡中设置【参考高度】为 10、【下刀位置】为 3、【加工面预留量】为 0.5。

(6)　定义粗加工参数。

在【粗切参数】选项卡中，按图 6.135 所示设置粗切参数。

(7)　设置曲面粗切挖槽参数。

在【挖槽参数】选项卡中，按图 6.136 所示设置曲面粗切挖槽参数。单击【确定】按钮 ✓ 结束加工参数的设置。

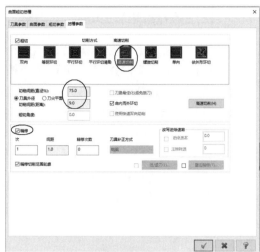

图 6.135　设置粗切参数　　　　　　　图 6.136　设置挖槽参数

3. 启动 3D 精加工平行铣削半精加工

(1) 执行【刀路】|3D|【精切】|【平行】命令。

(2) 系统弹出【高速曲面刀路-平行】对话框,单击【模型图形】选项设置界面【加工图形】选项组中的【选取】按钮，在绘图区选择如图 6.132 所示的曲面,单击【结束选择】按钮确认选取。设置【壁边预留量】为 0.2、【底面预留量】为 0.2。

(3) 单击【刀路控制】选项设置界面【边界串连】选项组中的【选取】按钮，在绘图区选择如图 6.134 所示的曲面边界,设置刀具补正为【中心】。

(4) 切换到【刀具】选项设置界面,单击【选择刀库刀具】按钮,系统弹出【选择刀具】对话框,通过对话框右边的滑块来查找所需要的刀具,选择 ϕ16 球刀,设置【进给速率】为 1600,【主轴转速】为 3500,【下刀速率】为 800,【提刀速率】为 2000。

(5) 在【切削参数】选项设置界面中设置【切削方向】为【双向】、【切削间距】为 2、【加工角度】为 0,如图 6.137 所示。

(6) 其他参数不再调整,按系统默认设置,单击【确定】按钮完成所有参数设置。

4. 启动等距环绕精加工功能

(1) 执行【刀路】|3D|【精切】|【等距环绕】命令。

(2) 系统弹出【高速曲面刀路-等距环绕】对话框,单击【模型图形】选项设置界面【加工图形】选项组中的【选取】按钮，在绘图区选择如图 6.132 所示要加工的面,单击【结束选择】按钮确认选取。设置【壁边预留量】为 0、【底面预留量】为 0。

(3) 单击【刀路控制】选项设置界面【边界串连】选项组中的【选取】按钮，在绘图区选择如图 6.134 所示的边界,单击【确定】按钮确认选取。边界刀具补正在区域【中心】,如图 6.138 所示。

(4) 切换到【刀具】选项设置界面,单击【选择刀库刀具】按钮,通过对话框右边的滑块来查找所需要的工具,选择 ϕ16 球刀,设置【进给速率】为 1600,【主轴转速】为 4000,【下刀速率】为 800,【提刀速率】为 2000。

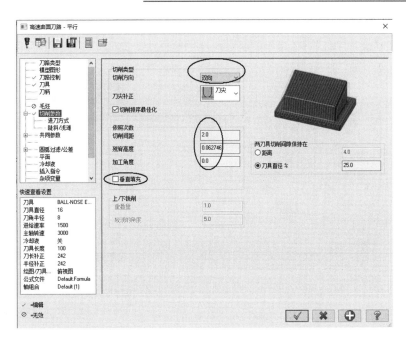

图 6.137　设置切削参数

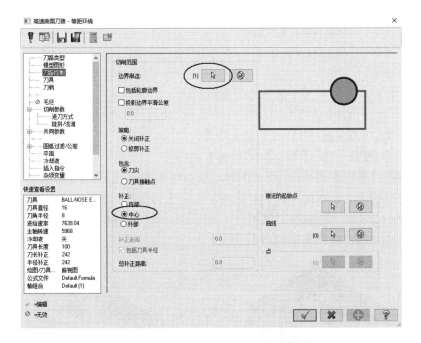

图 6.138　【刀路控制】选项设置界面

(5) 在【切削参数】选项设置界面中设置【径向切削间距】为 0.5，如图 6.139 所示，其他参数不再调整，按系统默认设置，单击【确定】按钮 ✅ 完成所有参数设置。

5. 设置工件毛坯材料并进行实体验证

实体验证加工完成结果如图 6.131(b)所示。

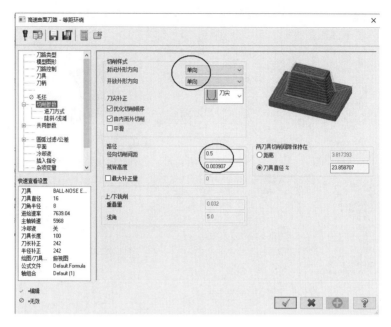

图 6.139　切削参数设置

例 6.17 如图 6.140 所示为零件加工图形。其中，图 6.140(a)所示为 70 mm×120 mm× 40 mm 的长方体毛坯材料，材质为 45#钢，需要采用 3D 挖槽粗加工与曲面流线精加工刀具路径，加工出如图 6.140(b)所示的零件，加工的零件图如图 6.140(c)所示。

操作步骤如下。

1)　设定绘图平面和刀具平面为【俯视图】

2)　启动三维挖槽粗加工功能

(1)　执行【机床】|【铣床】|【默认】命令。

(2)　执行【刀路】|3D|【粗切】|【挖槽】命令。

(3)　在绘图区选择如图 6.141 所示的加工面，单击【结束选择】按钮确认选取。

(4)　系统弹出【刀路曲面选择】对话框，单击【切削范围】选项组中的【选取】按钮 [🖰k]，选取如图 6.142 所示的矩形边界作为切削范围，单击【线框串连】对话框中的【确定】按钮 [✓]，结束切削范围的选取。

(a) 长方体毛坯材料

(b) 加工的零件

图 6.140　零件加工图形

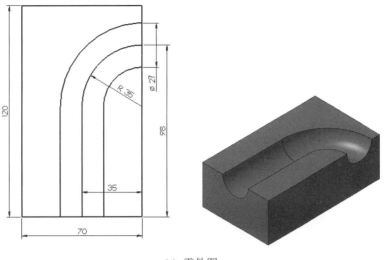

(c) 零件图

图 6.140　零件加工图形(续)

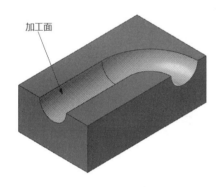

图 6.141　选取加工面

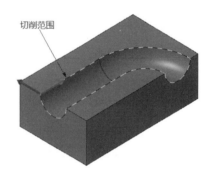

图 6.142　选取挖槽切削范围

(5) 单击【刀路曲面选择】对话框中的【确定】按钮 ✓ 。

(6) 系统弹出【曲面粗切挖槽】对话框，单击【选择刀库刀具】按钮，系统弹出【选择刀具】对话框，通过对话框右边的滑块来查找所需要的刀具，选择 ϕ10 平刀，单击【确定】按钮 ✓ 。

(7) 在【曲面粗切挖槽】对话框的【刀具参数】选项卡中设置【进给速率】为 1800，【主轴转速】为 4000，【下刀速率】为 1000，【提刀速率】为 2000。

(8) 在【曲面参数】选项卡中设置【参考高度】为 10、【下刀位置】为 3、【加工面预留量】为 0.3。

(9) 切换到【粗切参数】选项卡，按图 6.143 所示设置粗切参数。

(10) 切换到【挖槽参数】选项卡，按图 6.144 所示设置曲面粗切挖槽参数。单击【确定】按钮 ✓ 结束加工参数的设置。

3)　启动流线精加工功能

(1) 执行【刀路】|3D|【精切】|【流线】命令。

(2) 在绘图区选择如图 6.141(d)所示要加工的曲面，单击【结束选择】按钮确认选取。

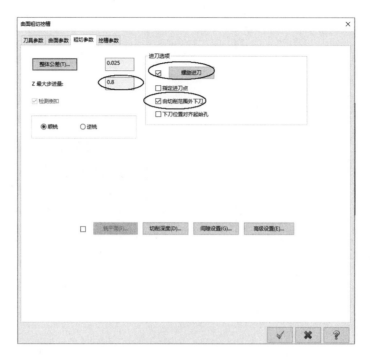

图 6.143　设置粗切参数

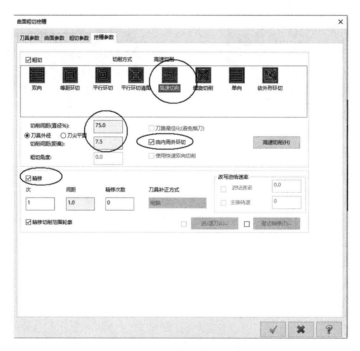

图 6.144　设置挖槽参数

(3)　系统弹出【刀路曲面选择】对话框，单击【曲面流线】按钮 ，设置曲面流线参数。

(4)　单击【曲面流线设置】对话框中的【切削方向】按钮，曲面流线设置如图 6.145 所示，单击【曲面流线设置】对话框中的【确定】按钮。

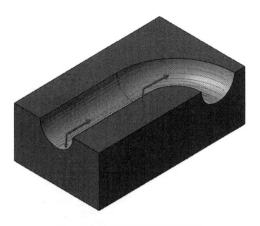

图 6.145 设置曲面流线参数

(5) 单击【刀路曲面选择】对话框中的【确定】按钮 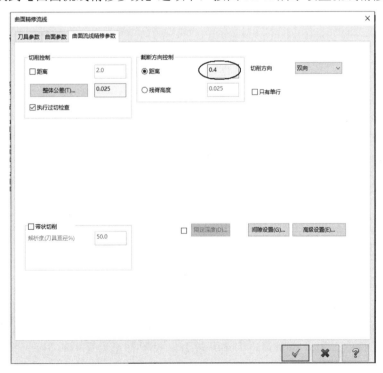。

（6）系统弹出【曲面精修流线】对话框，单击【选择刀库刀具】按钮，系统弹出【选择刀具】对话框，通过对话框右边的滑块来查找所需要的刀具，选择 $\phi 16$ 球刀，单击【确定】按钮 。

（7）在【曲面精修流线】对话框的【刀具参数】选项卡中设置【进给速率】为 1600，【主轴转速】为 2800，【下刀速率】为 800，【提刀速率】为 2000。

（8）在【曲面参数】选项卡中设置【参考高度】为 10、【下刀位置】为 3、【加工面预留量】为 0。

（9）切换到【曲面流线精修参数】选项卡，按图 6.146 所示设置流线精修参数。

图 6.146 设置曲面流线精修参数

4) 设置工件毛坯材料并进行实体验证

实体验证加工完成的结果如图 6.140(b)所示。

例 6.18 如图 6.147 所示为零件加工图形。其中，图 6.147(a)所示为 78 mm×78 mm× 30 mm 的长方体毛坯材料，材质为 45#钢，需要采用优化动态粗加工与水平精加工、混合精加工、模型倒角等刀具路径，加工出如图 6.147(b)所示的零件，加工的零件图如图 6.147(c) 所示。

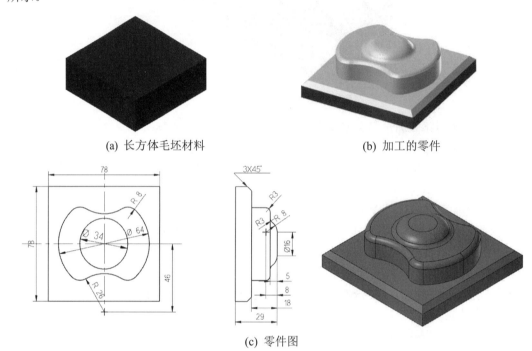

(a) 长方体毛坯材料   (b) 加工的零件

(c) 零件图

图 6.147   3D 粗、精加工

操作步骤如下。

1) 设置绘图平面、刀具平面为【俯视图】

2) 启动优化动态粗切功能

(1) 执行【机床】|【铣床】|【默认】命令。

(2) 执行【刀路】|3D|【粗切】|【优化动态粗切】命令，系统弹出【高速曲面刀路-优化动态粗切】对话框，单击【模型图形】选项设置界面【加工图形】选项组中的【选取】按钮▯，在绘图区窗选所有的实体，如图 6.148 所示，单击【结束选择】按钮确认选取。设置【壁边预留量】为 0.5，【底面预留量】为 0.5，如图 6.149 所示。

(3) 单击【刀路控制】选项设置界面的【边界串连】选项组中的【选取】按钮▯，在弹出的【线框串连】对话框中单击【模式】选项组中的【实体】按钮▮，系统弹出如图 6.150 所示的【实体串连】对话框，单击【选择方式】选项组中的【串连】按钮▮，在绘图区中选择如图 6.151 所示的矩形，单击【实体串连】对话框中的【确定】按钮☑，结束切削范围的选取；设置加工策略为【开放】；设置补正为【中心】。

(4) 切换到【刀具】选项设置界面，单击【选择刀库刀具】按钮，系统弹出【选择刀具】对话框，通过对话框右边的滑块来查找所需要的刀具，选择 ϕ16 平刀，设置【进给速率】为 1600，【主轴转速】为 4000，【下刀速率】为 800，【提刀速率】为 2000。

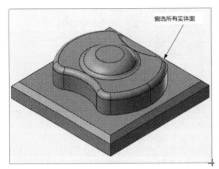

图 6.148　选取所有实体面

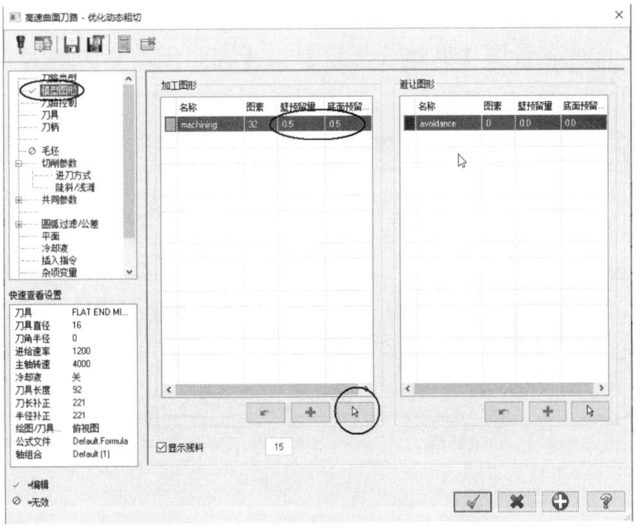

图 6.149　【模型图形】选项设置界面

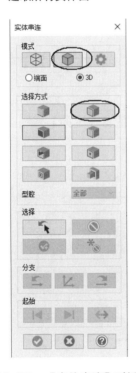

图 6.150　【实体串连】对话框

图 6.151　选取切削范围

(5)　设置切削参数，如图 6.152 所示。

(6)　在【进刀方式】选项设置界面中设置下刀方式为【单一螺旋】。其他参数不再调整，按系统默认设置，单击【确定】按钮 ✓ 完成优化动态粗切所有参数设置。

3)　启动水平精加工功能

(1)　执行【刀路】|3D|【精切】|【水平】命令。

(2) 系统弹出【高速曲面刀路-水平】对话框，单击【模型图形】选项设置界面【加工图形】选项组中的【选取】按钮，在绘图区窗选所有图素，单击【结束选择】按钮确认选取。设置【壁边预留量】、【底面预留量】均为 0。

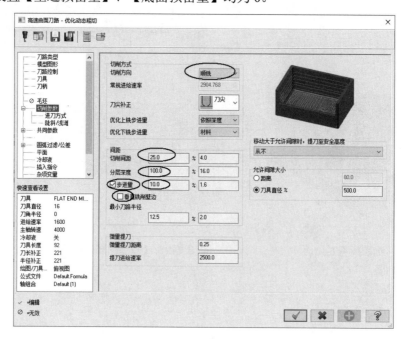

图 6.152　设置切削参数

(3) 切换到【刀路控制】选项设置界面，选中【包括轮廓边界】复选框；设置补正为【外部】，补正距离为 0，如图 6.153 所示。

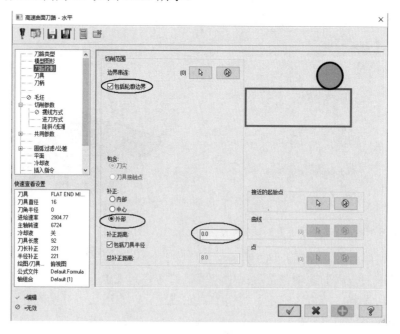

图 6.153　刀路控制设置

(4) 切换到【刀具】选项设置界面，单击【选择刀库刀具】按钮，系统弹出【选择刀具】对话框，通过对话框右边的滑块来查找所需要的刀具，选择 $\phi 16$ 平刀，设置【进给速率】为1800，【主轴转速】为4000，【下刀速率】为1000，【提刀速率】为2000。

(5) 在【切削参数】选项设置界面中设置【切削方向】为【顺铣】、【分层次数】为1、【切削距离】为50，如图 6.154 所示。其他参数不再调整，按系统默认设置，单击【确定】按钮 ✓ 完成水平精切参数设置。

图 6.154　切削参数设置

4) 启动 3D 混合半精加工功能

(1) 执行【刀路】|3D|【精切】|【混合】命令。

(2) 系统弹出【高速曲面刀路-混合】对话框，单击【模型图形】选项设置界面【加工图形】选项组中的【选取】按钮 ⬚，在绘图区选择如图 6.155 所示要加工的面，单击【结束选择】按钮确认选取。设置【壁边预留量】、【底面预留量】均为0.2。

(3) 切换到【刀具】选项设置界面，单击【选择刀库刀具】按钮，系统弹出【选择刀具】对话框，通过对话框右边的滑块来查找所需要的刀具，选择 $\phi 10$ 球刀，设置【进给速率】为2000，【主轴转速】为4000，【下刀速率】为1000，【提刀速率】为2000。

(4) 在如图 6.156 所示的【切削参数】选项设置界面中，按系统默认设置，其他参数不再调整，单击【确定】按钮 ✓ 完成混合半精加工所有参数的设置。

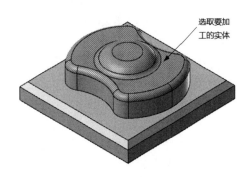

选取要加工的实体

图 6.155　选取加工面

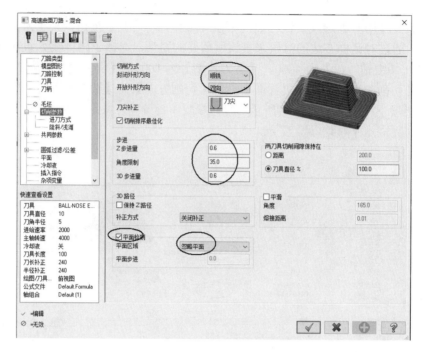

图 6.156　切削参数设置

5)　启动 3D 混合精加工功能

(1)　执行【刀路】|3D|【精切】|【混合】命令。

(2)　系统弹出【高速曲面刀路-混合】对话框，单击【模型图形】选项设置界面【加工图形】选项组中的【选取】按钮 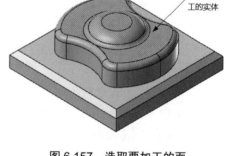，在绘图区选择如图 6.157 所示要加工的面，单击【结束选择】按钮确认选取。设置【壁边预留量】、【底面预留量】均为 0。

选取要加工的实体

图 6.157　选取要加工的面

(3)　切换到【刀具】选项设置界面，单击【选择刀库刀具】按钮，系统弹出【选择刀具】对话框，通过对话框右边的滑块来查找所需要的刀具，选择 $\phi 6$ 球刀，设置【进给速率】为 1500，【主轴转速】为 5000，【下刀速率】为 1000，【提刀速率】为 2000。

(4)　在如图 6.158 所示的【切削参数】选项设置界面中，按系统默认设置，其他参数不再调整，单击【确定】按钮 完成所有参数设置。

6)　启动模型倒角功能

(1)　执行【刀路】|2D|【模型倒角】命令，系统弹出【2D 刀路-模型倒角】对话框，单击【串连图形】栏中的【选取】按钮 ，在弹出的【线框串连】对话框中单击【模式】选项组中的【实体】按钮 ，系统弹出如图 6.159 所示的【实体串连】对话框，单击【选择方式】选项组中的【外部边缘】按钮 ，在绘图区选择如图 6.160 所示的实体面边界，单击【实体串连】对话框中的【确定】按钮 ，结束选取。

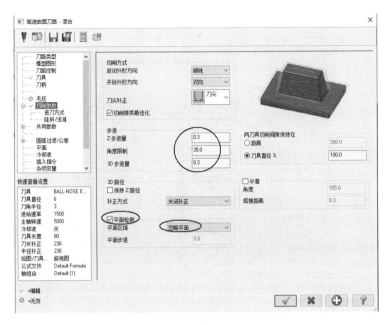

图 6.158　切削参数设置

图 6.159　【实体串连】对话框

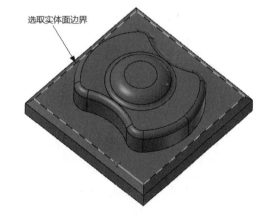

图 6.160　选取倒角实体面边界

选取实体面边界

(2) 切换到【刀具】选项设置界面，在空白位置处单击鼠标右键，在弹出的快捷菜单中选择【创建刀具】命令，弹出【定义刀具】对话框，选择【倒角刀】选项，单击【下一步】按钮，在【定义刀具图形】选项设置界面中设置雕刻铣刀形状参数，如图 6.161 所示，单击【下一步】按钮，在【完成属性】选项设置界面中单击【完成】按钮。在【选择刀具】对话框的【刀具】选项设置界面中设置【进给速率】为 500，【主轴转速】为 1200，【下刀速率】为 250。

图 6.161　设置倒角刀形状参数

(3)　在【切削参数】选项设置界面中设置参数，如图 6.162 所示。

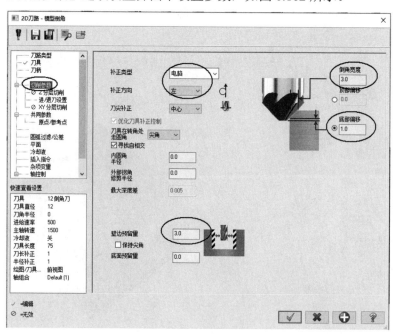

图 6.162　设置切削参数

(4)　在【Z 分层切削】选项设置界面中设置参数，如图 6.163 所示。

(5)　在【共同参数】选项设置界面中，按系统默认设置，如图 6.164 所示，单击【确定】按钮　完成所有参数设置。

7)　设置工件毛坯材料并进行实体验证

实体验证加工完成结果如图 6.147(b)所示。

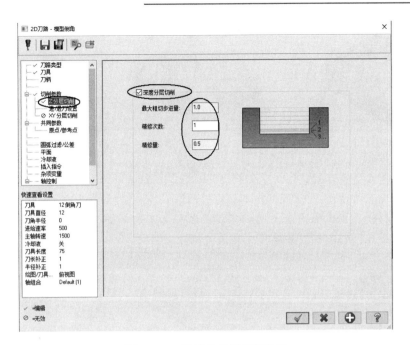

图 6.163 设置 Z 分层切削参数

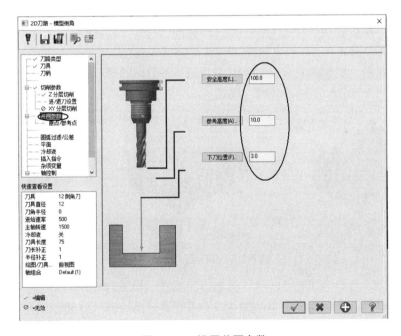

图 6.164 设置共同参数

6.2.12 习题

1. 如图 6.165 所示为 3D 粗、精加工。其中,图 6.165(a)所示为 70 mm×90 mm×30 mm 的长方体毛坯材料,要求采用合适的加工刀具路径加工出如图 6.165(b)所示的零件,加工的曲面图形如图 6.165(c)所示(具体尺寸见图 4.128(a))。

(a) 长方体毛坯材料

(b) 加工的零件

(c) 曲面图形

图 6.165　3D 粗、精加工

2. 如图 6.166 所示为 3D 粗、精加工。其中，图 6.166(a)所示为 100 mm×100 mm×15 mm 的长方体毛坯材料，要求采用合适的加工刀具路径加工出如图 6.166(b)所示的零件，加工的曲面图形如图 6.166(c)所示(具体尺寸见图 4.86)。

(a) 长方体毛坯材料

(b) 加工的零件

(c) 曲面图形

图 6.166　3D 粗、精加工

3. 如图 6.167 所示为 3D 粗、精加工。其中，图 6.167(a)所示为 80 mm×60 mm×30 mm 的长方体毛坯材料，要求采用合适的加工刀具路径加工出如图 6.167(b)所示的零件，加工的曲面图形如图 6.167(c)所示(具体尺寸见图 4.132(a))。

(a) 长方体毛坯材料

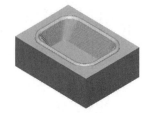
(b) 加工的零件

(c) 曲面图形

图 6.167　3D 粗、精加工

4. 如图 6.168 所示为实体 3D 粗、精加工。其中，图 6.168(a)所示为 ϕ 144 mm×40 mm 的圆柱体毛坯材料，要求采用合适的加工刀具路径加工出如图 6.168(b)所示的零件，加工的零件曲面图形如图 6.168(c)所示(具体尺寸见图 5.79)。

(a) 圆柱体毛坯材料

(b) 加工的零件

(c) 曲面图形

图 6.168　3D 粗、精加工

5. 如图 6.169 所示为 3D 粗、精加工。其中，图 6.169(a)所示为 120 mm×90 mm×30 mm 的长方体毛坯材料，要求采用合适的加工刀具路径加工出如图 6.169(b)所示的零件，加工的曲面图形如图 6.169(c)所示。

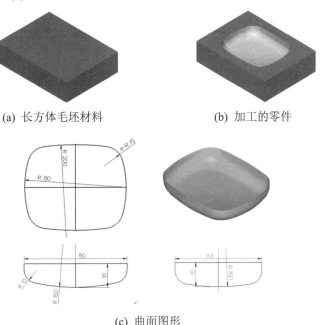

(a) 长方体毛坯材料　　　　　　　　　　(b) 加工的零件

(c) 曲面图形

图 6.169　3D 粗、精加工

6. 如图 6.170 所示为实体 3D 粗、精加工。其中，图 6.170(a)所示为 78 mm×78 mm×30 mm 的长方体毛坯材料，要求采用合适的加工刀具路径加工出如图 6.170(b)所示的零件，加工的实体图形如图 6.170(c)所示(具体尺寸见图 5.129(a))。

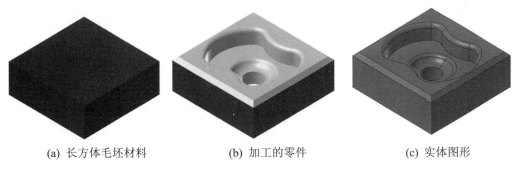

(a) 长方体毛坯材料　　　　　(b) 加工的零件　　　　　(c) 实体图形

图 6.170　3D 粗、精加工